成事在己

SELF-HELP

【英】塞缪尔·斯迈尔斯 著
秦传安 译

中央编译出版社

图书在版编目 (CIP) 数据

成事在己 /（英）塞缪尔·斯迈尔斯著；秦传安译. --
北京：中央编译出版社, 2025.3. -- ISBN 978-7-5117-
4840-9

I. B848.4-49

中国国家版本馆 CIP 数据核字第 202542S1W5 号

成事在己

责任编辑	翟　桐
责任印制	李　颖
出版发行	中央编译出版社
网　　址	www.cctpcm.com
地　　址	北京市海淀区北四环西路 69 号（100080）
电　　话	（010）55627391（总编室）　（010）55627302（编辑室） （010）55627320（发行部）　（010）55627377（新技术部）
经　　销	全国新华书店
印　　刷	北京印刷集团有限责任公司
开　　本	710 毫米 ×1000 毫米 1/16
字　　数	339 千字
印　　张	25.5
版　　次	2025 年 3 月第 1 版
印　　次	2025 年 3 月第 1 次印刷
定　　价	68.00 元

新浪微博：@中央编译出版社　　微　信：中央编译出版社（ID：cctphome）
淘宝店铺：中央编译出版社直销店（http://shop108367160.taobao.com）（010）55627331

本社常年法律顾问：北京市吴栾赵阎律师事务所律师　闫军　梁勤
凡有印装质量问题，本社负责调换，电话：（010）55627320

序

  这是一本在国内外深受人们喜爱的书的修订版。它在美国以不同的形式被多次再版，译本有荷兰语、法语以及德语和丹麦语。毋庸置疑，事实证明此书对于不同国家的读者都很有吸引力，因为其内容包含了各种各样关于生活和品格的趣闻逸事，以及在他人的劳动、努力、奋斗和成就中多少能感觉到的那种趣味。片断性是本书的特点，对此笔者当然最清楚了，这在很大程度上源自最初撰写本书的方式——它主要是由多年积累的零碎笔记整理成篇的。本打算供年轻人阅读，压根就没想到公开出版。这一次出版修订本，为删汰繁冗、补充新证提供了一次机会，这些新的例证，没准是人们普遍感兴趣的吧。

  从某一方面讲，本书的标题被证明是不太合适的（如今要改也来不及了），因为它致使一些喜欢仅凭标题作判断的人由此推想：其内容多半是为自私自利大唱赞歌——这与它的实际内容（或者至少是与作者所打算写的）正好相反。尽管它的主要目标是激励年轻人勤勉不懈地投身于正确的事业追求——在从事这些事业的时候，要慷慨地付出热爱、劳苦和克己；激励他们要依靠自己在生活中的努力，而不是依靠他人的帮助或关照。从本书所给出的文学家、科学家、艺术家、发明家、教育家、慈善家、传教士和殉教者们的例子中，你还会发现，自我帮助的责任，在最高意义上，还包括帮助他人。

  过多地关注那些凭借自强不息在生活中获得成功的人，而过少地关注失败者，也是与本书的初衷背道而驰的。有人问："为什么失败者不应该像成功者一样也有为他们树碑立传的人呢？"的确没有理由，除非说因为人们很有可能会发现：纯粹的失败记录读起来过分郁闷而且毫无教益。然而，接下来的篇章将会表明：失败乃是真正劳动者的最好磨练，它可以刺激一个人重新开始、继续努力，唤起他最好的力量，带领他在自我教育、自我控制以及不断增长知识和智慧的道路上勇往直前。从这一点上看，被"毅力"所征服了的"失败"，总是充满教益，而这，正是我竭力要通过许许多多的例子来加以证明的。

就失败本身而言，虽说在生命终结的时候为它找些安慰或许不无道理，但是，人们有理由怀疑，在生命刚开始的时候，是否该把它作为一个目标摆放在年轻人的面前。在所有事情中，"怎样不做"是最容易学会的：它既不需要教，也不需要努力，什么克己、勤奋、忍耐、毅力、判断，统统不需要。除此之外，读者多半也不会费心去了解丢盔卸甲的将军、机车爆炸的技师、设计丑陋的建筑师、从未超过涂鸦水平的画家、从未发明出机器的设计家、破产公报上榜上有名的商人。有一点倒是真的：最优秀的人，在最良好的目标上，也可能会失败。不过，即便是这些功败垂成的优秀分子，也并非是想方设法要去失败，当然也不会把失败视为劳苦功高；正相反，他们想方设法要成功，并且把失败视为不幸。不过，在任何良好目标上的失败，都是可敬的，而在任何卑劣目标上的成功，不过是无耻而已。同时，在良好目标上的成功，无疑比失败要好。但无论如何，更值得尊敬的，是目标，是由此付出的努力，是毅力、勇气以及在追求良好而有价值的目标时的竭尽全力，而不是结果。

要获得成功，并不在于人；

值得去做的，我会做更多。①

本书的目标主要就是要反复灌输这些老生常谈却健康有益的功课（怎么反复强调或许都不过分）：为了享受，年轻人必须工作；如果没有

---

① 语出英国诗人约瑟夫·阿狄森的戏剧《加图》（Cato）第一幕第二场。

勤奋和专注，任何值得去做的事情都不可能完成；年轻人不应该被困难所吓倒，而应该拿出耐心和毅力去战胜困难；最重要的是，他必须寻求品格的提升，没有这个，才能毫无价值，世俗的成功也等于零。如果笔者没能成功地证明这些道理，那只能说，他在自己所设定的目标上一败涂地。

塞缪尔·斯迈尔斯
1866 年 5 月，伦敦

目录

第 1 章
001　自助者，天助之

第 2 章
029　产业领袖：发明家和制造商

第 3 章
065　伟大的制陶工

第 4 章
089　勤奋和毅力

第 5 章
113　帮助和机遇

第 6 章
149　艺术中的劳动者

第 7 章
195　勤奋和贵族阶级

	第 8 章
215	活力和勇气
	第 9 章
249	商界中人
	第 10 章
275	金钱：善用与滥用
	第 11 章
297	自我修养：易与难
	第 12 章
341	榜样的力量
	第 13 章
363	品格：真正的绅士
389	人名译名索引

第1章

自助者，天助之

一个国家的价值,归根到底是组成这个国家的个人之价值。

——约翰·斯图尔特·穆勒

我们对制度所寄予的信任太多,而寄望于人的却太少。

——本杰明·迪斯雷利

1

"自助者，天助之。"这是一句屡试不爽的金玉良言，它以小见大，表达了人类经验的丰富成果。自助精神，是一切个体成长的根基之所在。而且，正如在许多人的生命中所展现出来的那样，它构成了一个民族精神活力的真正源泉。外在的帮助常常会削弱它的效果，而内在的帮助总是催人奋发。无论是依靠他人，还是仰赖社会，总是会在一定程度上贬损自己动手的动力和必要性。人一旦过度依赖于他人的指导和管理，其必然趋势就是造成他完全不能独立自主。

即便是最好的制度，也不能给人以积极的帮助。或许，制度所能做到的，充其量就是让你自由地发展自己，改善你的个人境遇。然而古往今来，人们都乐于相信：他们的幸福康乐，应该通过制度的手段而非自己的行为，来加以保障。因此，法律规章，作为人类进步的一种辅助手段，其价值通常被高估了。为建立庞大立法机构的一个小小部门，每隔三五年投票选出那么一两个人，无论他们履行职责的时候有多么兢兢业业，其对于个人生活习性和品格的积极影响，都微乎其微。而且，我们已经越来越清楚认识到：政府的职能，是约束负面、消极的，而非激发正面、积极的，它能够解决的问题，主要就是对生命、自由和财产的保护。法律，如果执行得当，可以在付出较小个人代价的情况下，充分保护人们享受他们辛勤劳动（无论是智力劳动还是体力劳动）的成果。但是，没有任何法律（无论它多么严厉）能够使懒汉勤奋，使浪子节俭，使醉鬼清醒。这样的改进，只有通过个体的行动、节俭和克己，才能得以实现；它靠的是更良好的习惯，而不是更广泛的权利。

人们通常发现，一个国家的政府，其本身只能与组成这个国家的个体相表里。领先于人民的政府，必将被拖到与人的发展水平相适应的层面；而落后于人民的政府，也终将被人民所提升。根据自然的法则，一个民族的集体品格，与其法律和政府是相适应的，就像水会自然而然地处于同一平面一样。高贵的人，将会被高贵地统治；而愚昧腐朽之民，只会被卑贱地统治。的确，一个国家的价值和力量，更多的是依赖于人民的品格，而不是仅依赖于它的制度。因为，国家只不过是个人的集合，而所谓的文明，其本身也只不过是组成社会的那些男女老幼之个体发展的问题而已。

民族的进步，乃是个人的勤奋努力、积极进取和诚实正直的总和；同样，民族的衰退，也是个人的游手好闲、自私自利和腐化堕落的结果。我们习惯于谴责社会的罪恶，究其实，它们在很大程度上只不过是人们的不良生活习惯的结果。虽然我们可以通过法律手段将它们刈除乃至根绝，但如果个人的生活习惯和品格得不到根本改善的话，它们依然会改头换面，重新葱郁繁茂、茁壮生长。倘若这一观点不错，那么下面的结论也就顺理成章：最高尚的爱国精神和善行义举，并不在于法律和制度的改弦易辙，而在于帮助并促进人们通过他们自由且独立的行动，不断提升和改进他们自己。

一个人，其成就依赖于外部他律者甚少，而几乎每件事情都依赖于内在的自律。最彻头彻尾的奴隶，并不是那个被暴君所统治的人，而是那个被自己的精神愚昧、自私自利和腐化堕落所奴役的人。因此，在内心深处受到奴役的民族，不可能因为单纯的改朝换代或者制度变革而得到自由。只要"自由完全源于政府且归于政府"这个致命的谬论依然盛行，制度的变革就会不断发生，不管他们因此付出了多么惨重的代价，其实际而持续的结果也将微不足道，有如昙花一现。自由的坚实基础，必定是建立在个人品格之上，这也是社会保障和民族进步唯一可靠的保证。约翰·斯图尔特·穆勒所言不虚："只要个性尚存，即便是暴政，也不会导致最坏的结果。而压制个性，其本身就是暴政，无论你管它叫什么。"

约翰·斯图尔特·穆勒（1806—1873），英国哲学家、经济学家，尤以其对经验主义和功利主义的阐释而闻名。

2

关于人类进步的陈词滥调层出不穷。有人呼唤"恺撒",有人鼓吹"民族主义",还有人倡导"议会法案"。我们翘首盼望恺撒,而当他出现的时候,却发现他所遵循的原则竟是"为认可并追随他们的人谋幸福"[1]。一言以蔽之,也就是:只有"民享",没有"民治"。[2] 这样的信条,一旦被当作行动指南,就必定会摧毁整个社会的自由意志,从而为任何形式的专制铺平道路。恺撒主义是个人崇拜的最糟糕的形式,它是纯粹的权力崇拜,其实质,与纯粹的金钱崇拜一样厚颜无耻。

有一种更为健康的信条,值得在各民族当中反复宣讲,那就是:自救。当这一信条被透彻理解并付诸实践之时,也就是恺撒主义的消亡之日。这两个法则彼此针锋相对,正如雨果在谈到"笔"与"剑"的时候所说的:"此可杀彼也"。

"民族主义"与"议会法案"的力量,也是一种普遍盛行的迷信。爱尔兰一位最忠诚的爱国者威廉·达根[3] 在首届都柏林工业展览会闭幕式上的讲话,至今言犹在耳。他说:"坦率地讲,每当我听到人们提及'独立'这个词的时候,我的脑海里就会浮现出我的祖国、我的同胞。我听到过大量的言论,说我们将从这一方面、那一方面获得独立,而这当中,我们所深切期盼的,乃是摆脱异族统治的独立。同时,我也像任何人一样看重这样的交流,它必将给我们带来巨大的优势。一直以来,我深切地感受到,我们的工业自主只能依靠我们自己。我相信,只要我们勤勉刻苦,只要我们善用自己的精神劲头,我们从未拥有过比今天更加公平的机会,以赢得更加光明的未来。我们已经迈出了最初的步伐,但百折

---

[1] 原注:拿破仑三世《恺撒传》(*Life of Caesar*)。
[2] 这里借用的是林肯总统的名言"民有、民治、民享"(Government of the people, by the people, for the people)。
[3] 威廉·达根(1799—1867),爱尔兰企业家、铁路工程师。

不挠才是通向成功的必由之路。只要我们以饱满的热情继续努力，我打心眼里相信，在不远的将来，我们必将和其他任何民族一样：安定祥和、幸福快乐、独立自主。"

一切民族，都是由其世世代代的人们的思想和工作所造就的。那些忍韧刚毅的劳动者，无论高低贵贱，不分贫富穷达，土地耕种者和矿山勘探者，发明家和探险家，制造商、技师和工匠，哲学家、诗人和政客，每个人都为丰硕的成果贡献了自己的力量，一代人在前辈劳动的基础上添砖加瓦，使之达到更高的阶段。那些高尚的劳动者都是文明社会的建筑工匠，他们前赴后继的努力，为混沌中的工业、科学和技术建立了秩序。因此，我们所有活着的人，也就自然而然地成了那笔由我们祖辈的技艺和勤奋所创造的丰厚遗产的继承者，它传递到我们的手中，培育生长，非但无所减损，且要有所增进，再传递给我们的后世子孙。

3

自助精神，正如在个体的积极行动中所表现出来的那样，自古以来都是英国人性格的一个显著特征，同时也给我们这个民族的力量，标定了一个实实在在的衡量尺度。在芸芸众生的头顶之上，总能找到一连串出类拔萃的个体，他们赢得了公众的敬仰。但我们的进步，同样要归功于那些更加微不足道、更加默默无闻的平民百姓。虽然在任何一场伟大战役的历史上，只有将军们的名字被人铭记，然而胜利的得来，在很大程度上靠的还是个人勇气，以及士兵们的英雄主义精神。生活，也是一场"战斗"——冲锋陷阵的士兵，从来都是那些最伟大的劳动者。许多人的生平湮没无闻，但他们对文明进步的巨大影响，比起那些更加幸运的名垂史册的"伟人"，却并不逊色。即便是最卑微的人，倘若他在生活中堪当同胞们勤奋节制、诚实正直的楷模，那么无论在今天，还是未来，他对国家的福祉都有着重大的影响。因为他的生活态度和品格特征，润物无声地进入了他人的生活，为后人树立了良好的榜样。

　　日常生活经验告诉我们，正是积极进取的个人主义，对他人的生命和行动产生了最强有力的影响，并真正提供了最佳的实践教育。比较起来，学校教育只是提供了文明教化的最初起点。因为，影响更大的乃是日常教育：在家庭里，在街道上，在柜台旁，在车间内，在织机和犁耙之旁，在账房和车间之内，在奔波忙碌的人群之中。这就是作为社会成员所受到的完成教育，也正是席勒所说的"人的教育"，它存在于言行举止、行为操守、自我修养和自我克制之中，所有这些，都有利于真正磨练一个人，使他能够恰如其分地在生活中履行自己的职责，完成自己的事务。这样的教育，不可能从书本中学到，也不会来自于任何数量的文字训练。培根曾语重心长地说过："擅技者鄙读书，无知者羡读书，唯智者用读书。然书不以其用处教人，盖用书之智，尽在书外，全凭观察得之。"这一论述，把握了实际生活和智力培养的真谛。人类的全部经验，都在不断说明并强化这样的教训：一个人，要想让自身变得完美，靠的是工作，而非阅读；那不断使人类面貌焕然一新的，是生活，而非文学；是身体力行，而非埋头苦读；是优秀的品格，而非文过饰非的传记。

　　不过，伟人的传记（尤其是那些优秀人物的传记），作为对他人的帮助、引领和激励，依然是最富教益、最切实用的。其最佳者，几乎可以媲美"福音"——它教人更高尚地生活，更深刻地思考，为了自身和世界的更加美好而积极地行动。这些自我救助、忍韧坚毅、刻苦工作、坚定诚实的榜样极有价值，它以真诚高贵、严肃庄重的形式，以不会被人们误解的质朴语言，发布出来，充分展现了上述每一种品格对人的自我实现具有怎样的力量，雄辩地说明了自尊和自信具有怎样神奇的功效，它甚至使最卑微的人也能够通过工作为自己赢得可敬的能力和坚实的名声。

4

伟大的科学家、文学家和艺术家,他们是伟大思想的传道者,是伟大心灵的统治者,在生活中,他们既不是特权阶级,也未必出身高贵门第。他们同样来自学校、工场和农舍,来自穷人的棚屋,来自富家的豪宅。一些最伟大的传道者甚至来自"普通士兵"。最穷的人有时候居于最高的位置,没有明显不可克服的困难能够阻挡他们前进的道路。很多时候,那些艰难险阻,反而能唤起他劳动和忍耐的力量,激活他潜藏未露的超凡能力,从而成了他最好的帮手。诸如此类克服困难、达到成功的例子,印证了那句老话:"有志者,事竟成。"就拿一些著名实例来说吧,出身社会底层的有:最富诗性情怀的牧师杰里米·泰勒;纺纱机的发明者和棉纺业的奠基人理查德·阿克莱特爵士;最高法院声名卓著的首席法官泰特顿勋爵;还有最伟大的风景画家透纳。

没有一个人确切知道莎士比亚的情况,但他出身寒微是毫无疑问的。他父亲是一位屠夫和牧场主,至于莎士比亚本人,据说早年曾当过梳毛工,而有些人则言之凿凿地说他曾经是一所小学的门房,后来又干过公证处的文员。似乎他真的"不是一个人,而是所有人的典型代表"[①]。他使用的航海术语是如此精确,以至于一位海军出身的作家断言:他肯定是一个水手。同时,一位牧师根据他著作中的内在证据推断,他很有可能是一位教区牧师的秘书。一个以鉴定马肉著称的家伙,则坚持认为他是个马贩子。莎士比亚的确曾经是名演员,一生中"扮演过许多角色",通过丰富的阅历,通过广泛的观察,不断积累他那些令人叹为观止的知识储备。无论如何,他肯定是一个严谨的研究者,一个刻苦的劳动者。他的著作,对于英国人性格的形成,至今依然在发挥着强有力的影响。

整日劳作的平民阶级,为我们贡献了工程师布林德利、航海家库克

---

① 语出约翰·德莱顿(1631—1700)的诗歌《艾伯索隆与亚希多弗》(*Absalom and Achitophel*)。

和诗人彭斯。泥工和瓦匠应该为本·琼森感到自豪，此公在建造林肯法学院的时候，手里拿着瓦刀，口袋里揣着书本。他们这个行当里，还有工程师爱德华兹和特尔福德，地质学家休·米勒，以及作家兼雕刻家艾伦·坎宁安。在那些出类拔萃的木匠当中，我们可以找到下面这些人的名字：建筑师伊尼戈·琼斯、天文钟制造者哈里森、生理学家约翰·亨特、画家罗姆尼和奥佩、东方学者塞缪尔·李以及雕刻家约翰·吉布森。

在织布工当中，涌现出了数学家西姆森、雕刻家培根、两位米尔纳、亚当·沃克、约翰·福斯特、传教士旅行家利文斯通博士以及诗人塔纳希尔。鞋匠这个行当，则为我们贡献了伟大的海军将领克劳德斯利·夏沃尔爵士、电学家斯特琼恩、随笔作家塞缪尔·德鲁、《评论季刊》(*Quarterly Review*)编辑吉福德、诗人布卢姆菲尔德以及传教士威廉·凯里；而另一位勤勉的传教士马礼逊，则是一位鞋楦制作匠。就在最近几年，人们发现班夫的一位鞋匠是个学识渊博的博物学家，此人名叫托马斯·爱德华兹，他在一边做鞋的同时，一边投入自己的业余时间，研究自然科学的各个分支，他对小甲壳虫的研究因发现了一个新的种群而得到了奖赏，博物学家们将这种虫子命名为"爱德华兹虫"。

裁缝们也身手不凡。历史学家约翰·斯托，一生中有相当一部分时间干的就是这桩营生。画家约翰逊，成年之前一直都在缝衣补裳。勇敢的约翰·霍克斯伍德爵士，在波克提尔斯战役中功勋卓著，因为英勇可嘉而被爱德华三世授予爵位，他早年也曾在伦敦一家裁缝店里当学徒。1702年在比戈之战中冲破横江铁索的海军将领霍布森，也属于同一个行当。早年，他在怀特岛的本丘奇小镇附近的裁缝店里当学徒的时候，一支舰队正驶经小岛，消息迅速传遍整个乡村。他连蹦带跳地跑出店铺，与小伙伴们一起冲向海滩，要一睹这壮观的景象。这孩子突然燃起了要当水手的野心，于是跳上了一条小舢板，奋力划向舰队，登上了将军的战船，他被接纳为一名志愿兵。多年之后，他载誉还乡，荣归故里，在他从前当学徒的农舍里吃着咸肉和鸡蛋。

迈克尔·法拉第（1791—1867），19世纪电磁学领域最伟大的实验物理学家。

但是要论最伟大的裁缝，当首推美国总统安德鲁·约翰逊，他是一个智力超群、很有个性的人物。在华盛顿发表的那次著名演说中，他谈到了自己政治生涯的起点是从一名市参议员开始的，并且遍历了立法机关的各个部门。此时，人群中一个声音高喊道："是从一名裁缝开始的。"欣然对待别人的蓄意挖苦，甚至变劣势为优势，正是约翰逊的典型风格。他说："这位先生说我曾经是个裁缝，这丝毫不会使我感到难堪。因为，鄙人在当裁缝的时候，就享有好裁缝的美名，我做的衣服贴身合体。我总是按时交货，保质保量。"

沃尔西红衣主教、笛福、阿肯塞德、克尔克·怀特，全都是屠夫的儿子。班扬是个补锅匠，约瑟夫·兰开斯特是个编篮子的。在那些伟大的名字中，与蒸汽机的发明紧密相连的是纽科门、瓦特和斯蒂芬森，这三个人当中，前一个是铁匠，第二个是做制图仪器的，第三个则是消防队员。传教士亨廷顿最初是个运煤工，木刻之父比维克是个煤矿工人。德兹利是一名男仆，霍尔克罗夫特是一名马夫。航海家巴芬是从一名普通水手开始他的航海生涯的，克劳德斯利·夏沃尔爵士是一名船舱服务生。赫歇尔曾在军乐队里演奏双簧管。钱德雷是一名熟练的雕刻工，埃蒂是一名熟练的印刷工，而托马斯·劳伦斯爵士则是一位客栈门房的儿子。铁匠的儿子迈克尔·法拉第，早年是一名装订学徒工，这个行当他一直干到了42岁，后来他成为首屈一指的科学家，在通俗透彻地解释最深奥难懂的自然科学观方面，堪称神乎其技，甚至超过了他的老师汉弗莱·戴维爵士。

在对天文学的发展做出过巨大贡献的人当中，我们找到了波兰面包师的儿子哥白尼，德国酒馆经营者的儿子开普勒（他本人则是酒馆跑堂的）。达朗贝尔是一个弃婴，一个冬天的夜晚，人们在巴黎的圣让勒隆教堂的台阶上发现了他，后来由一位玻璃装修工的妻子抚养成人。牛顿和拉普拉斯，一个是格兰瑟姆附近一个小业主的儿子，另一个则是翁弗勒附近的博蒙昂诺日小镇上一位贫苦农民的儿子。

这些杰出的人物，虽然早年身处逆境，但他们都通过发挥自己的天纵英才，而赢得了千古不朽的美名，这样的天才，全世界的所有财富也无法买到。的确，财富的拥有，有可能正是一个巨大的障碍，甚至比他们卑微的出身更甚。天文学家兼数学家拉格朗日，他的父亲曾担任都灵战时司库，因为投机生意失败而破了产，家庭因此陷入困顿。正是对这样的环境处之泰然，拉格朗日才会赢得生前的幸福和身后的美名。他说："假如我很有钱的话，我多半不会成为一个数学家。"

在英国的历史上，教士和牧师的儿子通常特别出众。在他们当中，我们可以找到下面这些人的名字：以海上的英雄业绩而闻名于世的德雷克和纳尔逊；在科学上贡献突出的沃拉斯顿、托马斯·杨、普莱菲尔和贝尔；在艺术方面则有雷恩、雷诺兹、威尔逊和威尔基；法学方面有瑟罗和坎贝尔；文学上有阿狄森、汤姆逊、戈德史密斯、柯勒律治和丁尼生。在印度战争中声名显赫的哈丁格勋爵、爱德华兹上校和霍德森少校，也都是教士的儿子。的确，为英国在印度赢得并掌控统治权的，基本上都是中产阶级人士（比如克莱夫、沃伦·黑斯廷斯）以及他们的后代（他们绝大部分在工厂里长大成人，培养出了良好的商业习惯）。

在律师的儿子里面，我们找到了爱德蒙·伯克、工程师斯米顿、司各特、华兹华斯、萨默斯勋爵、哈德威克勋爵和邓宁勋爵。威廉·布莱克斯通爵士是一位丝绸商的遗腹子。吉福德勋爵的父亲是多佛的一个杂货商，登曼勋爵的父亲是个内科医生，塔尔福德法官的父亲是个乡村酿酒商，复审法院审判长波洛克的父亲是查令十字街一个很有名的鞍匠。尼尼微遗址的发现者莱亚德是伦敦一家律师事务所的雇员；液压机和阿姆斯特朗大炮的发明者威廉·阿姆斯特朗爵士，学的也是法律，还做过一段时期律师。弥尔顿是伦敦一位公证人的儿子，蒲伯和骚塞都是亚麻布商的儿子。威尔逊教授是佩斯利一位制造商的儿子，麦考利勋爵是一位非洲商人的儿子。济慈是位药剂师，而汉弗莱·戴维爵士则是一位乡村药剂师的徒弟。有一次谈到自己的时候，戴维说："我是自我造就的结果,我这样说,并非虚荣自负,而是出自我纯洁朴素的本心。"理查德·欧文堪称自然历史方面的牛顿,刚开始只是一名海军军官候补生,直到很晚才走上科学研究的道路,从此名扬天下。他渊博的学识,都是在那座大博物馆给约翰·亨特辛勤搜集的那一大堆材料编目的时候打下的底子,这份在皇家外科医学院时所担任的工作,耗去了他差不多10年的时间。

5

说到那些通过自己的劳动和天赋,而使他们原本贫穷的命运大放异彩的人,外国的例子,一点也不比英国少。在艺术方面,有糕点师的儿子克劳德,面包师的儿子吉夫斯,钟表匠的儿子利奥波德·罗伯特,以及车匠的儿子海顿;而达盖尔则是个画歌剧布景的。教皇当中,格雷戈里七世的父亲是个木匠,塞克斯图五世的父亲是个牧羊人,阿德里安六世的父亲是个穷水手。还是个孩子的时候,阿德里安甚至连一支蜡烛都买不起,只好借助街道和教堂走廊的灯光准备功课,显示出了其忍耐和勤奋的程度,这正是他未来显赫声望的确切先兆。像这样出身卑微的人,还有矿物学家奥伊,他是圣朱斯特一位纺织工的儿子;机械工程师奥特弗伊,奥尔良一位面包师的儿子;数学家约瑟夫·傅立叶,欧塞尔一位面包师的儿子;建筑师杜兰德,一位巴黎鞋匠的儿子;以及博物学家格斯纳[①],苏黎世一位皮革工人的儿子。格斯纳在开始他的事业生涯的时候,几乎伴随着所有的不利条件:贫困、疾病和家庭不幸,然而,这当中没有一项足以挫败他的勇气、阻碍他的前进。他的一生,端的是一句俗谚

[①] 康拉德·格斯纳(1516—1565),瑞士百科全书编纂者和博物学家。他的著作《历史上的动物》(*Historia Animalium*)被认为是现代动物学的奠基之作。

的最佳例证："只有那些有最多的事情可做并且愿意去做的人，才能挤出最多的时间。"另一个性格相似的人，是彼得吕斯·拉米斯①。他是法国皮卡地区一对贫穷夫妇的儿子，当他是个孩子的时候就给人家放羊。他不喜欢这份差事，便一溜烟跑到巴黎去了。在历经磨难之后，成功地进入了纳瓦拉学院充当仆人。然而正是这个职位，为他打开了知识的大门，他很快就成了他那个时代最杰出的人之一。

化学家沃克兰②是卡瓦多斯一位农民的儿子。上学的时候，虽然穿得破破烂烂，却智力超群。教他读写课的老师，在称赞他勤奋刻苦的时候，总是说："继续吧，我的孩子，埋头工作，埋头学习，总有一天你会穿得像教会执事一样好。"一位拜访这所学校的乡村药剂师，很欣赏这孩子健壮的胳膊，提议让他进自己的实验室为他捣药，沃克兰怀着能够挣钱继续上学的希望，便同意了。但这位药剂师却不允许他花任何时间在学习上，明白了这一点之后，这个年轻人当即决定辞职不干。他就这样离开了卡瓦多斯，背上行囊，远赴巴黎。到达巴黎后，他想找一份药店学徒的工作暂时糊口，但是没有找到。疲劳和贫困使他潦倒不堪，沃克兰病倒了，被人送进了医院，在那里，他认为自己快要死了。但是，有更好的事情在等着这个可怜的孩子。他活了过来，康复出院后又继续去找工作，这一次他终于找到了一位愿意雇用他的药剂师。不久之后，他结识了著名化学家福克瓦，福克瓦很高兴让这个年轻人担任自己的私人秘书。许多年之后，当这位伟大的科学家辞别人世的时候，沃克兰继承了他的职位，成为化学教授。到最后，1829年，沃克兰被卡瓦多斯地区的选民选举为他们的代表，成为法国下院的议员。他荣归故里，回到阔别多年的村庄。然而，当年他离开那里的时候，是那么穷困潦倒，那么默默无闻。

---

① 彼得吕斯·拉米斯（1515—1572），法国哲学家、逻辑学家、教育改革家。
② 路易·尼古拉·沃克兰（1763—1829），法国化学家，化学元素铍的发现者。

傅立叶（1768—1830），法国数学家和物理学家。

6

从普通士兵晋升为高级军官的例子，在英国并不多见，而在法国，打从大革命以来，这样的现象就非常普遍。"任人唯才"的观点使得那里涌现出了许多引人注目的例子，毫无疑问，我们这里的晋升之途也应该这么开放。奥什、亨伯特和佩奇格鲁都是从列兵开始干起的。奥什在国王的军队中服役的时候，总是在马甲上刺绣，这门手艺让他能够赚到一些钱，用来购买军事科学方面的书籍。亨伯特年轻的时候是个不可救药的恶棍，16岁那年，他从家里逃了出来，先后给南锡的零售商、里昂的工匠以及兔皮贩子当过伙计。1792年，他应征入伍，成为一名志愿兵，一年之后，他就摇身一变，成了一名旅长。

克莱贝尔、勒菲弗、絮歇、维克多、拉纳、苏尔特、马塞纳、圣西尔、狄亚朗、缪拉、奥热罗、贝西埃和内伊，全都是从普通士兵升上来的。这些人当中，有人晋升迅速，有人提拔缓慢。圣西尔是图尔市一位制革工人的儿子，最初是一名演员，后来应征入伍，成为一名轻骑兵，不到一年就被提拔为上尉。维克多1781年加入炮兵，大革命期间被解职，但战争爆发后不久，他再次入伍，短短几个月之内，因为他的勇猛无畏和出色才华而被提拔为中校营长。"花花公子"缪拉是佩里戈一位乡村旅店老板的儿子，他本人则在旅店里照看马匹。最初，他加入了轻骑兵，因违反纪律而被开除，不久再次入伍，很快就升到上校军衔。内伊18岁那年加入轻骑兵团，逐级稳步提升，克莱贝尔很快发现他的优点，称他为"不知疲倦的家伙"，在他25岁的时候，就把他晋升为准将。另一方面，苏尔特[①]从他入伍的那天算起，到混上了中士军衔，其间花了整整6年时间。但与马塞纳比起来，苏尔特的进步就算是比较快的了，马

[①] 原注：苏尔特小时候所受的教育很少，在成为法国外交大臣之前，地理学知识几乎为零，据说当他开始钻研这一学科的时候，从中得到了最大的快乐。

塞纳混上中士军衔花了整整 14 年，虽然他后来接连上升，一步步从上校、将军直到元帅，但他自己声称，在所有台阶中，中士这个职位是他爬得最辛苦的。①

在法国军队中，与此类似的从普通大兵开始飞黄腾达的情形，一直延续到了今天。康嘉尼尔 1815 年加入皇家卫队的时候，还是一名普通士兵。巴吉奥德元帅在成为军官之前，当了 4 年大兵。法国国防部长兰顿元帅，最开始是军乐队的一名鼓手，在凡尔赛美术馆他的一幅肖像画中，他的手搁在一面鼓上，这幅画是应他自己的要求而画的。诸如此类的例子，不断鼓励着法国士兵热爱他们的本职工作，因为每一个士兵都觉得，他也有可能把元帅的权杖插到自己的背囊里。

在各个不同的国家，有许多人凭借坚韧的努力和充沛的干劲，使自己从行业的底层，跃升到有相当社会影响的显赫位置，这样的例子，的确层出不穷，以至于很久以来，已经不再被视为例外。看看那些更为显著的例子，几乎可以说，他们早年所遇到的困难和逆境，正是成功必不可少的条件。

一直以来，英国下院就有大量这样奋发自强的典范，他们是人民实干精神的合格代表；他们在那里所受到的欢迎和尊敬，是出于人民对我国立法机构的信任。在讨论"十小时工作日法案"（Ten Hours Bill）期间，约瑟夫·布拉泽顿议员满腹辛酸地细述了自己在纱厂做童工时所承受的疲累困苦，并描述了他当时所下定的决心：一旦力所能及，他将竭尽全力改善这一阶层的处境。话音刚落，詹姆斯·格雷厄姆爵士在全场的欢呼声中站了起来，郑重地说：此前他并不知道布拉泽顿的出身如此卑微，但是，这让他比成为下院议员之前的任何时候都更加感到自豪，他认为，一个从那样的处境中上来的人，应该有资格和这个国家的世袭

---

① 这里提到的几位，全都是拿破仑麾下的元帅，其中有：圣西尔（1764—1830），维克多（1764—1841），缪拉（1767—1815），内伊（1769—1815），苏尔特（1769—1851），马塞纳（1758—1817）。

贵族们平起平坐。

议员福克斯[①]先生习惯于这样向别人介绍自己的过去："当年我在诺里奇做纺织童工的时候"如何如何。国会里还有另外一些议员，出身也同样卑微，他们依然健在。著名的船主林赛[②]先生，在最近成为代表桑德兰选区的议员之前，有一次为了回击政敌对他的攻击，向选民们讲述了自己的生活小故事。他14岁的时候成为孤儿，当他离开格拉斯哥去利物浦谋生的时候，甚至连普通舱的船费都付不起，船长同意让他干活作为交换，这孩子通过在船上装煤完成了他的旅程。在利物浦，他待了7个礼拜才找到工作，这期间，他居无定所，食不果腹。直到最后在西印度公司商船的甲板上找到了容身之所，他在那里充任男仆，一直干到19岁，因为工作踏实、品行良好，而被提升为一艘商船的统领。23岁那年，他从海上退役，上岸定居。这之后，他进步神速。他说："通过踏踏实实的努力，通过持续不懈的工作，通过永远坚持'待人如待己'的重要原则，我成功了。"

来自伯肯黑德市的威廉·杰克逊，是现任代表北德比郡的议员，他的事业生涯，与林赛先生的经历颇为相似。他父亲是兰开斯特的一名外科医生，去世的时候留下了11个孩子，其中威廉·杰克逊行七。父亲在世的时候，年纪稍长的几个孩子都受过良好的教育，如今父亲不在了，岁数较小的几个就只有独立谋生了。当时，不足12岁的威廉被迫离开学校，在一艘商船的舷侧做苦工，每天从早晨6点干到晚上9点。他的老板病了，这孩子被调到账房，在那里他有更多的空闲时间。这使得他有机会看一些书，并有机会接触到《大英百科全书》(*Encyclopaedia Britannica*)，他从A卷一直读到了Z卷，部分是在白天读的，但大部分时间还是在晚上。后来他投身商业，工作非常努力，并在这个行业获得

[①] 威廉·约翰逊·福克斯（1786—1864），英国传教士、政治家、作家。

[②] 威廉·肖·林赛（1816—1877），英国商人、船主。

了成功。如今，几乎每一海域都有他的商船，与世界上几乎每一个国家都保持着商业往来。

同一阶层中类似的例子有很多，已故的理查德·科布登[①]也可以划入这个行列，他刚踏入社会的时候也同样卑微。他父亲苏塞克斯是一位小农场主，他很小的时候就被送到伦敦一家货栈做杂役。他工作努力，品行优良，求知若渴。他的老板是个很保守的人，警告他不要花太多时间读书。但这孩子依然我行我素，用书本上得来的财富装满自己的头脑。他从一个深受信任的职位被提拔到了另一个职位——成了一名行销商，从而建立了广泛的社会关系，最终作为曼彻斯特一名印花印染工而开始了他的事业。由于对公共问题（尤其是普及教育）的兴趣，他的注意力逐渐转移到了《谷物法》（*Corn Laws*）的相关事情上了，为了废除这部法律，可以说他投入了自己的财富和生命。值得一提的是，他第一次公开发表的演说，是一次彻底失败的演说。但他坚韧、勤勉、富有活力，通过坚持不懈地练习，他最终成了最有说服力、给人印象最深的公众演说家，甚至赢得了罗伯特·皮尔爵士本人不带偏见的赞颂之词。法国大使休伊先生在谈到科布登的时候，意味深长地说：“通过一个人的优点、毅力和劳动，能够获得怎样的成功，他就是一个活生生的例证；一个身处社会底层的人，怎样通过自身价值的实现，通过为社会提供的个人服务，从而赢得最高的公众评价，他是一个最完整的例子；最后，他是英国人性格中那种与生俱来的坚实品质的最珍贵的榜样。”

在所有这些例子中，积极奋发的个人努力，是为荣誉所付出的代价；任何一种优秀杰出，都与好逸恶劳风马牛不相及。只有勤奋的双手和头脑，才能创造财富——自我修养的完善，智慧的增长，商业的成功。即便是出生于簪缨世家、名门望族，任何个人所能达致的实实在在的名望，也只能通过个人的积极努力才能获得。因为，良田豪宅可以传承给后代，

[①] 理查德·科布登（1804—1865），英国工业家、商人、经济学家、政治家。

而知识和智慧则不能。富人可以花钱让别人给他干活,但想要得出自己的思想,却无法由他人代劳,而且,他也买不来任何种类的自我修养。的确,卓越只能通过艰苦的努力才能达到,这一理论对任何人都适用,对富人是如此,对德鲁和吉福德那样的人(他们唯一上过的学校是鞋匠的货摊),或者休·米勒那样的人(他唯一的大学是克罗马蒂的采石场),也是如此。

7

很显然,富足和安逸,并不是一个人良好修养的必要条件,要不然,这个世界也就不会如此大量地受惠于历代以来那些从社会底层成长起来的人了。安逸奢华的生活,既不能培养他勤奋努力、锻炼他面对困难,也不能唤醒他的力量自觉,而这些,对生活中积极有效的行动是如此必要。的确,贫穷非但不是什么不幸之事,相反,通过积极有力的自救,它甚至可以转变为一件幸事。它激励你与现实世界作斗争,在这样的斗争中,正直的思想和真实的心灵能够得到力量、信心和胜利的喜悦,尽管有些人可以用堕落换来安逸。培根说:"人们似乎既不了解他们的财富,也不了解他们的力量;他们相信,前者的力量应该更大,而后者却很小。自信和克己,将教会一个人喝自己壶里的水,吃自己的盘中餐,教会他真诚地学习和劳动,以维持自己的生计,小心谨慎地耗费那些给予他们以信任的好东西。"

人天生就喜欢安逸和放纵,而在这方面,财富又是一个如此巨大的诱惑,以至于对那些生在富贵之家却依然在同代人的工作中扮积极角色的人而言,荣誉就是一切,他们"不屑于享乐,而甘于劳苦"[①]。在我们这

---

① 语出约翰·弥尔顿的诗歌《利西达斯》(*Lycidas*)。

个国家，正是为了赢得荣誉，那些养尊处优的人，才不至于沦为游手好闲之徒。他们为国家尽自己的那一份力，通常还要承担超出自己份额的那一份危险。据说，半岛战争期间有一位中尉军官，单枪匹马在大部队附近跋涉泥潭，"一年要走一万五千里"。许多在爵位和财产上都显赫而高贵的人，在不同的战场上，冒着生命危险（有些人甚至送了命）为自己的祖国服务。

在更为和平的哲学和科学研究领域，富裕阶层也绝非等闲之辈。举几个伟大的名字为例吧：现代哲学之父培根，在科学方面则有伍斯特、波义耳、凯文迪什、塔尔波特和罗瑟。这当中，罗瑟可以被视为贵族阶层最伟大的机械工程师，而且，假如他不是出身于贵族阶层的话，将很可能是爵衔最高的发明家。他对金属工艺的了解是如此透彻，以至于据说有一位厂主对他的爵衔毫不知情，因此要求他出任该厂的工头，他也只好硬着头皮答应了。他亲手制作的罗瑟望远镜，无疑是同类产品中最独特的器械。

不过，我们在贵族中所找到的精力最旺盛的劳动者，主要还是在政治和文学方面。在这条战线上，要想取得成功，像所有其他战线一样，也只能通过勤奋、实践和钻研，方能达到。伟大的内阁大臣，或者议会领袖，必定是最勤勉刻苦的劳动者。比如帕默斯顿，比如德比和罗素，迪斯雷利和格莱斯顿。这几位，并没有从"十小时工作日法案"中得到什么好处，相反，在议会繁忙时节，几乎是夜以继日地"两班倒"。

在这些现代劳工当中，已故的罗伯特·皮尔爵士[1]，毫无疑问是最杰出者之一。他有一种连续从事智力劳动的非凡能力，而且从不让自己闲着。确实，一个能力相对平常的人，依靠坚持不懈的努力和不知疲倦的勤奋，能够做出多么大的成就，他的事业生涯就是一个显著的例子。在

---

[1] 罗伯特·皮尔（1788—1850），英国政治家，曾两度出任内政大臣，两度出任首相。他是英国警察制度的缔造者。

担任国会议员的40年中,他的工作量大得惊人。他是一个做事认真负责的人,只要他答应的事情,就会一丝不苟地完成。他的所有演说表明,他对自己所说所写的每一件事情,都进行过认真仔细的研究。他的精心细致几乎到了过分的程度,他不厌其烦地去适应能力各不相同的听众。同时,他还拥有丰富的实践智慧,强大的意志力,以及以果断的手腕、坚定的眼光和掌控行动结果的能力。有一方面他比大多数人都要高出一筹,那就是:他的原则会与时俱进。而且年龄的增长,只会使他的性格更老练、更成熟,而不是更衰朽。直到最后,他都在继续敞开胸怀,接受新的观点。而且(虽然许多人认为他谨慎得过了头),他不允许自己沉湎于对过去的滥加赞美之中,那是许多同样受过教育的人的一种"脑瘫",也使得许多人的晚年除了让人同情怜悯就别无其他。

8

布鲁厄姆勋爵[①]不知疲倦的勤奋是最出名的。他从事公共事业的时间长达60余年,这期间他涉猎了许多领域——法律、文学、政治和科学,并且全都享有盛名。他是如何做到这一点的,对许多人来说一直是个谜。有一次,有人请求塞缪尔·罗米利爵士担任某项新的工作,他找了个借口,说自己没有时间。"不过,"他补充道,"你可以去找布鲁厄姆那家伙,他似乎总是有时间做任何事情。"

这就是奥妙所在:他从不让自己有一分钟的空闲,同时,他还有一副钢铁般的体格。到了大多数人都会退隐林下、享受清闲的年纪(多半是躺在安乐椅上打瞌睡消磨时光),布鲁厄姆勋爵却着手从事一系列关

[①] 亨利·彼得·布鲁厄姆(1778—1868),英国政治家、法学家、科学家。曾出任大法官兼上院议长,创办了伦敦大学。他甚至设计过一种四轮马车,这种马车被人们称为"布鲁厄姆"。

于光学定律的详细研究，并且还向巴黎和伦敦所能召集到的科学界听众提交了研究成果。大约就在同一段时间，他还发表了那部令人赞叹的《乔治三世时期的科学和文学人士》（Men of Science and Literature of the Reign of George）纲要，并且承担了自己全部的法律事务，参与了上院所有的政治讨论。西德尼·史密斯[①]曾经奉劝他，只要把自己所做的事情限定在三个壮汉能做完的那么多也就行了。不过，正因为布鲁厄姆对工作是如此热爱（久而久之也就成了习惯），所以再大的事情对他来说也算不了什么。也正是因为他对卓越是如此热爱，以至于有人说，假如他在生活中的位置仅仅是个擦鞋匠的话，他也一定要成为全英格兰最优秀的擦鞋匠，否则决不罢休。

同一阶层中，另一个勤勉刻苦的人，是爱德华·布尔沃·利顿爵士。很少有作家涉猎的范围比他更广泛，取得的成就比他更大，他同时是小说家、诗人、剧作家、历史学家、散文家、演说家和政治家。在自己的道路上，他一步一个脚印，不屑于安逸悠闲，对超群出众的强烈渴望始终激励着他。在世的英国作家中，很少有人写过这么多，也很少有人写得这么好。布尔沃的勤奋，有资格赢得更高的赞扬，因为这种勤奋完全是自发的。打猎，射击，悠闲的生活——出入俱乐部和欣赏歌剧，气候宜人的时节去游览伦敦的各处风景名胜，然后带上丰富的食物储备，怀着对户外乐趣的愉悦心情去乡村庄园，去国外旅行，去巴黎、威尼斯或罗马——所有这些，对于一个贪图享乐的富人而言，都非常有吸引力，没有理由指望他会自愿承担任何种类的连续劳动。然而对布尔沃而言，所有这些享乐也全都在他财力所及的范围之内，但他必须舍弃，而专心追求他的文学道路，力争在文学上占有自己的一席之地。像拜伦一样，他最初的努力方向是写诗（《杂草与野花》，Weeds and Wild Flowers），但并不成功。接着他写了一部小说（《福克兰》，Falkland），又一次失败了。

[①] 西德尼·史密斯（1771—1845），英国宗教领袖、作家，以机智的辩论而著称。

在这种情况下，一个意志薄弱的人或许就会放弃当作家的念头，但布尔沃却鼓起勇气，矢志不渝。他继续创作，下定决心要取得成功。他连续不断地刻苦努力，广泛阅读，终于勇敢地从失败走向了成功。继《福克兰》之后，不到一年时间，又出版了《佩勒姆》(Pelham)。布尔沃此后的文学生涯大获成功，到如今已经延续了30年。

迪斯雷利先生在卓越不凡的公共事业上所付出的勤奋刻苦，提供了一个类似的有力实例。像布尔沃一样，他最初的成就是在文学方面，而且也是在经过无数次失败之后才达到成功的。他的《阿罗伊的神奇故事》(Wondrous Tale of Alroy)和《革命史诗》(Revolutionary Epic)遭到人们的嘲笑，被认为是文学精神错乱的标志。但他依然在其他方向继续努力，他的《康宁斯比》(Coningsby)、《女巫》(Sybil)和《坦克雷德》(Tancred)，证明了他文学才能的纯正品格。作为一个演说家，他在下院的首次公开露面，也很不成功。据说"比阿德尔菲[①]的一出滑稽剧还要令人捧腹"。虽然演讲的措辞语调华丽而豪迈，但每一句都引来一阵"哄堂大笑"。比之以喜剧形式演出《哈姆雷特》(Hamlet)的效果，有过之而无不及。他以一句富有预言意味的声明结束了自己的演讲。看到自己精心准备的滔滔雄辩受到人们的嘲笑，他痛苦不堪，大声说："许多事情，我都是通过几次尝试最后才获得成功的。现在，我该坐下来了，但总有一天，你们会听我的。"

这一天真的来了。在这个世界上首屈一指的绅士聚会上，迪斯雷利最终吸引了听众的注意力，这一事实，为我们提供了一个引人注目的例证：一个人的勇气和决心会有怎样的力量。迪斯雷利凭借着勤奋，为自己挣得了一席之地。他并没有像许多年轻人那样一旦失败便灰心丧气，躲在不为人知的角落唉声叹气、自怨自艾，而是坚持不懈地投身于工作。他把自己的失败抛到脑后，认真仔细地研究听众的性格，孜孜不倦地练

---

① 阿德尔菲，伦敦一家著名剧院。

习演说的技巧，勤奋刻苦地学习议会的知识。为了成功，他耐心坚毅地工作着。成功最终来了，虽然来得很慢：这一次，议院对他报以会心的微笑，而不是嘲笑。他早先的失败记忆被轻轻抹去，人们最终普遍承认，他是最有才华、给人印象最深刻的议会发言人之一。

9

虽然有许多人是依靠个人的勤奋和能力获得了成功，但是与此同时，正如接下来所举出的实例那样，我们也必须认识到：在生命的旅程中，来自他人的帮助也非常重要。诗人华兹华斯说得好："坚决依靠和坚决自立，坚决信赖他人和坚决独立自主，二者看似矛盾，实则如影随形。"从垂髫童子到衰朽暮年，我们所有人都或多或少受惠于他人的养育和教化。最优秀、最强大的人，通常也最乐意承认这样的帮助。

就以托克维尔的事业生涯为例吧。他出身名门望族，父亲是法国著名的贵族，母亲是梅尔歇布[①]的孙女。由于家族的强大势力，他在 21 岁的时候就被任命为凡尔赛初审法院法官，他可能觉得这个职位并不是凭借自己的能力而赢得的，于是决定放弃，他要自己把握未来的命运。"一个愚蠢的决定"，有人可能会这样说。但托克维尔还是勇敢地将这一决定付诸行动。他辞了职，并做好了离开法国去美国周游的准备，这次旅行的成果，就是出版了他的不朽巨著《美国的民主》(*Democracy in America*)。他的朋友兼旅行伙伴古斯塔夫·德·博蒙特，曾经这样描述他在这次旅行期间的勤奋刻苦："他的天性完全与懒散格格不入，无论是在旅行途中，还是在休息时刻，他的头脑从来都没有闲着。……对他而言，最愉快的交谈，只能是最有用的话题。最糟糕的日子，是毫无收获

---

① 梅尔歇布（1721—1794），法国政治家、大臣，大革命时期曾担任路易十六的辩护律师。

的日子，或者是生病的日子。即使虚度片刻，也会令他痛苦不堪。"托克维尔写信给朋友说："人的一生中，没有什么时间可以完全停止行动。自身之外的努力，以及更多的自身之内的努力，都同样必要。否则的话，等到我们日渐老去的时候，其成就和年轻时并无不同。世人如旅人，他一刻不停地朝着日益高寒的地区旅行，当他走得越高，也就应该走得越快。心灵之大患，乃是寒冷。为了抵御这个可怕的恶魔，为了让自己坚持下去，你不仅需要保持心智的活动，还要和生活中的同伴保持联系。"①

尽管托克维尔的观点明确谈到了个人能力和自力更生的必要性，但他比任何人都更乐于承认来自他人的帮助和支持的价值，每个人都或多或少受惠于他人。因此，他常常心怀感激地承认，自己受惠于朋友德·科格雷和斯托菲尔——前者是因为知识方面的帮助，后者则是由于他的道德支持和同情之心。在给科格雷的信中，他写道："您的心灵，是我唯一信赖的，并对我自己的心灵产生过真正的影响。其他许多人，也影响过我的行为的细枝末节，但没人像您那样，对我的基本观念和行为准则的形成产生过这样大的影响。"托克维尔毫不犹豫地承认，妻子玛丽对自己的恩惠也很大。是她，让托克维尔保持温和的脾气和平静的心境，使得他能够成功地从事研究。他相信，心灵高尚的妻子能够润物无声地提升丈夫的品格，而奴颜婢膝的妻子却会使之降低。②

总之，人类的品格，乃是通过无以数计的、润物细无声的影响，而铸造成型，通过榜样和箴言的力量，通过传记和文学，通过朋友和邻居，

---

① 原注：古斯塔夫·德·博蒙特《托克维尔未刊作品与书信》(*O Eures et Correspondance d'Alexis de Tocqueviue*) 卷一。
② 原注：他说："我一生中无数次见到过：一个弱者，由于妻子通过不断的提醒而给予他以支持，从而表现出了真正的公德，这种支持，更多的是通过对他看待职责甚或雄心的方式发挥不断增强的影响，而不是通过直接建议他做某某事。然而，必须承认，我所看到的更多的情况是：私人和家庭生活把一个天性慷慨、无私甚至有做出伟大成就的能力的人，逐渐转变成了一个野心勃勃、心胸狭窄、粗俗不堪、自私自利的人，在关乎国家的事情上，他们总是只考虑到它们能否给自己带来舒适安逸的生存条件。"

通过我们生息其中的红尘俗世，通过我们祖辈先人的精神灵魂，通过他们留存给后代的嘉言懿行的宝贵遗产。但毫无疑问，虽然这些影响应该得到承认，然而同样清楚无疑的是：人，必然是他自己良好品行的积极行动者；而且，无论他的聪明和善良在多大程度上得益于他人，但按照事物的自然本性，必定只有他本人，才是自己最好的救助者。

第2章

产业领袖：发明家和制造商

劳动和科学从此以后将成为世界的主人。

——德·萨尔梵迪

仅就发明创造而言,如果把所有出身卑微的人在这方面为英国所做出的贡献扣除掉,就能看出:如果没有他们,英国将会拥有一个什么样的位置。

——亚瑟·赫普斯

1

英格兰民族最为显著的特征之一，就是他们的勤奋精神，这在他们过去的历史中非常突出，如今也和从前任何时期一样引人注目。正是英国平民所表现出来的这种精神，为大英帝国的伟大工业奠定了基础，并使之发展壮大。民族工业的兴旺发达，主要是个体的自由能量充分发挥的结果，它常常取决于参与创造性劳动的脑与手的数量，他们是土地的耕种者、实用品的生产者、工具机械的发明者、书籍的撰写者和艺术品的创作者。一旦这种积极向上的勤奋精神成为整个民族至关重要的原则，它同时也就成了一种补救手段，时常能消除我们法律中的错误和制度中的缺陷所带来的不良影响。

整个民族所追求的勤奋之路，同时也被证明是一种最好的教育。正如扎扎实实地工作是每个个体最健康的训练一样，它也是一个国家最好的训练。值得尊敬的"勤奋"，与"责任"携手同行；上帝把这二者与人类的福祉紧密地联系在一起。诗人说，神把劳动和辛勤放在了通往极乐世界的道路上。用自己的劳动（无论体力还是智力）所挣来的面包，吃起来肯定最香最甜。通过劳动，土地被开垦，人从野蛮中被拯救出来；文明的进程，没有一步离得开劳动。劳动不仅是一种必需、一种责任，而且是一种神赐之福；只有在懒汉的感觉里，它才是一种折磨。工作的责任，书写在四肢的肌肉和臂力中，书写在双手的构造中，书写在大脑的神经元和脑垂体中——其整个健康的行动，就是快乐和享受。在劳动的课堂上，我们所学会的，是最好的实践智慧。正如我们之后将会发现的那样，体力劳作的生活与高级的智力文明并不矛盾。

休·米勒①最懂得有力与无力在劳动中意味着什么了，他曾声称，经验告诉他：工作（哪怕是最艰苦的工作）充满着愉快，充满着用以自我改进的因素。他认为，诚实的劳动是最好的老师，辛苦学校是最高贵的学校，在这所学校里，传授的是实用有益的能力，学习的是独立自主的精神，获得的是坚忍不拔的习惯。他甚至认为，手工劳动的训练（这一经历给了他处理日常事务时严守规律的能力，并让他获得了真切的生活体验），比任何其他环境中所提供的训练，更适合于让他在生活的旅程中小心前行，更有利于他成长为一个"男人"。

前面粗略提到的这些伟大名字，来自不同的产业阶层，在不同的生活道路——科学、商业、文学和艺术——上获得了卓越的声望。稍稍排列一下这些名字，我们就会发现：无论贫穷和劳苦带来什么样的困难，都不是无法克服的。那些伟大的发明创造，赋予了民族如此多的力量和财富，其中的大部分要归功于那些出身卑微的人。如果把他们所做出的贡献从这一特殊的行列中扣除，我们就会发现，真正留给其他人去完成的非常之少。

2

发明家在世界上一些最伟大的产业中从事他们的工作。许多主要的社会必需品、享乐品和奢侈品，都要归功于他们；正是通过他们的天才和劳动，日常生活才在各个方面显得更舒适、更愉快。我们的食物，我们的衣服，我们家里的家具，还有那让光线照进室内、把寒冷挡在门外的玻璃，那点亮我们的街道、为我们的水陆交通提供动力的煤气，那用以制造各式各样必需品和奢侈品的工具，都是许多人的劳动、许多聪明

---

① 休·米勒（1802—1856），苏格兰地质学家，曾经是个石匠。

才智的创造成果。因为有这样的发明创造，人类普遍都更加幸福。随着个人福利和公共享受的增长，我们每天都在收获它们所带来的利益。

尽管蒸汽机（机器之王）的发明，在很大程度上可以说是属于我们这个时代，但它的理念却产生于许多个世纪之前。像其他的发明创造一样，它也是一步一步实现的：一个人把自己在当时显然毫无用处的劳动成果传承给了后来者，后继者则接过它，并把它带到了一个新的阶段，探索研究进行了一代又一代。就这样，亚历山大城的希罗①所传播的理念，从没有完全失传。不过，就像埃及木乃伊手里的麦粒一样，它只有被带到现代科学的充足光线里，才能生根发芽，旺盛生长。不管怎么说，在它脱离理论状态并被实用力学所处理之前，蒸汽机就什么也不是。那个了不起的机器所讲述的，不正是这样一个高贵的故事么：耐心而艰苦的探索研究、英勇的勤奋精神遭遇并克服了重重困难。就其本身而言，它确实是人类身上自助力量的一个杰出典范。聚集在它周围的那群人当中，我们发现了军事工程师塞维利，达特茅斯城的铁匠纽科门，玻璃安装工考利，机械学徒波特，土木工程师斯米顿，以及比他们所有人都要高出一筹的，那位吃苦耐劳、不知疲倦的数学仪器制作匠詹姆斯·瓦特。

瓦特是最勤奋刻苦的人之一。他一生的故事证明了（所有的经历都证实了这一点）：一个人要获得他最高的成就，靠的并不是天生的最大活力和能量，而是他以最大的勤奋和最缜密的技能来运用他的力量，这种技能是通过劳动、应用和经验所获得的。在他那个时代，有许多人懂得的知识比瓦特要多得多，但是没有人像他那样持之以恒地把自己所懂得的知识付诸有益的实践。尤其重要的是，他在探索事实真相时最为不屈不挠。他细心地培养自己专心致志的习惯，所有智力劳动的高级品质主要依赖于这种专注。确实，埃奇沃斯先生也抱有这样的观点：人的智力

---

① 希罗，生卒年不详，亚历山大时期的科学家，发明了许多水动力机和蒸汽动力机，并想出了计算三角形面积的公式。

差异，更多地取决于这种专注习惯的早期培养，而不是取决于个人能力之间的巨大差距。

甚至还是个孩子的时候，瓦特就在科学中找到了自己的乐趣。父亲的木匠铺里那些闲置的四分仪，把他领向了光学和天文学研究；他羸弱多病的身体，导致他探究生理学的奥秘；他在乡村田野的孤独散步，吸引他研究植物学和历史学。在从事数学仪器制造这个行当的时候，他接受了一份制造一架管风琴的订单；尽管他对音乐并不在行，但他还是着手研究起了和声学，并成功造出了这件乐器。同样，当纽科门把他的蒸汽机小模型（属于格拉斯哥大学）交到他的手里进行修理的时候，他立即开始认真地学习起了当时关于热、蒸发和冷凝的所有知识。与此同时，他还孜孜不倦地研究机械力学和建筑科学，最终将自己的冷凝蒸汽机变成了实物。

此后10年，他继续从事自己的发明创造，很少有机会获得人们的欢呼喝彩，也很少有朋友给他鼓励。其间，他为了养家糊口，而继续制作、出售四分仪，制造和修理小提琴、长笛及其他乐器，计量木工活，勘测道路，监造运河，或者干任何能够找到并有希望获得诚实报酬的活。最后，瓦特在其他杰出的产业领袖中找到了一位合适的合伙人——伯明翰的马修·博尔顿。他是一个训练有素、精力充沛而富有远见的人，他精力旺盛地将冷凝蒸汽机作为一种动力源介绍给普通民众，两个人的成功合作如今成为著名的历史事件。①

---

① 原注：本书初版出版以后，笔者在另一部作品《博尔顿与瓦特合传》(The Lives of Boutton and Watt) 中，努力更加详尽地描绘了这两个著名人物的品格和成就。

詹姆斯·瓦特（1736—1819），英国发明家，改良了蒸汽机。

3

　　许多技艺高超的发明家时不时地给蒸汽机增添新的力量，通过许许多多的改进，使它能够适用于几乎所有制造业的用途：驱动机器，推进轮船，碾磨谷物，印刷书籍，冲压硬币，锤打、刨平、车削铁器。简言之，它可以从事每一件需要力量的机械劳动。其中，最有用的改进是由特拉维斯克[①]所设计、后来由乔治·斯蒂芬森[②]父子予以完善的铁路机车，蒸汽机车的出现，给社会带来了极其重大的变化，就其对人类的进步和文明所产生的影响而言，其重要性甚至要超过瓦特的冷凝蒸汽机。

　　瓦特的发明，其最初的重大成果之一（这使得产业阶级掌握了几乎无限的力量），就是纺织工业的建立。与这一伟大的产业分支紧密联系在一起的人，毫无疑问就是理查德·阿克莱特[③]爵士，他的实践能力和敏锐的洞察力，或许比他在机械方面的创造能力更为卓越。诚然，曾经有人提出怀疑，作为一个发明家，他的独创性能否比得上瓦特和斯蒂芬森。在纺纱机的发明上，阿克莱特所占有的位置，或许可以等同于瓦特之于蒸汽机以及斯蒂芬森之于铁路机车。他把那些分散的纱线集聚在一起，这种独创性的确已经存在，但他根据自己的设计把它们织成了最初的布料。尽管伯明翰的刘易斯·保罗早在30年前就已经获得了滚筒纺纱机的专利，但他所制造的机器在细节上存在太多的缺陷，以至于无法正常工作，这个发明在实践上是失败的。另一位籍籍无名的簧片乐器制作者托马斯·海斯，据说也发明了水力纺纱机和詹妮纺纱机，但同样也被证明

---

① 理查德·特拉维斯克（1771—1833），英国铁路工程师和发明家，设计制造了第一台高压蒸汽机车（1800）和第一辆蒸汽客运列车（1801）。
② 乔治·斯蒂芬森（1781—1848），英国铁路的先驱，制造了第一辆实用蒸汽机车（1814）并修建了第一条客运铁路（1825）。他的儿子罗伯特（1803—1859）建造了铁路、火车并架设桥梁。
③ 理查德·阿克莱特（1732—1792），英国发明家和工业家，发明了棉花纺纱机（1769），并建造了数个棉纺厂，最早大规模使用机器纺纱。

是不成功的。

当产业需求逼迫着发明家们绞尽脑汁的时候,许多人的头脑里总是会浮现出相同的念头——蒸汽机、安全灯、电报及其他发明都是这样的情形。许多聪敏的头脑都在发明的产前阵痛中艰苦劳作,直到最后,更高明的头脑、更强有力的实干家抢先了几步,直接让他们的观念得以顺利分娩,成功地将原理付诸应用,事情就这样尘埃落定。接着,屈居人后的发明家当中就会喊声一片,他们眼见自己在赛跑中被人甩在了后面,心有不甘。从此,像瓦特、斯蒂芬森和阿克莱特这样的人,通常就不得不为了自己的名誉,为了他们作为成功发明家的权利而进行辩护。

4

像大多数伟大的机械师一样,理查德·阿克莱特也出身低微。他1732年出生于普雷斯顿,家境非常贫寒,是家里13个孩子当中最小的一个。他从未进过校门,唯一受过的教育是自学,到最后也仅能费力地书写。还是个孩子的时候,他就给一位理发匠当学徒,学会这门手艺之后,他就在波尔顿自立门户,在那里他拥有了一间地下室,他在外面竖起了一块标牌:"地下理发师,每次一便士。"其他理发师发现自己的顾客正在流失,便把价钱也降到了他的标准,阿克莱特决心推展自己的业务,于是宣布:"半便士刮得干干净净。"几年之后,他离开了这间地下室,成了一名流动的毛发商贩。那年头很流行戴假发,假发制造成了手工业的一个重要分支。阿克莱特四处收购制作假发的毛发。他常常参加兰开夏郡各地的集市,年轻妇女为了保护她们长长的秀发经常光顾这些集市;据说在这类交涉中他总是非常成功。他还经营化学染发剂,他精于此道,因此生意非常好。然而,尽管他拥有积极进取的性格,但挣的钱似乎并不多,比一贫如洗好不了多少。

戴假发的时尚正在经历一场改变,不幸降临到了假发制造者们的头上。而阿克莱特一直拥有机械方面的天赋,因此就转而成了一名机械发明家,或者按照当时流行的叫法,称为"魔术师"。那段时间,有许多人都在努力发明纺纱机,我们的理发师决定,在他的余生里,将自己小小的三桅船驶向创造发明的汪洋大海。像其他那些同样执迷不悟、无师自通的家伙一样,他也把自己的空余时间全都投入到了永动机的发明上,从那个领域可以很容易地过渡到纺纱机上。他是如此勤勉地专注于自己的实验,以至于完全荒废了自己的生意,把节余下来的一小笔钱财搭进去之后,他变得更加一贫如洗。他的妻子(他到这时候才结婚)认为他这是在无谓地浪费时间和金钱,对此很不耐烦,在一次突然爆发的愤怒中,她抓起并摔毁了他的模型,希望以此除去家庭贫穷的根源。阿克莱特是个固执而热情的人,他被妻子的这一行为激怒到了无以复加的程度,于是毫不犹豫地和她分开了。

在附近的乡村旅行的时候,阿克莱特认识了一个名叫凯的人,凯是沃灵顿一个钟表匠,他帮助阿克莱特建造了永动机的某些部件。有人猜想,是凯把滚筒纺纱的原理告诉了阿克莱特,但也有人说,这个想法是他偶然冒出的,当时,他注意到一块火红的铁块在经过两个铁滚筒之后被拉长了。不管是哪种情况,总之这个念头很快就在他的头脑里扎下了根,他继续设计这个步骤,最后纺纱机完成了,在这一点上,凯不可能告诉他任何东西。至此,阿克莱特放弃了他的毛发收购生意,专心致志地投身于完善他的机器。在他的指导下,凯为他制造了一个纺纱机模型,模型被装配在普雷斯顿免费文法学校的会客室里。作为小镇的一名议员,他参加了一次竞选投票(投票中伯戈因将军当选了),而他是如此贫穷,如此衣衫褴褛,以至于许多人都纷纷为他捐款,凑够了一笔钱,才足以让他把自己收拾得适合于出现在投票室中。

阿克莱特的机器在小镇上进行了展示,那里住着不少工人,他们根据自己手工劳动的经验,证明这是一项危险的实验。教室外时不时地传来人们不祥的抱怨之声，阿克莱特不由得想起了凯的厄运，他因为发明了一架飞行器，而遭到人们的围攻，被迫逃离了兰开夏郡；还有可怜的哈格雷夫，仅仅在不久之前，他发明的詹尼纺纱机被布莱克本的暴民撕成了碎片。于是，他明智地决定，收拾起自己的模型，转移到一个不是很危险的地方去。就这样，他去了诺丁汉，在那里，他向一些本地银行家请求资金支持。赖特先生同意预支给他一笔钱，条件是分享他的发明所带来的利润。然而，这台机器不能按照他们预期的进度完成，这几位银行家便推荐他去向斯特拉特先生和尼德先生申请，前者是一位天才的发明家和织袜机的专利所有人。斯特拉特先生立刻就认识到了这项发明可能带来的利润，于是成了阿克莱特的合伙人，阿克莱特通往财富的大路就此打开。这项专利获得的时候所使用的名字是"理查德·阿克莱特，诺丁汉，钟表匠"。值得注意的是：它取得的时间是1769年，正是在同一年，瓦特获得了蒸汽机的专利权。第一架纺纱机首次在诺丁汉安装起来了，由马匹拉动；不久，另一架纺纱机在德比郡的克罗姆福德建造成功，个头要大很多，由水轮机驱动，纺纱机由此被称作"水力纺纱机"。

然而，阿克莱特的劳动可以说才刚刚开始。他还要从每个细节上去完善他的机器。正是在他的手上，这项发明得以不断地改进，直到它变得极其方便实用、有利可图。但成功的得来，只能靠长期而坚忍的劳动。的确，许多年的冥思苦想，都令人沮丧、无利可图，耗尽巨额的资本而没有任何结果。当成功开始显得更加确定无疑的时候，兰开夏郡的制造商们开始攻击阿克莱特的专利，发誓要把它撕成碎片，就像康沃尔郡的矿工攻击博尔顿和瓦特，要劫夺他们的蒸汽机所带来的利润一样。阿克莱特甚至被指责为工人之敌，一群暴徒当着一队强大军警的面，摧毁了他在乔利附近建造的一座纺织厂。兰开夏郡的人拒绝购买他的原料，虽然它们在市场上公认是最好的。接着，他们又拒绝为使用他的机器而购买专利权，并联合起来要在法庭上把他打垮。令所有正直的人所不齿的是，阿克莱特的专利被推翻了。判决之后，当他从反对者们暂住的旅店经过的时候，其中一个人故意大声地说："太棒了，我们终于把这老剃头匠摆平了。"他从容不迫地回答道："没关系，我还有一把剃刀，将把你们所有人都剃光。"他在兰开夏郡、德比郡和苏格兰的新兰纳克建起了新的纺织厂。随着与斯特拉特先生的合伙期届满，克罗姆福德的纺织厂也转到了他的手中。他的产品在数量和品质上是如此突出，以至于没过多久他就获得了对这项贸易的全面控制，价格由他确定，他支配了其他棉纺业者的主要运作。

阿克莱特具有伟大的品格力量，不屈不挠的精神气概，老于世故的精明机智，以及近乎天赋的商业才能。有一段时间，他的时间全都用在了繁重而连续的劳动上，组织、经营他为数众多的工厂，时常从早晨4点一直干到夜里9点。50岁那年，他开始学习英文文法，力图在书写和拼读方面提高自己。在克服了重重困难之后，他的事业收获了令人满意的奖赏。在他建造第一台纺纱机的18年之后，他在德比郡的声望如日中天，被任命为该郡的名誉长官。不久之后，乔治三世授予他爵士头衔。他死于1792年。无论是好是坏，在英格兰的现代制造体系当中，阿克莱特都是一项产业分支的奠基人，这项产业无可争辩地被证明是巨大的财富之源，无论是对个人，还是对国家。

5

英国所有其他大的产业分支，也都提供了与此类似的榜样，他们全都是一些精力充沛的商业人士，对于他们劳作其中的邻居来说是一个巨大的利益来源和增长动力，也是整个社会的财富之源。这当中，我们可以列举的有：贝尔珀的斯特拉特家族，格拉斯哥的坦南特家族，利兹的马歇尔家族和哥特家族，南兰开夏郡的皮尔家族、阿什沃斯家族、伯利家族、菲尔登家族、阿什顿家族、海伍德家族和爱因斯沃斯家族，其中有些家族的后裔后来因为英国政治史的关系而声名卓著。这当中著名的是南兰开夏郡的皮尔家族。

皮尔家族的奠基人，大约在18世纪中叶，是个小自耕农，拥有布莱克本城附近的霍尔豪斯农庄，他后来从那里搬到了布莱克本城的费什莱恩的一幢房子里。虽然罗伯特·皮尔[①]晚年的时候看着满堂的儿孙在身边长大成人，当年布莱克本附近的那块土地却不免有些贫瘠，对他们的家庭产业来说，经营农业的前景似乎并不是很好。不过，那个地方长期以来一直是家庭制造业的根据地——被人们称为"布莱克本坯布"的纺织品，包括亚麻布和棉纱，主要产自那座小城及其邻近地区。在工业体系引入之前，对于勤勉的自耕农及其家庭来说，通常情况下，他们的时间并不是用来在田间劳作，而是在家里纺织。罗伯特·皮尔也是这样开始经营他的家庭棉布制造生意的。他是个诚实的人，而且也制造一种诚实的商品，他勤俭节约、埋头苦干，生意十分兴隆。他同时也富有进取精神，是最早采用梳理滚筒的人之一，当时，这项技术刚刚发明不久。

但罗伯特·皮尔的注意力主要还是集中在白棉布的印花上，这在当时还是一项不太为人所知的工艺。有一段时间，他进行了一系列的机器印花试验。试验在他自己家里秘密进行，布料由家里的一位女眷熨平。按照当时的习惯，在一个像皮尔家族这样的家庭里，用餐时通常使用的是锡镴餐具。看到一种餐具上描绘着图形或装饰性图案，皮尔突然冒出了一个念头：可以反向制出图案的印痕，然后以彩色印到白棉布上。在农庄角落的一间村舍里，住着一位妇女，她管理着一架辊筒机，皮尔去了这个女人的村舍，在餐具的图案部分擦上颜料，再覆上白棉布，从辊筒机里轧过，此时，他发现白棉布上留下了一个令人满意的印痕。据说这就是辊筒印花的起源。罗伯特·皮尔很快就完善了他的印花工序，他

---

① 这里介绍的罗伯特·皮尔，是前文提到过的罗伯特·皮尔爵士（参见第一章第7节注释）的父亲。

印制的第一份图案是欧芹叶形饰纹，因此，后来布莱克本的邻居们在提到他的时候都称他为"欧芹皮尔"。根据棉布印花工序，这种机器被称作走锭机——确切地说，它使用的是一个浮雕木质辊筒和一个雕版铜质辊筒。这种工艺，后来被他的一个儿子，也就是皮尔家族公司的领头人改进得更加完美了。在成功的激励之下，罗伯特·皮尔不久就放弃了他的农业经营，搬到了距布莱克本大约两英里的村庄布鲁克塞德，全身心地投入到了印花生意上。在那里，罗伯特·皮尔在儿子们（他们和他一样精力充沛）的帮助下，继续成功地经营了几年生意。随着儿子们的长大成人，公司的规模也不断扩大，分出了各种各样的皮尔家族公司，每一家公司都成了行业的核心以及大量民众高薪职位的一个来源。

从现在能够知道的关于这位最早的、没有爵衔的罗伯特·皮尔的性格来看，他肯定是个非同寻常的人物——精明、睿智、富有远见。但是除了从口头传说和熟悉他的儿孙们那里了解到的一些之外，我们对他的过去所知甚少。他的儿子罗伯特爵士曾这样谨小慎微地谈到过他："我的父亲确实可以说是我们家族的奠基人。他正确地认识到了从国家的观点看商业财富的重要价值，因此经常听他说起，与国家从商业中所获得的利益比较起来，个人的获利其实很小。"

6

罗伯特·皮尔爵士，是这个名字的第一代从男爵和第二代制造商，他继承了父亲所有的进取精神、能力和勤奋。刚刚步入社会的时候，他的地位比普通工人高不了多少。因为父亲虽然已经为未来的繁荣奠定了基础，但依然由于缺乏资金而苦苦挣扎。当罗伯特还只有20岁的时候，他就决定独立开展棉布印花的生意，此时他已经从父亲那里学会了这项工艺。他的舅舅詹姆斯·霍沃思和布莱克本的威廉·耶茨，也加入了他的事业。他们所能筹集到的全部本金总共只有大约 500 英镑，其中主要是威廉·耶茨提供的。耶茨的父亲是布莱克本的一位族长，在当地广为人知、深受尊敬；在通过做生意而积攒了一些钱之后，他很乐意拿出足够的款项给儿子，以便启动更赚钱的棉布印花生意，此时，这种生意才刚刚兴起。比较起来，罗伯特·皮尔虽然还纯粹是个青春少年，却掌握着这项生意的主要知识。不过据说（后来证明是真的）他"年轻的肩膀上长着一个老成的脑袋"。

在当时还无足轻重的小城贝里①附近，有一座废弃的磨坊，连同旁边的几块场地，被他们以很便宜的价格买了下来。许久之后，人们还一直以为那里经营的是"碾磨"，只有几座木头房子立在那里。1770 年，公司以非常简陋的方式开始经营棉布印花的生意，几年之后才又增加了棉纺生意。几个合伙人在生活上是如何拮据，从下面的事件中或许可见一斑。威廉·耶茨已经成家，从此之后只能精打细算、勤俭持家，为了帮助单身汉皮尔，他答应让皮尔在自己家里寄宿。最开始，皮尔给他的膳宿费只有每周 8 先令，耶茨认为这点钱实在太少了，坚持要求每周增加一个先令，对此，皮尔起初表示反对，两个合伙人之间由此产生了分歧，最后，寄宿者做出妥协，同意每周增加 6 个便士②。

威廉·耶茨最大的孩子是个女儿，名叫爱伦，她满 17 岁时，罗伯特·皮尔娶爱伦·耶茨为妻。这个漂亮女孩就是后来的皮尔夫人和未来英国首相的母亲。皮尔夫人是个高贵而美丽的女人，处在生活中的任何地位都优雅从容、仪态万方。她拥有罕见的精神力量，在每一次紧急关头都是她丈夫精明而可靠的顾问。在他们婚后的许多年里，她一直担任他的秘书，处理他大部分的商业信函，因为皮尔先生本人对案牍之劳毫无兴趣，而且写出来的字也几乎无法辨认。1803 年，在丈夫被授予从男

---

① 贝里，英格兰西北部一个自治市，位于曼彻斯特西北偏北。建于一个撒克逊部落的旧址上，自 14 世纪以来一直是个纺织中心。

② 1 先令等于 12 便士。

爵爵位仅仅3年之后，爱伦去世。据说，伦敦的上流社会生活被证明对她的健康有害，这种生活与她在老家所习惯的是如此不同。年迈的耶茨先生后来常说："如果罗伯特没有让我们的内莉成为一名'夫人'的话，她可能至今仍然活在人世。"

耶茨–皮尔公司的事业始终都很繁荣兴旺。罗伯特·皮尔爵士本人是这家公司的灵魂，他精力充沛、勤勉专注，大量的实践智慧结合着一流的商业才能——这些品质，在许多早期的纺织业主身上非常缺乏。他有着钢铁般的意志和体格，连续不断地辛苦劳作。简言之，皮尔之于棉布印花，就像阿克莱特之于机器纺织一样，他们的成功同样伟大。这家公司所生产的商品，以其卓越的品质获得了对市场的控制，而公司的作为在兰开夏郡也是首屈一指。除了让贝里大为受益之外，这家合伙企业也在周边地区培育起了许许多多类似的行当。让他们引以为荣的是，在他们千方百计把自己的产品提升到最完美的品质的同时，他们还以各种不同的方式努力促进工人的福利，使他们更加舒适；即便是在最不景气的时期，他们也设法为工人提供报酬丰厚的职位。

罗伯特·皮尔爵士毫不困难地认识到了一切新工艺、新发明的价值。这方面的例证，我们可以提到他在印花工艺中对所谓"防染剂"的采用。这一工序是通过把一种糊状混合物（或者叫防染剂）涂在布料上打算留白的部分来完成的。发明防染剂的人，是来伦敦观光的一位旅行者，他把这项技术以微不足道的价格卖给了皮尔先生。要想完善这套工艺并让它用于实际生产，还需要一到两年的时间来进行试验。不过，效果非常不错，印制的图案轮廓线清晰准确，这一技术很快就首先应用于贝里的公司。在同样精神的指导下，由皮尔家族成员所创立的其他公司，也都纷纷效仿。这些形形色色的企业，为它们的所有者带来了财富，给整个棉纺行业树立了榜样，在兰开夏郡培养了许许多多成功的印染工和厂主。

7

在其他著名的产业奠基人中，织袜机的发明者威廉·李和织网机的发明者约翰·希思科特值得我们注意，这两个人，都拥有非凡的机械技能和不屈不挠的品格，他们的劳动，为诺丁汉及其周边地区的劳动人口提供了大量的高薪职位。保存下来的报道中，与织袜机发明有关的详情非常混乱，许多报告矛盾百出，虽然发明者的名字无可怀疑。此人就是威廉·李，他大约于 1563 年出生于伍德堡，那是一个距离诺丁汉约 7 英里的乡村。据有些报道说，他是一小笔不动产的继承人，而根据另外一些报道，他是个穷困潦倒的学者①，从早年开始，就不得不与贫穷作斗争。他 1579 年 5 月进入剑桥的基督学院，成为一名靠助学金度日的学生，后来又转到了圣约翰学院，1582—1583 年间获得文学士学位。有人相信，他是在 1586 年获得文学士学位，但就这一点来说，剑桥大学的记录似乎有些混乱。有一种老生常谈的说法，说他因违反校规结婚而被开除，这是错的，因为他从来就不是剑桥大学的会员，所以不可能采取这样的措施来对付他。

威廉·李发明织袜机的时候正担任诺丁汉附近的卡文顿教区的助理牧师。据有些作家宣称，这一发明源于一次受挫的爱情。据说，我们这位助理牧师深深地爱上了村子里的一位年轻女士，但她对于他的爱情没有给予相应的回馈。每当威廉·李拜访她的时候，她总是把更多的注意力投入到编织长袜的工作上，或者是专心致志地向弟子们传授这门技艺，而很少搭理她的追求者。据说，这样的怠慢使得他打心眼里恨透了手工编织，并下定决心要发明一种能够取代它的编织机，把这门手艺彻底给废了。他用了 3 年时间，全身心地投入到了这项发明当中，为自己的新

---

① 原注：下面这一条目来自"谢菲尔德市议员现金支出账目"，有人推测，上面提到的就是这位织袜机的发明者："支付威廉·李（谢菲尔德市一位穷学者）的款项，用于他动身去剑桥大学，并购买图书及其他家具。"

想法而牺牲了一切。当成功在望的时候，他放弃了助理牧师的职位，一心扑在了机织长袜的工艺上。这是汉森在他那部关于老织袜机的权威著作中所给出的一个故事版本①，汉森死在诺丁汉的科林斯医院里，享年92岁。安妮女王统治时期，他曾在那座小镇上当过学徒。迪林和布莱克内也根据邻近地区的传说给出了相同的报道，伦敦编织机器公司的盾形纹章在某种程度上证实了这个故事，纹章由一架没有木质部件的织袜机所组成，纹章的两个持盾人，一边是位牧师，另一边是个女人。②

不管织袜机这项发明的由来究竟是怎么回事，我们都不用怀疑其发明者所表现出来的非凡的机械天才。一个生活在偏远乡村的牧师，一生中大部分时间与书为伴，却能设计出这样一台精密而复杂的机器，并很快就把编织技艺从女人单调的手工劳动，提升为美观而快速的机器编织工艺，这的确是一个惊人的成就，可以说在机械发明史上几乎是无与伦比的。在手工技艺尚处于幼年时期的年代，而且到那时为止，人们对于以制造为目的而发明机器也关注甚少，考虑到这一点，威廉·李的功劳也就更加了不起了。他在迫不得已的情况下，尽自己最大的可能即兴制作这架机器的部件，采用了各种手段以克服可能会产生的困难。他的工具是不完美的，他的材料也是有缺陷的，他也没有技艺娴熟的工人帮助他。根据传说，他制作的第一台织袜机是12个标准尺，没有吊坠，几乎全都是木制件，针也是用小木块卡住的。威廉·李的主要困难之一，就

---

① 原注：参见汉森著《织袜机的历史》(History of the Framework Knitters)。
② 原注：然而，另有一些不同的报道。其中一则讲的是：威廉·李着手研究织袜机的发明，为的是减轻他所深爱的一位乡村女孩的劳动，她的职业就是编织。另一则说他结了婚，并且很穷，他的妻子不得不靠编织补贴家用。而威廉·李在注视妻子手指运动的时候，萌生了用机器模仿这种运动的念头。后一个故事看来是亚伦·希尔先生发明的（参见《山毛榉油制造业的崛起与发展》, Account of the Rise and Progress of the Beech Oil Manufacture, 伦敦，1715）。但他的说法很不可靠，他也是这样让威廉·李成了牛津一所学院的会员，因为娶了一位旅店老板的女儿而被开除；而事实上，威廉·李既没有在牛津上过学，也没有在那里结婚，更不是牛津任何一所学院的会员。他还声称，威廉·李的发明成果使"他和他的家人过上了幸福的生活"。但是，这项发明带给他的只不过是一份痛苦的遗产，他在国外穷困而死。

在于因为缺少针眼导致的针脚的排列问题，但他最终还是克服了这个困难。终于，一个接一个困难被成功地克服了，3年的艰苦劳作之后，这台机器大功告成，完全适于使用。这位从前的助理牧师，对自己的技艺充满了狂热，开始在卡文顿村里编织长袜。他持续在那里工作了几年，指导弟弟詹姆斯和几个亲戚练习这门手艺。

在把他的机器改进得相当完美之后，威廉·李对长袜编织技艺的热爱变得众所周知，他希望能得到伊丽莎白女王的赞助，于是就去了伦敦，打算在女王陛下面前展示他的编织机。他首先把它展示给了宫廷的几位大臣，还成功教会了威廉·亨斯顿爵士操作这台机器。在这几位大臣的帮助下，女王最终同意接见他，并让他当面操作这台机器。然而，伊丽莎白女王并没有给予他所期待的奖励。据说，女王陛下当场对这项发明表示反对，说它旨在剥夺大批穷人从事手工编织的就业机会。威廉·李在寻找其他赞助人的过程中，再也没有成功，想到自己和自己的发明遭到轻蔑的对待，他接受了萨利提出的报价。萨利是法国国王亨利四世的一位富有远见的大臣，他让威廉·李去当时法国最重要的制造中心之一鲁昂，并给那里的工人们讲授织袜机的构造和使用。就这样，1605年，威廉·李带着他的机器，还有弟弟和7个工人，去了法国。他在鲁昂受到了热诚的接待，在那里继续大规模制造长袜，9台机器全部运转。此时，厄运再一次突然降临到他的头上。他的保护人亨利四世被狂热的拉瓦雅克刺杀身亡，他曾经指望亨利四世给他奖赏、荣誉和允诺授予的特权，正是这些，诱使他迁居法国。在此之前给予他的鼓励和保护眨眼之间被收回了。为了到宫廷里去争取自己的权利，他去了巴黎。然而，作为一个新教徒，同时又是一个外国人，他的申诉被置之不理。恼怒和悲伤使得他日渐憔悴，不久之后，这位著名的发明家在贫病交加之中死于巴黎。

詹姆斯·李和7名工人一起，带着他们的机器（留下了两台）成功地逃出了法国。当詹姆斯·李回到诺丁汉郡的时候，一位名叫阿什顿的人加入了他们的行列，阿什顿是索罗敦的一位厂主，威廉·李在离开英格兰之前曾教会了他机器编织的技术。这两人带着工人和他们的机器在索罗敦开始制造长袜，并大获成功。那里非常适合于从事这项生意，因为邻近的舍伍德主要从事绵羊畜养，出产一种纤维最长的羊毛。据说，阿什顿引入了利用吊坠制造编织机的方法，这是一个巨大的改进。在英格兰的不同地区，使用编织机的数量逐渐增加。机器织袜终于成了民族工业的一个重要分支。

织袜机的另一项重大改进，就是使它能够应用于饰带的大规模制造。1777年，两位工人——弗罗斯特和霍姆斯，通过对织袜机的改进，而把它用来编织点网饰带。30年的时间里，网眼编织这一制造业分支迅猛发展，有1500台网眼编织机同时工作，提供了15000个就业岗位。然而，由于战乱、时尚潮流的改变以及其他因素，诺丁汉的饰带编织业迅速衰落，就这样持续衰退着，直到约翰·希思科特发明了绕线编网机，这项发明，很快就为这一产业的复兴奠定了坚实的基础。

8

约翰·希思科特[①]是德比郡杜菲尔德一位可敬的小农最年幼的儿子，他于1783年出生在那里。上学时他成绩稳定、进步很快，却过早地离开了学校，去拉夫堡附近一家铁匠铺当学徒。这孩子很快就学会了灵巧敏捷地操作工具，并获得了关于织袜机以及更复杂的经编花边机的详细知识。空闲时间，他还钻研如何对这些机器提出改进。他的朋友贝兹利先生声称，早在16岁的时候，他就琢磨着要发明一种机器，能够编织出白金汉郡或法国生产的那样的花边饰带，当时，这些都是用手工编织的。

---

① 约翰·希思科特（1783—1861），英国实业家，饰带编织机的发明者。

他成功地引入的第一个实用改进机器是经编花边机，当时，借助一个精巧的装置，他成功地编织出了饰有花边的"露指手套"，正是这一次成功，使得他决定继续钻研用机械编织饰带。当时，改进后的织袜机已经被用于点网饰带的制造，编织的时候，网眼也像编织长袜一样圈结而成，不过产品很不结实，因此不尽如人意。连续多年，诺丁汉有许多心灵手巧的机械师，都在费尽心机要发明这样的机器：线编网眼能够互相扭结，从而编织成网。这些人当中，有人在贫困中死去，有人被逼疯了，所有人都同样失败了。老式经编花边机的地位依然不可动摇。

刚满 21 岁的希思科特去了诺丁汉，在那里他很容易就找到了工作，并很快就得到了一个机械安装工的最高薪酬，并因他的创造才能和智力水平而深受尊敬，坚实、审慎的原则支配着他的行为。他同时还继续探索从前占据着他的头脑的那些问题，努力完成他的编网机的发明。他首先研究了手工编织枕头花边的技艺，以及如何利用机器的手段实现同样的目标。这是一项漫长而艰苦的工作，需要巨大的毅力和智巧。据他的雇主艾略特描述，那时候，他富有创造力、坚忍、克己、沉默寡言，勇敢地面对失败和错误，足智多谋，达变通权，怀着最坚定的信心，相信他的机械原理的应用最终会戴上成功的桂冠。

像编网机这样一种复杂的机器，要想用语言描述它的发明，殊非易事。的确，它是一个编织花边的机械垫座，以一种精巧的方式，模仿花边编织工手指的动作，在垫座上交叉、扭结花边的网眼。希思科特已经能够将丝线分成纵向的和斜向的。他开始试验的时候，是把普通的包装线纵向固定在一个经线框架上，利用一把普通的钳子将纬线从经线之间穿过，然后让它们向一侧运动并扭结，再回穿过旁边的索线，网眼就这样以与手工编结相同的方式编织成了。然后，他又发明了一种机械装置，能够完成所有极其精巧的运动。为了做到这一点，他所付出的智力劳动也不小。他后来说："单是让斜线在一个规定的空间内扭结，就是一个极大的困难，如果这个问题没有解决，整个工作多半会泡了汤。"他接下来的步骤就是设计一种金属薄片，用作线轴，以操纵纬线来回穿过经线。这些金属片，被排列放置于经线两侧的运送架上，通过适当的机械运动使得纬线能够从一侧穿到另一侧，从而编织成饰带。通过无数次艰苦的试验，希思科特最后终于大获成功。24岁那年，他的发明获得了专利保护。

在此期间，他的妻子几乎和他本人一样焦虑不安，因为她非常清楚他在努力完成这项发明时所进行的试验、所遇到的困难。在成功地克服了这些困难的许多年之后，这对夫妻之间在一个重要的傍晚有过一场对话，至今想起来仍然很生动。"对了，"忧心忡忡的妻子说，"它能工作吗？""不，"丈夫回答，"我已经不得不又一次把它彻底拆散了。"

尽管他依然能够充满希望和愉快地谈话，他可怜的妻子却再也无法抑制自己的感情，坐在那里伤心地哭了起来。不过，她只要再等上几个礼拜的时间，长时间的艰苦劳作没有白费，成功终于来了。当他把自己的机器所编织出来的窄丝带和线网带回家，放到妻子手里的时候，约翰·希思科特是一个骄傲而幸福的男人。

在几乎所有被证明有生产价值的发明中，希思科特作为一个专利所有人的权利一直备受争议，他作为一个发明家的权利主张也一直受到质疑。由于人们认定这项专利无效，所以饰带制造者便大胆地采用编网机，无视发明者的存在。而其他一些专利，却以所谓的改进为由而轻松获得了。只有当这些新的专利持有人互相发生争执或者走上法庭的时候，希思科特的权利才得以确立。一位饰带生产商因为所谓的侵犯专利权而起诉另一位生产商，陪审团做出裁决，判决中法官当庭宣布：双方的机器都涉嫌侵犯了希思科特的专利权。正是在这场"博维尔诉摩尔"案的审理过程中，受雇为希思科特辩护的约翰·科普利[①]爵士在整理当事人的详细材料时学会了操纵编网机，他公开承认，自己并不完全了解这个案

[①] 约翰·科普利（1772—1863），英国法理学家、政治家，担任过英国财政大臣。

例的价值，但对他而言这似乎是个很重要的案子，他提出，立即去乡下研究这台机器，直到弄懂它为止。"然后，"他说，"我将尽我所能为你做最好的辩护。"就这样，他登上晚班邮车去了诺丁汉，整理他的案卷，或许还从来没有律师拿起过这些材料。第二天早晨，这位学识渊博的高级律师坐到了饰带编织机旁，一直没有离开，直到他能够亲手编织一件线网，并彻底弄懂了这台机器的原理和详细材料。当案子提交审理的时候，这位学识渊博的高级律师能够在辩护席上绘声绘色地演示机器的情况和使用技巧，非常清楚明白地解释这项发明的精确性，这让法官、陪审团和旁听者都惊讶不已。他的尽责和精通，无疑对法庭的判决产生了影响。

审判结束之后，经过调查，希思科特发现有600台正在运转的机器仿照了自己的专利，他向这些机器的所有者征收了专利使用费，总数是一笔很大的金额。不过，饰带制造商获得的利润更大，机器的使用迅速普及开来。在25年的时间里，这一商品的价格从1平方码5英镑降低为大约5便士。同一时期饰带贸易的平均年利润至少有400万英镑，创造了大约15万个就业岗位。

9

回到希思科特先生的个人史，我们发现，他在1809年成为了莱斯特郡拉夫堡市的一位饰带制造商。在那里，他的生意兴盛了好些年，为大量的熟练工人创造了就业岗位，周薪从2英镑到5英镑不等。尽管随着机器的引入，在饰带编织中手工劳动的数量也随之大增，但在工人中间还是有流言风传，说是这些机器正在取代劳工，一场波及广泛的阴谋已然形成，为的是捣毁他们所能发现的每一台机器。早在1811年，诺丁汉郡的西南地区以及德比郡和莱斯特郡的邻近地区，从事长袜和饰带行业的雇主和工人之间就曾引发了争执，其结果就是聚集在阿什菲尔德的萨顿市的乌合之众捣毁了厂商的织袜机和饰带编织机。几个为首的头目被逮捕，并受到处罚，不满者得到了警告。但是，只要合适的时机出现，捣毁机器的事件依然在背地里时有发生。因为这些机器的构造是如此精巧，以至于只要用铁锤一击，就足以让它们成为一堆废铁。因为产品的制造大部分分散在不同的地点进行，而且常常隐蔽在一些偏远的城镇，因此捣毁机器的机会也就十分容易找到。在诺丁汉邻近地区（这里是骚乱的中心），捣毁机器的行为组织得非常正规，经常召开制订行动计划的夜会。或许是为了鼓舞士气，他们宣称自己受命于一位名叫内德·卢德（或称卢德将军）的领袖，因此他们被称为"卢德分子"。在这样的组织下，捣毁机器的运动在1811年的冬天开展得如火如荼，造成了巨大的不幸，使得大量工人失业。与此同时，机器的拥有者们则纷纷从乡村和他们离群索居的地区搬走，把机器带入城镇的大型仓库里，为的是得到更好的保护。

卢德分子在遭到逮捕并接受审判的时候，往往会因为他们是帮凶而宣布宽大处理。他们似乎从这样的判决中受到了鼓励，不久之后，疯狂的破坏运动死灰复燃，迅速蔓延到北方和中部地区的制造重镇。组织变得更加隐秘，成员必须宣誓服从首领所发布的命令，出卖密谋者将被处死。所有机器都在劫难逃，注定要遭到他们的摧毁，不管它是用来制造衣料、白棉布还是饰带。持续数年之久的恐怖时期开始了。在约克郡和兰开夏郡，工厂遭到了武装暴徒的大胆袭击，在许多情况下，它们被破坏拆毁，被付之一炬。这样一来，就必须依靠士兵和自耕农来保护工厂。厂主本人也在劫难逃，许多人遭到袭击，一些人被杀害。最后，法律开始强势介入，大量误入歧途的卢德分子被逮捕，有些人被处以极刑。由此引发了长达数年的激烈骚乱，之后，捣毁机器的暴动终于被镇压下去了。

在受到卢德分子攻击的众多厂商当中，有一个就是编网机的发明者本人。1816年夏天，一个阳光明媚的日子，一伙暴徒举着火把进入了他在拉夫堡郡的工厂，纵火烧毁了工厂，捣毁了37台饰带编织机和价值1万英镑以上的财产。暴徒当中，10个人以重罪被逮捕，8个人被处死。希思科特先生向本郡提出了赔偿要求，遭到拒绝。但高等法院王座法庭决定支持他，判决该郡赔偿他的损失1万英镑。地方官员试图为这笔损害赔偿金附加一个条件，就是希思科特先生必须把这笔钱花在莱斯特郡，但希思科特没有同意，他已经决定把工厂搬到别的地方去。在德文郡的蒂弗顿，他找到了一幢大建筑，那里从前被用作毛纺厂。但蒂弗顿的布匹贸易已经衰败得一塌糊涂，这幢建筑一直闲置在那里，镇子上的人大多都贫病交加。希思科特先生买下了这间老厂，进行了修缮和扩建，重新开始饰带制造，规模比从前还要大。300台机器全部运转，又以很不错的薪水雇用了大量技工。他不仅继续开展了饰带制造，还从事与之相关的不同的商业分支——绕纱、纺丝、编网以及后期加工。他还设立了一家铸铁厂，为农具制造服务，这被证明对当地大有好处。他倾心于蒸汽动力能够应用于生活中所有繁重的苦差事这一想法，并为蒸汽机犁的发明而辛苦工作了很长时间。1832年，就他这项发明完成的情况看，已经完全能够获得专利。希思科特的蒸汽机犁，虽然后来被福勒的所取代，但被认为是在这类发明真正实现之前同类机器中最好的。

希思科特先生天资甚高，他拥有可靠的理解力、敏锐的洞察力和极高的商业天赋。这些，结合他的正直、诚实和完整，这些品质是人类品格真正的荣耀。他本人是个勤勉的自我教育者，他很乐意鼓励雇员中那些值得帮助的年轻人，激发他们的才干，培养他们的能力。在自己忙碌的一生中，他还设法挤出时间掌握法语和意大利语，这两门语言他都学得不错，具备了正确的文法知识。他的头脑里大量储存着对最优秀的文学作品所悉心研究的成果，对大多数学科他都形成自己独特而准确的观点。他所雇用的2000名工人，几乎把他当作一位慈父那样尊敬，他细心地为他们提供舒适的环境，不断改善他们的处境。生意兴旺不会损害到他，因为它一直就这么兴旺；也不会封闭他的心灵，使他无视穷困者和奋斗者的要求，这些人对他的同情和帮助从来就没怀疑过。为了帮助工人的孩子接受教育，他耗资约6000英镑为他们建造学校。他还是个异常快乐的人，一个性情活泼的人，为各阶层的人所喜爱，被那些熟悉他的人所钦佩和热爱。

在1831年蒂弗顿的选举中（希思科特先生的确是这个小城的一位大恩人），人们选举他作为本选区的代表，成为英国下院议员，此后，他连任了几近30年的议员。1859年，由于年事渐高、身体渐衰而从议员的职位上退休的时候，希思科特的1300名工人送给他一个银质墨水瓶和一支金笔，以表示他们的敬意。他仅仅享受了两年的悠闲时光，1861年1月，77岁高龄的希思科特撒手人寰，留下他的正直、美德、刚毅和杰出的机械天才，这些，将让他的子孙后代引以为傲。

我们接下来要讲到的这个人，其事业生涯却大为不同，他就是杰出却不幸的雅卡尔，他的一生，同样是一个很好的例证，证明了具有创造力的人（哪怕出身低微）对一个民族的工业可以以一种显著的方式发挥怎样的影响。雅卡尔是里昂一对勤恳努力的工人夫妻的儿子，父亲是个织工，母亲是个样品验收员。家里实在太穷，没能让他接受哪怕是最基本的教育。当他到了可以学习一门手艺的年龄时，父亲让他去当了一名书籍装订工，一位帮东家管理账目的老店员教给了他一些数学知识。很快，他就开始表现出非凡的机械禀赋，他的一些小发明让那位老店员大为惊讶，他建议雅卡尔的父亲让这孩子改行，以便让他的特殊才能有更好的发展空间。他因此成了一名刃具工学徒，但师傅对他的态度实在是太恶劣了，以至于没多久他就离开了这个行当，这一次，他跟了一位铸字工当学徒。

父母去世的时候，雅卡尔发现，自己不得不接手父亲的两台织机，继续从事织布生意。他立即着手对这两台织机进行改进，他在发明工作上倾注了太多的心力，以至于完全忘了生意，因此很快就发现自己面临捉襟见肘的窘境。他卖掉了两台织机用于还债，同时还要承担养家糊口

约瑟夫·玛丽·雅卡尔（1752—1834），法国发明家，发明了第一台能织出复杂图案的自动织布机。

的重担。他变得更穷了，为了应付债主，他又卖掉了自己的房子，并试图去找份工作，结果白费力气，人们认为他是个游手好闲之徒，整天只知道做他的发明梦。最后，他在布雷斯找到了一份纺线工的差事，不管他到哪里，他的妻子都一直留在里昂，依靠编织草帽过着朝不保夕的生活。

许多年妻子都没有听到过雅卡尔更多的消息了，只知道这期间他似乎在从事拉花机的改进工作，为的是能够更好地制造带图案的织物。1790 年，他拿出了经线抽取的发明，以取代手工抽线。这个机器的采用虽然普及得很慢，但很稳定。10 年后，已经有 4000 台在里昂投入使用。1792 年，大革命的爆发粗暴地中断了雅卡尔的研究工作。他参加了里昂志愿军，与迪布瓦·克兰斯指挥的国会军打仗。城市被攻克后，雅卡尔逃走了，就这样参加了莱因志愿军，在那里，他晋升为中士。如果不是唯一的儿子在自己身边中弹身亡的话，他可能依然是个军人，儿子死后，雅卡尔逃回了里昂，重新回到妻子身边。他发现她住在一间阁楼上，依然在从事编制草帽的营生。在与妻子一起隐居在藏身之处的那段时间，他的头脑又重新为琢磨了许多年的发明念头所占据，但他没办法实现这些想法。雅卡尔认识到，有必要走出藏身之所，去找份工作。他从一位很有才智的制造商那里得到了一个职位，他白天工作，晚上发明。他想出了很好的办法，可以为纺织图案织物的织机进行更大的改进，一天，他向自己的老板顺便谈及了这个话题，同时为自己没有条件实现这些想法而感到惋惜。幸运的是，老板认识到了这些想法的价值，于是慷慨地给了他一笔钱，任由他处置。这样一来，他就可以在空闲时间实现自己提出的改进。

在 3 个月的时间里，雅卡尔发明了一台织布机，用机械运动取代那令人讨厌而又辛苦费力的手工劳动。1801 年的国家工业博览会上展出了这台织布机，并荣获铜奖。一位参观里昂的游客给了雅卡尔更大的荣誉，此人带来卡诺①部长的口信，说部长大人希望能亲自对他的成功表示祝贺。第二年，伦敦的皇家艺术学会悬赏奖励渔网编织机的发明。有一天，雅卡尔在依照自己的习惯作野外散步的时候，听到这个消息，他开始反复思考这个问题，为此设计了一套方案。他的朋友，那位制造商，再一次为他实现自己的想法提供了条件，3周之内，雅卡尔完成了自己的发明。

雅卡尔的成功被部门长官所得知，他很快被召到这位长官的面前，在他解释完这台机器的工作原理之后，一份关于这个问题的报告被提交给了拿破仑皇帝。发明家立刻被召到巴黎，同时带上了他的机器，被人领到了皇帝陛下的面前。皇帝接见了他，对他的天才表示赞赏。觐见持续了两个小时，这期间，他向皇帝解释了自己为纺织图案织物而对纺织机所做出的改进。结果，巴黎高等技术学校为他提供了一套房间，在他逗留巴黎期间，这里一直作为他的工作间，皇帝还为他提供了一笔津贴，足以让他维持生计。

在高等技术学校安顿下来之后，雅卡尔继续完成他的改进织机的细节。在这里，他得以有条件仔细观察形形色色的精密机械装置，这是人类创造力的巨大宝库。其中特别吸引他的注意力并最终启发了他的发明思路的，是著名的自动装置制作者沃康松所制造的织布机。

11

沃康松②是最具有构造天才的人之一。他的发明天赋强大到几乎可以说是一种无法抑制的激情。"诗人靠天分，不是靠培养"的说法，同样

---

① 拉扎尔·尼古拉斯·马尔古瑞特·卡诺（1753—1823），法国大革命时期共和军的军事战略家。他后来身居高位，在拿破仑一世手下供职。
② 雅克·德·沃康松（1709—1782），瑞士工程师、发明家，曾设计制造了世界上最早的机械机器人。

适用于发明家，他们虽然得益于文化和机会的造就，但他们发明、建造新的机械装置主要还是为了满足自己的本能。沃康松的例子尤其是这样，他大多数精巧的作品，所更多显示出来的是罕见的独创性，而不是它们的效用。在他还只是个孩子的时候，一次随母亲参加礼拜日谈话，他透过隔断墙的缝隙观察着隔壁房间时钟的走动，大觉有趣。他竭力去弄懂时钟，整天冥思苦想这个问题，几个月之后，他发现了摆轮的原理。

从那时起，他就完全迷上了机械发明，凭借着自己设计的一些粗糙工具，他制作了一座计时精确的木制时钟。同时他还制作了一个教堂模型，几个天使扇动着她们的翅膀，几个牧师在从事宗教活动。为了实现自己正在构思的另外一些自动装置，他继续研究解剖学、音乐和机械力学，这些研究占用了他几年的时间。在杜乐丽花园观看长笛演奏者的表演激发了他的灵感，使他下决心要发明一种能够自动演奏的类似装置。几年的刻苦钻研和辛勤劳作之后，尽管一直在和疾病作斗争，但他还是成功地实现了自己的目标。接下来他又制作了一个六孔竖笛演奏机器，后来又发明了一只机械鸭，这是他最精致的发明之一，这只鸭子像一只真鸭子那样游泳、戏水、呷呷叫唤。接下来他又发明了一条机械小毒蛇，用在悲剧《克娄芭特拉》(*Cleopatre*)中，它嘶嘶作响地爬向女演员的胸口。

但沃康松并没有把自己局限在仅仅制作自动装置上。由于他的发明天才，红衣主教弗勒里任命他为法国丝绸厂的巡视员。刚一上任，他就像以往一样表现出了无法抑制的发明本能，对丝绸机提出了改进。其中的捻丝机激起了里昂操作工人的愤怒，他们害怕因此而丢掉饭碗，愤怒的工人向沃康松投掷石块，险些要了他的老命。不过他依然继续从事发明，接着制造了编织花饰丝绸的机器。

1782年，沃康松在与疾病作过漫长斗争之后去世了，他把自己收藏的机器遗赠给了女王，但她似乎认为这些东西的价值不大，因此不久之后就都散失了。不过，他的编织花饰丝绸的机器幸好保存在巴黎高等技术学校，雅卡尔在这里收藏的许多古怪而有趣的物品中发现了它。事实证明，这台机器对雅卡尔有着极大的价值，因为它启发了他对织布机进行改进的主要思路。

沃康松的机器，其主要特征之一就是：一个穿孔的圆筒，在转动的时候依据洞孔的位置而控制着几根针的移动，导致经线的偏离，从而编织出预先设计的图案（虽然只不过是简单的字母）。雅卡尔以一个真正发明家的杰出天才，热切地抓住了沃康松这台机器给他的提示，一个月结束的时候，编织机完成了。雅卡尔利用他的第一台新式织布机编织出了几码华美的布料，并献给了约瑟芬皇后。拿破仑对发明家的劳动成果深感满意，下令让最好的工人按照雅卡尔的模型大量生产这种织布机。这之后，雅卡尔返回了里昂。

在里昂，雅卡尔经历了发明家们常常遭遇的厄运。他被自己的同胞们视为仇敌，遭受了凯、哈格雷夫和阿克莱特在兰开夏郡所遭受的同样的对待。工人们认为这种新式织布机对他们的手艺是致命的，唯恐它会从自己的口中夺走面包。人们决定捣毁这些机器，于是打算在沃土广场上举行一次骚乱集会。不过，这一行动被军队制止了。但雅卡尔遭到了公开的抨击，人们烧毁他的肖像以发泄愤怒。"劳资调解委员会"竭力平息人们的愤怒，结果白费力气，自己也遭到抨击。最后，人们的情绪失去了控制，劳资调解委员会（他们中大多数人曾经是工人，因此对这一阶层充满同情）让人们搬走了雅卡尔的一台机器，当众砸成碎片。骚乱接踵而至，有一次，雅卡尔被人们拖到了码头边，打算把他淹死，幸好被救了下来。

然而，雅卡尔的织机的巨大价值不可否认，它的成功只是个时间问题。英国一些丝绸制造商力劝雅卡尔去英国定居。但是，尽管他在同胞的手上受到了粗暴残忍的对待，而他的爱国精神却不允许他接受这样的提议。不过，英国的制造商还是采用了他的织机。紧接着就是里昂，曾经威胁要将它清理出场的地方也热心地采用它。不久之后，雅卡尔的机器几乎被用于所有种类的纺织。结果证明，工人们的担心是完全没有根据的。雅卡尔的织机非但没有让工人失去饭碗，反而将就业机会至少扩大了 10 倍。利昂·福谢认为，里昂从事图饰纺织品生产的人数在 1833 年达到了 6 万人，之后，这个数字不断扩大。

至于雅卡尔本人，他的余生过得十分平静，只有一个例外：那些曾经把他拖到码头边的工人们，不久之后热切地希望能抬着他一路欢呼经过同一路线，以庆祝他的生日。但雅卡尔谦逊的品格不允许他参与这样的表演。里昂市政委员会向他提议，为了地方工业的利益，他应该致力于改进他的机器，考虑到一笔稳定的退休金，雅卡尔同意了。就这样，在对自己的发明进行了不断完善之后，60 岁那年他退休了，回到了父亲的出生地安锡终老。正是在那里，1820 年他接受了荣誉军团勋章。1834 年，雅卡尔去世，也是埋葬在那里。人们树立了一尊雕像以纪念他，但他的亲属依然贫穷。他去世 20 年之后，他的两位侄女不得不为了几百个法郎而把路易十八授予叔叔的那枚金质奖章给卖掉了。一位法国作家说："这就是里昂的制造业对那个为本行业做出杰出贡献之人的感谢。"

12

引用其他几位同样杰出的人的名字，我们可以很轻易地扩充这份发明家殉难者名单，他们对那个时代的工业进程做出过巨大贡献，而自己却并没有得到相应的利益。因为"天才栽种果树，笨蛋收获果实"的现象太经常发生了。但我们在这里只限于对一位年代较近的发明家做一个简短的介绍，以此作为一个有力的例证，用以说明在机械天才的命运中常常要战胜怎样的艰难困苦。我说的是精梳机的发明者约书亚·海尔曼。

1796 年，海尔曼出生于阿尔萨斯的棉纺重镇牟罗兹。他父亲所经营的正是棉纺生意，他 15 岁那年就进了父亲的事务所。海尔曼在那里待了两年，业余时间都用于机械制图。他后来又在他叔叔位于巴黎的银行待了两年，每天夜里都在钻研数学。他的几个亲戚在牟罗兹建了一家不大的棉纺厂，年轻的海尔曼被送到巴黎跟随蒂索特和雷伊两位先生学习棉纺业务。与此同时，他还成了巴黎高等技术学校的学生，他在那里听演讲，到博物馆研究机器。他还跟随一位玩具制造商学习应用课程。这样坚持不懈地学习一段时间之后，他回到了阿尔萨斯，负责给位于当恩老城的新厂监造机器，这项工作很快就完成了，机器也投入了使用。然而，工厂的运转受到了经济危机的严重影响，厂子也转手他人，海尔曼于是回了牟罗兹的老家。

与此同时，他许多的空余时间都被用来从事发明，特别是与棉纺以及为纺纱准备原材料有关的发明。他最早的发明之一，是一架有20根针同时工作的刺绣机，经过6个月的艰苦劳作之后，他成功地实现了自己的目标。这项发明在1834年的博览会上荣获金奖，并被授予荣誉军团勋章。别的一些发明接踵而至——一架改进的织布机、一架测量和折叠布匹的机器、一架改进的英式线轴粗纱机以及一架纬纱机，还对各式各样用于纺织丝绸和棉布的机器进行了五花八门的改进。其中最具创造性的发明，是能同时编织两块天鹅绒或其他起毛织物的机器。不过，他迄今为止的发明中，最完美、最精巧的还是精梳机，其经过我们马上就要讲到。

许多年来，海尔曼一直在坚持不懈地研究用来精梳长纤维棉花的机器的发明，人们发现，平常的梳理机在为纺纱（特别是更好的纱线）准备原料的时候工作效率很低，此外还会造成相当大的浪费。为了避免这一缺点，阿尔萨斯的棉纺业者悬赏5000法郎以改进梳理机，海尔曼立即着手竞争这笔奖金。他倒并非是被这笔钱所激励，因为他已经很富有了，通过妻子他得到了一笔相当可观的财产。用他自己的话说："一个老是自问'这能让我得到多少钱'的人，是绝对做不成什么大事的。"激励他的主要是一个发明家抑制不住的创造本能，一个机械问题刚一放到他的面前，他马上就觉得自己非得把它解决不可。然而，这一次的问题，比他预计的要困难得多。彻底研究这个问题占去了他几年的时间，投入的相关费用金额是如此巨大，以至于他妻子的钱很快也花光了，机器尚未完成，他就已经陷入了贫困。从那时起，他就不得不主要依靠朋友的接济才得以继续从事这项发明。

当他依然在与贫穷和困难作斗争的时候，海尔曼的妻子不幸去世，她相信自己的丈夫已经破产了。不久之后，他去了英国，暂时在曼彻斯特安顿下来。他有一台样机，是著名的机器制造商夏普-罗伯茨公司为他做的，但他依然无法让它很好地工作，最后，他几乎走到了绝望的边缘。海尔曼回到法国看望家人，他依然执著于自己的想法，这个想法已经完全占据了他的头脑。一天夜里，他坐在壁炉旁，想到发明家们的无情厄运及其家人如此频繁地陷入不幸之中，他发现自己几乎是鬼使神差地注视着他的女儿们用手梳理着她们长长的头发。他猛然想到：如果能成功地用机器模仿梳理长发的过程，他就可以把自己从困难中解脱出来。人们或许还记得，海尔曼生平中的这一事件，被艾尔莫先生画成了一幅精美的画，出现在1862年的皇家学会展览上。

他开始把这个看上去很简单却很真实的想法应用到精梳机最复杂的处理工序上，在付出了巨大的劳动之后，海尔曼成功地完善了自己的发明。只有那些亲眼见识过这个机器工作的人，当他们看到机器的动作与梳理头发动作的相似之处，才能够欣赏这个过程的独特之美，这也正是机器发明的灵感来源。这台机器被人们描述为"其动作几乎和人类手指的触觉一样微妙"。它从两端梳理棉花纤维的缠结处，使棉花纤维彼此平行、长短分开，长的纤维结合在一起成为长棉条，短的成为短棉条。总之，这台机器不仅像人的手指那样的灵巧精确，而且具有人的头脑那样灵敏的智能。

这项发明的主要经济价值，就在于它能够让普通的棉花用于精美的纺织。制造商们因此能够为高价纺织品选择最合适的纤维，以更大的数量生产出更好的纱线。利用这台机器，使得 1 磅重的精棉能够纺出长达 334 英里的纱线，并且逐步发展到能够纺织精美的饰带，使得最初价值几个先令的羊毛线，在到达消费者的手里之前，可以增值 300—400 英镑。

　　海尔曼的发明，其优点和效用很快就被英国棉纺业者认识到了。兰开夏郡的 6 家公司联合起来，斥资 3 万英镑购买了这项专利，用于英国的棉纺业；毛纺业主们也出了同样的价钱购买这项专利用于毛纺业；利兹的马歇尔先生则斥资 2 万英镑，购买了这项专利用于亚麻纺织。就这样，滚滚而来的财富终于流向了穷困潦倒的海尔曼。但他没有活着享受到这些，在他长期的辛劳换来成功的桂冠之后，没过多久就去世了。他的儿子，一直分担着他的贫穷和不幸，不久之后也随他而去。

　　正是像这样一些人付出了生命的代价，人类文明的奇迹才得以实现。

第3章

伟大的制陶工

耐心，是坚韧品格的最美好、最有价值，同时也是最为难得的组成部分。希望本身，一旦与急躁相伴随，也就不再是幸福。

——约翰·罗斯金

1

在整个传记文学范畴内，制陶工艺的历史，提供了一些关于坚韧毅力的最显著的例证。其中我们选择3个最引人注目的加以展示，他们是：法国人伯纳德·帕利西①、德国人约翰·弗里德里希·伯特格②和英国人约西亚·韦奇伍德。③

尽管用黏土制作普通器皿的技艺，为古代大多数民族所熟知，但制造珐琅陶器的技艺远非普通陶器可比。然而，古代伊特鲁里亚人却熟练地掌握了这门技艺，他们的陶器样品依然可以在一些古文物收藏中找到。但这门技艺早已失传，仅仅到了相当晚的时期才得以恢复。古时候，伊特鲁里亚人的陶器非常名贵，在奥古斯都时代，一只花瓶的价格，相当于同等重量的黄金。摩尔人当中似乎保存了这门技艺的相关知识，1115年，巴黎人占领马约卡岛④的时候，发现了摩尔人在那里制作的陶器。在他们带走的战利品当中，有许多摩尔人的陶器盘子，后被镶嵌在比萨几座古老教堂的墙壁上，以此作为胜利的象征，我们今天仍然可以在比萨看到这些盘子。大约200年以后，意大利人开始仿制瓷釉陶器，他们按照摩尔人陶器生产地的名字，把这种陶器取名为"马约卡"。

在意大利复活（或者说重新发现）瓷釉技术的，是一位名叫卢卡·德拉·罗比亚的佛罗伦萨雕刻家。瓦萨里将他描绘为一个不知疲倦、坚忍

---

① 伯纳德·帕利西（1509—1590），法国作家、美术家，最早发明了烧制珐琅的工艺。
② 约翰·弗里德里希·伯特格（1682—1719），德国炼金术士，1708年烧出了第一只硬质白瓷花盆。
③ 约西亚·韦奇伍德（1730—1795），英国陶瓷工匠，他改进了制陶的材料及过程。他的工厂（创建于1759年）制造的器皿是英国陶器与新古典主义花瓶的最好代表。
④ 马约卡岛，西班牙在地中海西部的一个岛屿，位于大陆的中东部海岸线之外，是巴利里克群岛最大的一个岛屿。

不拔的人，整个白天拿着他的凿子在工作，夜里的大部分时间则在画画。他画画非常刻苦，工作到夜深的时候，为了防止双脚冻伤，他习惯给自己准备一篮子刨花，把双脚放在刨花里取暖，这样让自己能够继续画画。瓦萨里说："对此我丝毫也不感到惊讶，因为，任何人，在任何艺术领域中，如果不在很早的时候就开始获得那种在冷热饥渴及其他困难中支撑下去的力量，就不可能卓冠群伦。那些设想让世界上的所有享乐都环绕自己也依然能轻松获得崇高声望的人，完全是在欺骗自己。因为要获得娴熟的技艺和卓著的声誉，靠的并不是睡觉，而是持续不懈地醒着、注视着、劳作着。"

然而，尽管卢卡专心而勤勉，但他依然不能通过雕刻品挣到足够的钱，让自己能够靠艺术为生。尽管如此，他还是一直在琢磨着可以用比大理石更易得、更省钱的材料来造型。因此，他开始用黏土造型，通过试验，他努力给黏土涂上釉并进行烧焙，以使这些造型更持久耐用。经过许多次试验之后，他终于发现了用一种材料涂盖黏土的方法，这种材料在窑炉中经过高温烧制之后，变成了一种几乎永久不变的瓷釉。后来，他进一步发现了给瓷釉上色的方法，这使得陶品变得更加美观。

卢卡的陶艺作品，名声传遍了整个欧洲，他的艺术作品广泛地散布各地。其中有许多被送往法国和西班牙，在那些地方被视若珍宝。当时，粗糙的褐色坛子和瓦罐几乎是法国生产的唯一陶制品。在帕利西之前，情况一直如此，几乎没什么长进。帕利西这个人，一直以一种英雄主义情怀埋头苦干，与巨大的困难作斗争，在他变故频仍的一生中，这种英雄情怀几乎始终散发着一种浪漫传奇的光芒。

2

有人推测，伯纳德·帕利西大约是1510年出生于法国南部的阿让教区。他的父亲大概是个玻璃工人,对这个行当,伯纳德从小就耳濡目染。家里很穷,穷得没办法让他上学。他后来说:"我的书只有天和地,这两本书向所有人打开。"不过,他学会了玻璃彩绘技术,给这门技术增添了绘画的内容,后来他又学会了读书写字。

大约在他18岁的时候,玻璃生意江河日下,帕利西背着行囊离开了父母的家,到外面的世界去寻找自己的容身之地。他首先去了加斯科尼,从事所能找到的任何职业,有时候还把自己的部分时间花在土地测量上。接下来,他继续向北,在法国、佛兰德和低地德国的不同地方逗留,时间长短不一。

这样,帕利西耗去了生命中十多年的光阴,之后他成了家,不再到处流浪了,在沙伦特河下游地区的小城桑特定居了下来,从事玻璃彩绘和土地测量。孩子也出生了,增加的不仅仅是责任,而且还有开支,而他哪怕是使出浑身解数,也依然入不敷出。他大概觉得自己有能力干一些更好的事情,而不是像玻璃彩绘这样收入不稳定的苦力活。因此,他将自己的注意力转向了与彩绘也算沾点边的技艺——给陶器上釉。然而对这个行当,他完全一无所知;在他开始工作之前,对焙烤黏土之类的事情闻所未闻。因此每件事都要靠自学,没有任何人帮他。不过,他的心中却充满了希望、学习的热情、极大的毅力和无限的耐性。

正是因为见到了一只意大利出品(很有可能出自卢卡·德拉·罗比亚之手)的精美的杯子,才使得帕利西最初对这门新手艺产生了想法。这个情况显然太稀松平常了,对一个平凡的大脑不可能产生什么影响,如果在平时,即使对帕利西也不会有什么触动。然而它偏偏出现在他琢磨着改行的时候,于是,他立刻变得兴奋不已,一心想要仿造它。对这只杯子的匆匆一瞥,打乱了他的整个生活,从此之后,他像着了魔一样决心要发现能够让陶器熠熠生辉的瓷釉。倘若还是孤身一人,他可能会去意大利探寻其中的奥秘,但他有老婆孩子,不可能丢下他们。因此他只能继续留在他们身边,在黑暗中摸索,希望能发现制陶和上釉的工艺。

起初，对瓷釉所包含的原料，他只能连估带猜，他尝试各种试验方式，以确定它们到底是什么。他捣烂所有自己推测可能制造瓷釉的物质。后来，他买来一些普通的陶罐，把它们砸得粉碎，洒上自己配制的化合物，然后把它们塞进为此专门建起的炉子中烘烤。他的试验均以失败告终，结果不过是砸碎了一堆陶罐，浪费了许多燃料、药剂、时间和劳动。对于这样的试验，女人自然很不乐意，因为其实实在在的效果，只不过是挥霍掉了本该为孩子们购买衣服和食物的钱财而已。帕利西的妻子虽然在别的方面本分顺从，但她再也无法接受购买更多的陶罐，在她看来，这些坛坛罐罐买来的唯一用途，似乎就是为了打碎。但她不得不屈服，因为帕利西已经完全着了魔，一门心思要掌握瓷釉的奥秘，不可能半途而废。

日复一日，年复一年，帕利西继续进行着他的试验。第一座炉子被证明是失败的，他又在屋外另建了一座。在那里，他烧掉了更多的木材，捣碎了更多的药物和陶罐，浪费了更多的时间，直至他和他的家庭面临彻底的贫困。他自己说："我就这样在悲伤和哀叹中浪费了几年的光阴，因为我根本不可能实现自己的目标。"在这些试验的间隙，他偶尔也拾起从前的行当——玻璃彩绘，画肖像，丈量土地。但由此得来的收入却少得可怜。最后，他再也无法在自己的炉子里继续他的试验了，因为他已经无力承受巨额的燃料成本。不过他买来了更多的陶瓷碎片，像从前一样把它们捣碎，撒上化学药品，然后把它们带到离桑特4.5英里远的一家瓷砖厂，用那里的一座普通窑炉烘焙。烧制完成后，他去看那些碎片出炉，令他沮丧的是，试验全都失败了。不过，尽管他感到绝望，但他并没有被击垮，他决定从跌倒的地方"重新开始"。

帕利西因为一桩土地测量的业务而暂时离开了他的试验。遵照本州的一部法令，为了征收土地税，有必要将桑特邻近地区的咸水湿地测量一下。帕利西受雇进行这次测量，并绘制出必要的地图。这项工作占去了他一段时间，报酬当然也很不错。不过，测量刚一结束，他就带着加倍的热情，继续探求他"瓷釉制造途径"的老课题。一开始，他就砸碎了3打新陶罐，撒上了他配置的不同原料，把它们带到附近的一座玻璃厂烤制。结果让他看到了希望的闪光，玻璃炉更高的温度熔化了一些混合物。然而，尽管帕利西对白珐琅的探索一直坚持不懈，但他还是一无所获。

他继续试验了两年，没有取得任何令人满意的结果，直至他测量湿地的收入几乎被消耗殆尽，他再一次陷入贫困。但他还是决定，作最后一次努力，他开始打碎比从前更多的陶罐。300多件陶器在涂上他配置的化合物之后被送进了玻璃窑炉，他亲自去那里监视烘焙的结果。4个小时过去了，他一直在注视着。然后，炉门打开。这些陶器中，只有一件陶器上的涂料熔化了，它被拿出来冷却。随着陶器的变硬，它越来越白，越来越富有光泽！这件瓷器覆盖着白色的瓷釉，被帕利西描述为"异乎寻常地漂亮"。在经过不厌其烦的漫长等待之后，在他的眼里，它的漂亮想必是毫无疑问的。他带着这件陶器跑回了家，把它献给了自己的妻子，如他所说，他觉得自己完全是个新人了。但奖赏尚未赢得——远远没有。这次最后努力的部分成功，其效果不过是诱使他继续更多的实验和更多的失败。

3

为了完成这项发明（他相信这一天已经为期不远），他决定在住处的附近为自己修建一座玻璃窑炉，在那里他可以继续秘密地从事自己的试验。他亲手修建窑炉，亲自从砖场背回砖块。他既是砖匠，又是劳工，以及诸如此类。7、8个月过去，窑炉终于修建起来了，准备投入使用。与此同时，帕利西还完成了许多准备涂上瓷釉的黏土器皿。在它们可以准备烘焙以后，这些器皿被覆盖上了混合瓷釉，再一次放进了窑炉，准备进行这次至关重要的试验。尽管帕利西已经山穷水尽,但他还是花时间为这次最后的努力积攒了一大批燃料储藏,他认为这已经足够了。终于点火了,试验继续进行。一整天他都坐在炉旁,不停地为它添加燃料。他坐在那里,注视着,添加着,就这样度过了漫漫长夜。但瓷釉并没有熔化。初升的太阳照在他疲惫的脸上。妻子为他送来了一份寒薄的早餐,因为他不能离开炉子,要时不时地向里面添加更多的燃料。第二天过去了,瓷釉依然没有熔化。太阳落山,又一个夜晚过去了。苍白憔悴、蓬头垢面、步履蹒跚但依然没有被击垮的帕利西,坐在炉前狂热地期待着瓷釉的熔化。第3个日夜过去了——第4个、第5个,甚至第6个——是的,6个漫长的日日夜夜,打不垮的帕利西依然注视着、苦干着,抵抗着绝望,而瓷釉还是没有熔化。

帕利西突然想到,可能是瓷釉的原料中存在某些欠缺——可能是缺少助熔剂。于是,他开始着手为新的试验捣碎并混合新的原料。两三个礼拜的时间过去了。但是,如何能再去购买陶罐呢?因为,这些他为了进行第一次试验所亲手制作的陶罐,由于长时间的焙烤而无可挽回地损坏了,没有办法再用于第二次试验。他的钱如今已经彻底花光了。不过,他可以去借。他的品格依然有着良好的口碑,尽管妻子和邻居们都认为他愚蠢地把自己的钱财浪费在了毫无效果的试验中。他成功地从一位朋友那里借到了足够的钱,使他能够买更多燃料、更多陶罐,他再一次为进一步的试验做准备。陶罐被涂上了新的化合物,放进了窑炉,炉火再一次点燃。

这是所有试验中最后也是最绝望的一次。炉火熊熊,温度迅速上升,但瓷釉依然没有熔化。燃料开始不够了!如何维持火势呢!还有园子的栅栏,这些可以烧。与其让这次伟大的试验功亏一篑,不如让它们做出牺牲。园子的栅栏被拔出来,投入了窑炉。它们也是白烧了!瓷釉还是没有熔化。再有10分钟的高温就可以大功告成,必须不惜一切代价弄到燃料,家里还有家具和屋架。家里传出了一阵猛烈的撞击声,夹杂着老婆孩子的尖叫声，此时，他们担心帕利西的理性正在垮掉。桌子被搬走了、砸碎了、投入了窑炉。瓷釉依然没有熔化！还有屋架。屋内又传来一阵扳动木料的嘈杂声。屋架被拆倒，继家具之后被猛烈地投入窑炉。此时，老婆孩子从屋里狂奔而出，疯狂地跑过小镇，大声叫喊着，说帕利西已经疯了，正在砸碎自己的家具当柴火！

整整一个月，他的衬衣从未脱下过，已经完全穿破了——随同辛苦、焦虑、注视和食物的匮乏一起消耗掉了。他背上了一身债务，似乎濒临崩溃。但他终于掌握了瓷釉的奥秘，因为那次窑炉高温的最后爆发融化了瓷釉。那些普普通通的褐色家用坛子，当它们被从炉膛里取出并冷却之后，上面覆盖着洁白光滑的瓷釉。为了这个，他可以忍受责难、侮辱和嘲弄，耐心地等待时机，在时来运转的时候把自己的发现投入应用。

接下来，帕利西雇用了一个制陶工，按照自己提供的设计制作陶瓷器皿。而他自己则用黏土仿制一些圆形徽章，为的是给它们上釉。但在这些陶器制成并卖掉之前，如何维持生计呢？幸运的是，在桑特依然有一个人，凭着诚实（即使不是凭着判断力的话）继续相信帕利西。此人是个旅店老板，他答应为帕利西提供6个月的食宿，以便他能够继续他的陶瓷制造。至于他所雇用的制陶工人，帕利西很快发现自己实在付不起约定的薪水了。在扒掉房子之后，如今能扒的只有自己了。于是，他只好脱下自己的衣服给那个制陶工，充作他所拖欠的部分薪水。

帕利西接着竖起了一座经过改进的窑炉，然而不幸的是，他用燧石建造了它的内壁。当窑炉加温时，那些燧石噼里啪啦地爆裂了，尖利的碎石散落在陶器上，粘住了它们。尽管瓷釉正确地烧制出来，产品却无可挽回地被损坏了，6个月的辛苦劳动就这样付诸东流。然而，有许多人表示愿意以较低的价格购买他的这批产品，尽管它们已经受损。而帕利西却不愿意出售它们，认为这样做将是"对他的荣誉的贬低和损害"，因此，他把整个一批产品全部打碎了。他说："然而，希望仍然在激励着我，我要勇敢地坚持下去。当有客人造访的时候，我总是笑语以对，但我真正的内心却充满悲伤。……我所忍受的所有痛苦中，最糟糕的是来自家人的嘲弄和伤害。他们是这样不讲道理，以至于指望我在不花钱的情况下完成自己的工作。许多年来，我的炉子一直没有任何掩蔽或保护，在照料它们的时候，我整夜整夜地承受风霜雪雨的摧残，得不到任何帮助或安慰，只有野猫在一边呜咽，野狗在另一边嚎叫。有时候，暴风雨实在是太猛烈了，我不得不到屋内寻找藏身之所。我被雨水打得湿透了，即使是被人拖过泥潭，也不见得比这种情形更糟糕。我总是在午夜或黎明的时候去睡觉，在没有一丝光亮的情况下跌跌撞撞地摸进家门，像醉鬼一样跟跟跄跄地从一边倒向另一边。但真正感到疲劳，还是在注视着陶器出炉的时候，在漫长的劳累之后，眼见得多年的辛苦付诸东流，我内心充满了悲伤。但是，唉！我在家里找不到庇护所，因为，像我这样湿漉漉、脏兮兮而在自己房间里遭受的第二次烦扰，比第一次更糟。这一切，使得我至今都感到惊讶：我竟然没有被自己这许多的悲伤彻底吞噬。"

　　事情弄到这个地步，帕利西开始变得忧郁，甚至是彻底绝望，几乎差一点就垮掉了。他漫无目标地在桑特附近的田野里散步，身上的衣服已经破烂不堪，自己也瘦成了一副骨架。他的著作中有一个古怪的段落，描写自己的两腿的小腿肚子是如何消失不见了，以至于再也无法在吊袜带的帮助下支撑住他的长袜，因为他在散步的时候感觉到袜子已经掉到脚后跟了。家人继续为他的鲁莽而责备他，邻居们则因为他倔强的蠢念头而羞辱他。于是，他暂时捡起了从前的行当，勤勤恳恳地劳动了大约一年，这期间他为家人挣到了面包，也在邻里间恢复了自己的名声，之后，他又重新开始了他心爱的事业。尽管他已经耗费了大约10年的时间来探索瓷釉的奥秘，但在他完善自己的发明之前，几乎又花了8年多的时间来进行艰辛的试验。他逐渐学会了从经验中得到智慧和确凿的结果，从多次失败中积累实用的知识。对他而言，每一次厄运都是新的一课，会教给他某些新东西——关于瓷釉的特性、黏土的品质、烧陶的火候以及窑炉的建造和管理。

终于，在经过大约 16 年的辛苦劳作之后，帕利西重新振作起来了，自称"陶工"。这 16 年，应该算是他修习这门手艺的学徒期，他完全是无师自通，从零开始。如今，他能够出售自己生产的陶器，并以此维持全家舒适安逸的生活。但他从不满足于自己已经实现的目标而停滞不前。他继续一步一步地改进，目标一直对准最完美的可能。为了设计产品的式样，他研究了许多自然对象，而且取得了巨大的成功，以至于伟大的布丰在谈到他的时候，说他是"如此伟大的博物学家，只有大自然才能够造就"。他的陶瓷装饰件，如今在古玩名家的收藏中被视为罕见的珍品，价值不菲。①

4

然而，帕利西的苦难还没有到头，关于这一点，我还要说上几句。作为一个新教徒，当法国南方的宗教迫害愈演愈烈的时候，帕利西毫不畏惧地表达了自己的观点，他因此被视为一个危险的异端。他的对头们扬言要加害于他，"正义"的官员闯进了他的家，无知的暴民打开了他的工场，他们拥进里面，捣碎了他的陶器，而他本人则被连夜带走，投入了波尔多的地牢，等待他的，不是火刑柱就是绞刑架。他被判烧死。然而，一位有权有势的贵族、王室总管德·蒙莫朗西②打算出面救他一命，这倒并不是因为他老人家对帕利西本人或者他的宗教抱有什么特别的尊敬，而是因为实在找不到别的艺术家为他当时正在埃库昂（距巴黎约 12

---

① 原注：在几年前伯纳尔先生销售的"伦敦古玩名录"中，有一件帕利西的小碟子，直径 12 英寸，中央装饰着一只蜥蜴，价值 162 英镑。
② 安妮·德·蒙莫朗西（1493—1567），法国陆军元帅。他是政治上很有势力的贵族，曾多次参加反对西班牙、胡格诺派教徒和神圣罗马帝国查理五世的战役。

英里）兴工修建的华丽城堡修造珐琅人行道。在他的影响下，王室颁布了一篇诏令，任命帕利西为"乡村陶器发明家"，负责为国王陛下和总管大人制作陶器。这一任命所带来的直接结果，就是使得帕利西脱离了波尔多的司法管辖权范围。就这样，他被释放了，回到了桑特的家，发现那里已经被砸烂，一片狼藉。他的工场被开了天窗，他的作品成了一地碎片。帕利西掸掉身上的灰尘，愤然离开了桑特城，发誓不再回来。他带着自己的作品搬到了巴黎，在总管大人和王太后的安排下，临时在杜乐丽宫安顿下来。

帕利西的晚年，除了在两位儿子的帮助下继续陶器生产之外，他还撰写并出版了几本关于制陶工艺的书，为的是向他的同胞们传授这门技艺，使他们能够避免自己从前所犯的错误。他还撰写了关于农艺、筑城学和自然史方面的著作，他甚至以自然史为题向少数人发表过演讲。他发起了反对占星术、炼金术、巫术和骗术的斗争。这使他树敌甚众，对头们指斥他是异教徒，他再一次因为宗教的原因而被捕，被囚禁在巴士底监狱。此时，他已经是个 78 岁的老人，哆哆嗦嗦地站在坟墓的边缘，他的精神却像从前一样勇敢无畏。有人威胁他：如果不放弃信仰，将必死无疑。然而，他对宗教信仰的坚持，就像从前探索瓷釉的奥秘一样倔强。亨利三世国王甚至亲自到监狱去看他，试图说服他声明放弃自己的信仰。

"老伙计，"国王说，"你为我母亲和我本人工作了 45 年。我们容忍了你在烈火与屠杀中坚持自己的宗教信仰。如今，我受到的来自吉斯[①]党徒和我的人民的压力实在太大了，以至于被迫把你交到你敌人的手里，如果不改变信仰的话，明天你将被烧死。"

"陛下，"这位打不垮的老人回答道，"为了上帝的荣耀，我准备交

[①] 弗朗索瓦·德·洛林·吉斯（1519—1563），法国军事领袖，曾参与策划 1572 年圣巴托罗缪日对胡格诺派教徒的屠杀。由于其觊觎王位的野心导致他被国王亨利三世密谋刺杀。

出我的生命。您曾经多次对我讲，您怜悯我。而现在，我怜悯您，一个公然说出'我被迫'这样话的人！这不像一位国王说出的话，陛下。您，还有那些强迫您的人，吉斯党徒和您的人民，绝不可能让我有丝毫动摇，因为我知道如何赴死。"

不久之后，帕利西果然死了，又一个殉教者，尽管并不是死在火刑柱上。在忍受大约一年的牢狱之苦后，他死于巴士底，在那里平静地终结了他高贵的一生。英勇悲壮的劳动、非凡杰出的忍耐、不屈不挠的正直以及许多罕见而高贵的品德，造就了他卓越的一生。①

5

硬瓷发明者约翰·弗里德里希·伯特格的一生，与帕利西的一生形成鲜明的对比，尽管其中也包含许多奇特甚至是传奇的色彩。1685年②，伯特格出生于沃特兰的施勒茨，12岁那年开始跟随柏林一位药剂师当学徒。他似乎很早就迷上了化学，大部分空余时间都用在了做实验上。而大多数实验都指向一个目标：把普通金属炼成黄金。几年过去，伯特格谎称发现了炼金术的通用熔剂，声称自己已经借助它炼出了黄金。他在自己的师傅、药剂师佐恩面前展示这种熔剂的神奇力量，借助这样那样的巧妙花招，他成功地使得佐恩和另外几个目击者相信：他确实把铜变成了黄金。

药剂师的徒弟发现了重大秘密的消息很快就传遍各地，人们蜂拥着来到佐恩的店铺，争相目睹这位年轻"烹金者"的非凡风采。国王本人

---

① 原注：关于帕利西的生平和劳动这个主题，莫利教授在他那部著名的作品中已经进行过巧妙而精心的处理。我们上面所作的简述，大部分取材于他在《泥土的艺术》(Art de Terre)一书中对自己的试验所作的介绍。

② 目前，多数文献资料认为伯特格出生于1682年。

也表示，希望能见见这个年轻人，并和他攀谈攀谈。当一块据称是从铜转化而来的黄金被送到弗雷德里克一世面前的时候，国王陛下立刻想到，由此可以获得无穷无尽的黄金（此时的普鲁士正在闹钱荒），面对这样的前景，国王不由得眼花缭乱、心荡神驰。于是他决定要把伯特格保护起来，雇他在坚固的斯潘道城堡内为自己大炼黄金。但这位年轻的药剂师很怀疑国王的意图，不过多半还是害怕露了马脚，于是立即决定逃跑，他成功地越过了边境，进入撒克逊。①

悬赏 1000 泰勒② 捉拿伯特格的诏令发布了，但白费力气。他来到了威腾堡，请求撒克逊选帝侯弗雷德里克·奥古斯塔一世（波兰国王，绰号"大力王"）的保护。当时，奥古斯塔本人也非常缺钱，想到能够在这个年轻的炼金术士的帮助下获得任何数量的黄金，面对这样的前景，奥古斯塔大喜过望。就这样，伯特格由一支皇家卫队护送，被秘密转移到德累斯顿。他刚刚离开威腾堡，一个普鲁士近卫步兵营就出现在城门前，要求引渡这个黄金制造者。不过他们来迟了，伯特格已经抵达德累斯顿，被安排在"金屋"暂时住下，在那里，他受到了无微不至的照顾，尽管被严密监视并有卫兵看守。

然而，奥古斯塔不得不离开一段时间，立即前往波兰，因为波兰当时动荡不安。出于对黄金的渴望，他在华沙写信给伯特格，敦促他把炼金术的秘密告诉自己，以便他可以自己制造黄金。年轻的炼金术士只得交给奥古斯塔一个装有红色液体的小瓶子，并且声称里面的液体可以将所有熔化状态下的金属变成黄金。小瓶子由福斯特·冯·福斯腾堡亲自保管，他在卫兵的护送下匆匆赶到华沙。一到华沙，奥古斯塔就决定立即进行试验。他们俩把自己锁在宫殿的密室里，围上皮围裙，打扮得像真正的"炼金师"一样，开始在坩埚中熔化铜，然后将伯特格给他们的

---

① 撒克逊，德国北部的一个历史地区，原是撒克逊人的发祥地，公元 8 世纪被查理曼大帝征服，在他死后成为一个公国。
② 泰勒，15 世纪到 19 世纪之间在一些日耳曼语国家所使用的一种货币单位。

红色液体倒进去，但是并没有黄金出现。不管他们怎么做，铜仍然是铜。在询问伯特格后，国王发现，要想成功炼出黄金，必须在"心无杂念"的情况下使用这种液体。当国王陛下将试验失败归结为这个原因的时候，他意识到自己将怀着非常糟糕的心情度过这个夜晚。第二次试验并没有出现更好的结果，接下来，国王怒不可遏，因为在第二次试验开始之前，他已经做了忏悔并得到了宽恕，已然做到了"心无杂念"。

此时，弗雷德里克·奥古斯塔决定要强迫伯特格透露黄金的奥秘，因为这是他缓解财政困难的唯一手段。那位炼金术士在听说国王的意图之后，再一次决定逃之夭夭。他成功地逃过了守卫的监视，经过 3 天的跋涉，到达奥地利的恩斯，他认为这里应该是安全的。孰料选帝侯的密探旋踵而至，他们追踪他到了"金鹿"旅店，包围了那里，在床上把他逮了个正着。尽管他进行了反抗，并请求奥地利当局帮助，但密探们还是通过德累斯顿的军队把他带走了。从此之后，他受到了更严密的监视，不久之后又被转移到了固若金汤的康宁斯泰因堡垒。他被告知，王室的国库已经空空如也，波兰军队的 10 个团因拖欠兵饷正等着他的黄金。国王亲自拜访了他，语气严厉地告诉他，如果不立即动手制造黄金，他将被吊死。

6

几年过去了，伯特格当然还是没有造出黄金，不过也没有被吊死。之所以留他一条小命，为的是让他做比"铜变金"更为重要的事情，也就是，把黏土变成瓷器。葡萄牙人从中国带来了这种瓷器的一些珍贵样品，当时的售价超过同等重量的黄金。一开始，一位名叫沃尔特·冯·契恩豪斯的光学仪器制造者，同时也是一位炼金术士，极力劝说伯特格把注意力转移到这个题目上来。契恩豪斯受过良好的教育，拥有显赫的声望,福斯腾堡亲王和选帝侯都很敬重他。他开门见山地告诉伯特格(依然以绞刑架相威胁):"如果你不能制造黄金,那么试着干点别的:制造瓷器。"

伯特格听从了这个建议,开始了他的实验,夜以继日地工作。他勤勉刻苦地从事了很长一段时间的研究,但没有成功。最后,为建造熔炉而弄来的一些红色的黏土启发了他正确的思路。他发现,这些红色黏土在经过高温之后,变成了玻璃一样的东西,并保持着最初的外形,除了颜色和不透明性之外,质地类似于瓷器。实际上,他在偶然之中发现了红瓷,他继续制造这样的产品,并把它们当作瓷器出售。

不过,伯特格知道得很清楚,白色是真正瓷器的本质属性。因此,他怀着发现白瓷奥秘的希望,继续从事他的实验。几年过去了,但没有成功。直到又一次意外事件充当了他的朋友,帮助他认识到了制造白瓷的技术。1707年的一天,他发现自己的假发异乎寻常地沉重,于是向贴身男仆询问原因。得到的回答是,这是由于给假发撒上了粉末的缘故,其中包含一种当时大量用作护发粉的土末。伯特格敏锐的想象力立即抓住了这个想法。这种白土末很有可能正是他一直在寻找的瓷土——在所有事件中,在你搞清楚它的真实面目之前一定不能放过任何机会。伯特格因为自己煞费苦心的留意和警觉而得到了回报。通过试验,他发现护发粉的主要成分就是"瓷土",正是因为缺乏这个东西,形成了他漫长的探索道路上一个不可克服的困难。

在伯特格灵巧的手中,这个发现带来了伟大的结果,事实证明远比"魔法石"的发现更为伟大。1707年10月,他把自己制造的第一件瓷器送给了选帝侯,选帝侯对此感到非常高兴,当即做出决定,将为伯特格完善他的发明提供必要的资金。在从代夫特[①]雇来一些技能娴熟的工人之后,他开始把瓷器带向功。如今,他已经完全放弃了炼金术,在自己工

[①] 代夫特,荷兰西南部城市,位于海牙东南。16世纪以来,该市一直以生产精细陶器著称。

场的大门上题写了这样的辞句：

我全能的上帝，伟大的造物主，您把一个炼金士变成了制陶工。

7

然而，伯特格依然处于严密的监视之下，生怕他向别人透露瓷器的秘密或者逃出选帝侯的手掌心。一座座新的工场和熔炉为他拔地而起，军队日夜守卫，6位高级官员负责保护这位制陶工的人身安全。

伯特格在新的熔炉中所从事的进一步试验被证明非常成功，他所制造的瓷器能够卖出很高的价钱。下一步的决定是，要建造一座皇家瓷厂。众所周知，精细陶器使得荷兰富甲一方。瓷器制造为什么不可以让选帝侯变得富有呢？因此，1710年1月23日，选帝侯发布了一篇诏令，准备在迈森的阿尔布雷希特堡建立"一座大瓷厂"。这篇诏令被翻译成拉丁文、法文与荷兰文，由选帝侯的大使发布到所有欧洲国家的宫廷。诏令中，弗雷德里克·奥古斯塔宣布，为了促进撒克逊的福祉（它由于瑞典入侵而遭受了太多的不幸），他已经"将注意力对准了"这个国家的"地下财富"，雇用了一些在这方面有造诣的人，他们已经成功地制造出了"一种红色的器皿，远比印度的红色细陶器要高级得多"①，同样，"这些上彩的陶器和盘碟也可以切割、磨碎、上光，完全和印度的器皿一样"，最后，"白瓷样品"已经生产出来了，希望以这样的品质很快就能够大规模生产。在这篇诏令的结尾，邀请"外国艺术家和能工巧匠"来撒克逊，在新工厂里担任助手，薪水自然不错，而且受国王的保护。这篇诏令，对伯特格的发明在当时的实际状况，可能是一个最好的说明。

---

① 原注：从前，所有中国和日本的瓷器都被认为是印度瓷器，这或许是因为，它们最早是在达伽马发现好望角之后，由葡萄牙人从印度带到欧洲的缘故吧。

德国的出版物声称，伯特格由于他为选帝侯和撒克逊所提供的出色服务，被任命为皇家瓷厂的经理，并被破格封为男爵。他无疑应该得到这些荣誉，但他真正享受的待遇却完全不是这样，相反，是低劣的、悲惨的、野蛮的。两位王室官员被置于他之上，担任这家工厂的主管，而他本人，只不过是个陶工领班，同时还作为国王的囚犯而被拘禁。在迈森的工厂建厂期间，当他的协助依然不可或缺的时候，他来去德累斯顿都要由士兵带领。即使在工作完成之后，也要整夜被锁在自己的房里。所有这一切，都在折磨着他的心灵。他几次三番给国王写信，试图让悲惨的命运有所缓解。他的有些信写得非常感人。有一次，他这样写道："我愿意把自己的整个身心投入瓷器制造的技术中，我愿意做更多的事，超过从前的任何发明家；我唯一需要的是：给我自由，自由！"

对于这些吁求，国王一概当作耳边风。他愿意花更多的钱、给予更多的支持，但想要自由，门都没有。他把伯特格视为自己的奴隶。在这个位置上，被迫害者继续工作了一段时间，直到一两年之后，他开始越来越漫不经心了。伯特格既憎恶这个世界，也憎恶自己。他逐渐沉溺于饮酒。这就是榜样的力量，伯特格染上这一恶习的消息刚刚为人所知，迈森工厂更多的工人便纷纷效尤。打架斗殴成了家常便饭，于是军队经常被调来干涉，以维持和平。不久，他们所有人（不少于3000人）全都被监禁在阿尔布雷希特堡，被当作政治犯一样对待。

1713年5月，伯特格终于病倒了，死亡随时都会到来。此时，国王眼见得就要失去这样一位有价值的奴隶，不由得慌张起来，于是允许他在护卫的陪同下坐马车走动走动。在他稍稍康复之后，允许他偶尔去一趟德累斯顿。1714年4月，国王在一封信中允诺给伯特格完全的自由，但这个提议来得太晚了。在不停的工作和酗酒中，伯特格的身体和精神都垮掉了，尽管偶尔有更高贵的目标灵光一闪，但一直经受病痛的折磨，加上长期的强制监禁，结果，伯特格又苟延残喘了几年，直到1719年3月13日，死亡总算把他从苦难中解放了出来，这一年，他35岁。他在夜里被埋葬在迈森的约翰公墓，就好像是埋一条狗似的。这就是撒克逊最伟大的恩人之一所遭受的对待和不幸的结局。

瓷器制造业很快就为公共税收开辟了一个重要来源，它给撒克逊选帝侯创造的价值是如此之大，以至于没过多久欧洲大多数国家的君主都纷纷效仿。尽管在伯特格得出他的发现的 14 年之前，软瓷就已经在圣克劳德生产出来，但硬瓷的优越性很快就得到了普遍的认可。1770 年，硬瓷的制造开始在塞夫勒①出现，后来几乎完全取代了软瓷。如今，这成了法国产业最繁荣的一个分支，其产品的品质的确无可置疑。

8

与帕利西和伯特格比较起来，英国制陶工约西亚·韦奇伍德的事业生涯更少波澜起伏，更多一帆风顺，他抽到的那支命运签，也更幸运些。直到 18 世纪中叶，英国的技术产业比大多数欧洲一流国家都要落后。尽管在斯塔福德郡也有许多制陶工（韦奇伍德家族就是当地为数众多的陶工家族之一），但他们的产品属于那种粗糙的陶器，大部分都是单纯的褐色，只是在它们还是湿坯的时候胡乱刮上了一些图案。更精美的产品中，陶器主要来自荷兰的代夫特，饮水的石罐则来自科隆。两位外国陶工——来自纽伦堡的埃勒兄弟，一度居住在斯塔福德郡，引入并改进了陶器制造，但没过多久他们就移居到了切尔西，在那里，他们只限于制造陶瓷装饰件。迄今为止，英国制造的陶器，没有一件不是用锐器划上花纹的。长期以来，斯塔福德郡生产的所谓"白陶"，其实并不是白色的，而是一种脏兮兮的奶油色。简单说来，这就是 1730 年约西亚·韦奇伍德在贝斯莱姆出生时英国制陶业的情形。到他 64 岁去世的时候，这种

---

① 塞夫勒，法国城市，以生产瓷器闻名。

情形已经彻底改变。凭着自己的活力、技能和天赋，他为这个行业奠定了一个崭新的坚实基础。而且（用他的墓志铭上的话说），他"把原始粗陋、无足轻重的制陶业转变为一门高雅的艺术，使之成为民族商业的一个重要分支"。

约西亚·韦奇伍德是这样一些人当中的一员：他们时不时地从平民阶层中涌现出来，不知疲倦地工作，通过他们精力充沛的个性，不仅在实践上培养了工业人口的勤奋习惯，在各个方面极大地影响了公众的行为，而且对民族性格的形成做出了相当大的贡献。像阿克莱特一样，他也是家里3个孩子当中最小的一个。他的祖父和叔祖父都是制陶工，父亲也是，在他还是个孩子的时候，父亲就去世了，留给他20英镑的遗产。他在乡村学校学会了读书写字，但由于父亲的去世，他不得不离开学校，在他哥哥经营的一家小陶器场里开始当"制陶工"。他从那里开始自己的职业生涯，用他自己的话说："处于梯子的最低一档"，那时，他刚刚11岁。不久之后，他患上了恶性天花，在他此后的一生中，一直都在承受着这一疾病所带来的痛苦，因为其后果是右膝盖紧接着患上了疾病，并且每隔一段时间就会复发，直到许多年后通过截肢手术才得以摆脱。格莱斯顿先生最近在贝斯莱姆发表的那篇感人肺腑的"韦奇伍德挽辞"中精辟地说，让他饱受折磨的疾病，未必不是他后来卓冠群伦的诱因。"这妨碍了他成长为一个积极活跃、精力充沛的英国工人，使他无法知道如何正确地利用自己的四肢；但是，却使得他思考这样一个问题：在自己不能成为那样一个人的时候，是不是可以做一些别的事情，一些更伟大的事情。这使得他的心灵转而向内，驱使他冥想制陶技术的规律和奥秘。结果，他理解并掌握了这门或许让雅典制陶工嫉羡不已的技术。"

当他跟随哥哥完成了自己的学徒期之后，约西亚与另一位工人合伙，开办了一家小企业，制造刀叉柄、盒子以及各种家用商品。接着，又开办了一家合伙企业，生产瓜果盘、蜡烛台、鼻烟盒以及诸如此类的商品。不过都不怎么景气，直到1759年在贝斯莱姆开始独立经营，情况才有好转。在那里，他坚持不懈地钻研自己的行当，不断引入新的产品，生意逐渐扩大。他的主要方向是生产品质更好的奶油色陶器，在外形、色彩、光泽和耐用性上都要优于斯塔福德郡的产品。为了彻底弄懂这个领域的问题，他把自己的空余时间都用在了化学研究上，对助熔剂、釉料以及各式各样的黏土做了许许多多的试验。作为一个严谨的探究者和一个准确的观察者，他注意到，某种黏土包含硅土，在焙烧之前它是黑色的，经过熔炉的高温之后就成了白色。经过进一步的观察和思考，这一现象使他产生了一个想法：把硅土和红色的陶土粉末混合在一起，并发现混合物在焙烧之后变白了。他把透明釉料覆盖在这一材料上面，从而得到了最重要的陶艺产品之一，它被称作"英国陶器"，卖出了最高的市场价格，得到了最广泛的应用。

有一阵子，韦奇伍德被炉子的问题所困扰，尽管程度上与帕利西不可同日而语，但他克服困难的方式却并无不同——反复试验，百折不挠。他最早制作餐用瓷器的努力，遭到了一连串损失惨重的失败，数月的辛苦劳动常常毁于一旦。正是经过长期连续的试验之后（这期间他损失了时间、金钱和劳动），才实现了釉料的正确使用。但不可否认，他最终凭借耐性获得了成功。陶器的改进成了他最热爱的事情，片刻也不曾忘记。哪怕是在他战胜了重重困难，成为一个成功人士的时候——他大规模生产的白瓷和奶油色陶器行销国内外——他依然在不断地使他的产品变得更完美，直到他的例子被传遍四面八方，激励着整个地区都行动起来，英国工业的这一重要分支终于在坚实的基础上确立了。他始终瞄准的目标是最卓越的品质，他这样表明自己的决心："任何产品，与其降低品质，不如放弃制造。"

韦奇伍德得到了权势阶层许多人的真诚帮助。因为他一直在以最诚实的精神工作着，很容易赢得其他诚实的劳动者的帮助和鼓励。他为夏洛特王后制作了第一套王室餐具（后来被称为"王后御用陶器"），因此被任命为"王室制陶工"，他把这个头衔看得比后来的男爵头衔还要重。

几套非常名贵的瓷器被托付给他进行仿造，他获得了令人赞佩的成功。威廉·汉密尔顿爵士把几件来自赫库兰尼姆①的古代艺术品借给他，他制作出了准确而精美的复制品。当"巴贝里尼花瓶"准备出售的时候，波特兰公爵夫人报出了比他高的价格。他的出价高达1700几尼，公爵夫人以1800几尼得到了它。但当公爵夫人得知他的目的之后，二话没说，慷慨地把这只花瓶借给他去仿造。他耗费了大约2500英镑的成本，生产了50件复制品，销售收入根本不足以支付成本。但他实现了自己的目标，这个目标就是要显示：无论做什么，英国人的技艺和能力能够、而且必将做成。

韦奇伍德借助了药剂师的熔炉、文物收藏家的学识以及艺术家的技巧。在弗拉克斯曼②还是个年轻人的时候，韦奇伍德就发现了他，在自由培养他的天才的同时，经他之手为自己的陶瓷作品绘制了大量精美的图案，经过他的加工转换成了品位卓越的作品，并借助它们在公众当中传播古典艺术。通过精心的实验和研究，他甚至能在陶瓷花瓶及类似产品上重新发现着色艺术，这种艺术，古代伊特鲁里亚人曾经实践过，但从普林尼时代以来就已经失传了。他因为对科学的贡献而闻名天下，他的名字依然与他所发明的高温计联系在一起。他是所有公共事业不知疲倦的支持者。塔兰托的建筑和墨济运河（它实现了这座岛的东西两岸之间的航运交通），主要应归功于他的热心公益的精神，以及布林德利的工程技能。由于当地公路交通的调度一直是件糟糕透顶的事，他设计并完成了一条穿过波特里斯的收费公路，全长10英里。给他带来声誉的是他在贝斯莱姆的作品，以及后来在伊特鲁里亚的那些作品，这些都是他创作和建造的，成了吸引欧洲各地游客的一个亮点。

韦奇伍德的劳动成果——他在非常恶劣的条件下建立起来的陶瓷制

---

① 赫库兰尼姆，意大利中南部的一座古城，位于那不勒斯湾畔。罗马时代为颇受欢迎的旅游胜地，公元79年被维苏威火山喷发完全摧毁。
② 约翰·弗拉克斯曼（1755—1826），英国雕塑家和插图画家。

造业，成了主要的英国商品之一，我们非但不再从国外进口此类家用必需品，而且出口到其他国家，即使在面对为英国商品设置的高额关税的不利情况下，也一直在为他们提供陶瓷产品。1785年，仅仅在他开始陶瓷制造大约30年后，韦奇伍德向国会提交了相关的证词，证词表明，它并非仅仅是为少数效率低下、报酬微薄的工人提供了临时性的职业岗位，而是有大约两万人直接从这个行业挣到了他们的面包，这还没有把由此在煤炭、陆运和海运行业所增加人数以及在许多行业和不同地区所刺激增长的就业机会计算在内。然而，与他所取得的进步同样重要的是，韦奇伍德先生提出了这样一个观点：这个行业还只是处在它的幼年期，与技术所能够达到的成就比较起来，自己已经取得的进步还很小，通过制造商们持续不断的勤奋和不断增长的才智，以及英国所享有的自然条件和政治优势，这个行业必将取得更大的成就。这一重要的工业分支后来所取得的进步，完全证实了这个观点。1852年，有不下8400万件陶器从英国出口到其他国家，为国内使用而生产的不在此列。然而，增长的不仅仅是产品的数量和价值，还有从事这一伟大产业分支的人口生存条件的改善。当韦奇伍德开始工作的时候，斯塔福德郡还只是一个半开化地区。那里的人民贫困、没有教养，人口数量也很少。当韦奇伍德的陶瓷制造业稳固建立起来的时候，人们发现，那里足有超过其人口3倍的高薪工作岗位，而他们的精神进步和物质进步是完全同步的。

像这样一些人，完全有资格称得上是文明世界的"工业英雄"。他们在考验和困难中的忍耐和自信，在追求目标时的勇气和坚毅，这种英雄主义精神，一点也不逊色于那些以责任感和自豪感英勇保卫了这些产业领袖们所完成的辉煌业绩的士兵和水手。

第4章

勤奋和毅力

勤勉者是富有的，他又能支配时间——这大自然的库存！从他的沙漏中，落下的是星星的种子，屈尊为沙，通过永不停息的劳作，聚集一切。

——达维南特

只管前进，信念就会随之而来。

——达朗贝尔

1

　　生活中最伟大的成就，通常是利用简单的方法、运用平常的才能来实现的。每天的平凡生活，以它的烦忧、需求和责任，为获得最好的经验提供了足够多的机会。生活中走过最多的老路，为诚实的劳动者提供了不断努力的空间和自我改进的余地。人类福祉的道路，就存在于坚定善举的老路当中。那些最坚持不懈、工作最诚实的人，通常会是最成功的人。

　　命运女神常常因为她的盲目而受到人们的诅咒，其实她并没有人那样盲目。那些留意实际生活的人会发现，命运之神通常袒护勤勉的人，就像风浪总是袒护最优秀的航海者一样。即使是从事最高深的人类探索活动，那些更普通的素养——比如常识、注意力、勤奋和毅力，通常是最有用的。并不一定要天才，即使是卓绝群伦的天才，也不会轻视寻常素养的作用。正是那些最伟大的人，最少迷信天才的力量，他们像那些更普通的成功者一样，充满世俗的智慧和坚定的毅力。有些人甚至将天才解释为只不过是常识的强化。一位著名的大学老师和校长在谈到天才的时候，认为它是一种不断努力的能力。约翰·福斯特认为它是一种点燃自己的能力。布丰说，天才"就是耐性"。

　　牛顿的智力毫无疑问是卓绝超群的，可是，当有人问他是怎样完成他那些非凡发现的时候，他谦虚回答道："通过一直不停地思考它们。"另一回他这样解释自己的研究方法："我连续不断地把研究对象摆到自己的面前，直到最初的醒悟一点一点地慢慢变得丰满和清晰。"在牛顿这里（在所有其他人那里也是一样），只有通过勤奋不懈和坚定不移，他才能赢得自己伟大的声誉。就连他的娱乐消遣，也不过是改变一下研究的对象，放下这一个，拿起另一个。他曾经对本特利博士说："如果说我为公众做出过任何贡献的话，那也只能归功于勤奋和富有耐心的思考。"另一位伟大的哲学家开普勒①也是如此，他在谈到自己的研究和进步的时候说："就像维吉尔所说的'随行聚力'，我也是这样，勤勉地思考这些事情，就是更深一层思考的诱因，直到我的全部精神能量都集中到了研究对象上。"

凭借绝对的勤奋和毅力所取得的非凡成就，使得许多超群出众的人都不由得怀疑：天赋才能是否真的就像人们通常认为的那样起到了特殊的作用。伏尔泰认为，天才与常人之间只有一线之隔；贝卡里亚甚至有这样的观点，人人都可以成为诗人和演说家。雷诺兹则认为谁都可以成为画家和雕刻家，果真如此的话，这位迟钝的英国人也就不会显得那么不靠谱了，因为卡诺瓦死的时候，这位老兄询问他的弟弟，是否"打算继承这个行当"。洛克、爱尔维修和狄德罗都相信：所有人都有成为天才的同等智能，一些人能够做到的事情，按照智力活动的规律，另一些处在同样环境、致力于同样工作的人必定也能做到。不过，在承认劳动的非凡成就的确宽广无边的同时，也必须承认这样一个事实：天才卓绝的人总是出现在那些最不知疲倦的工作者当中，但很明显，如果没有最初的智力天资，哪怕付出再多的劳动，无论有多么专心致志，也不可能产生出莎士比亚、牛顿、贝多芬和米开朗基罗。

化学家道尔顿②不承认自己是个"天才"，他把自己取得的所有成就都归功于勤奋和积累。约翰·亨特③在谈到自己的时候说："我的头脑就像是个蜂窝，看起来好像充满嗡嗡声和混乱，但它事实上充满秩序和规律，以及通过持续不断的勤奋从大自然的储藏中收集来的精选养料。"的确，我们只要翻一下伟人的传记就会发现，那些最杰出的发明家、艺术

---

① 约翰尼斯·开普勒（1571—1630），德国天文学家和数学家，被认为是现代天文学的奠基人。
② 约翰·道尔顿（1766—1844），英国化学家、物理学家，原子学说首创人，红绿色盲的发现者。
③ 约翰·亨特（1728—1793），英国外科医生，英国病理解剖学的奠基人。

家、思想家以及所有种类的劳动者，他们的成功，大部分都要归功于孜孜不倦的勤奋和专注。他们是一些能把所有东西（甚至时间本身）都变成黄金的人。老迪斯雷利认为，成功的秘诀，就在于掌握你的研究对象，这样的掌握，只能通过持续不懈的勤奋和钻研实现。因此，那些最令世界感动的人，严格说来并不都是天才人物，更多的反而是那些认真热情、能力平常而不屈不挠的人；常常并不是那些天生聪明、能力超群的人，而是那些坚持不懈地投身于工作的人，无论他从事的是什么行当。一位寡妇在谈到自己聪明绝顶却粗心大意的儿子时说："唉！他没有持之以恒的才能。"在生活的赛跑中，像这样缺乏毅力而又反复无常的人，就会被那些勤勉甚至愚笨的人所超越。意大利谚语云：行路慢者久且远。

2

因此，一个必须矢志追求的伟大目标，就能让工作能力得到很好的锻炼。当这件事情做好了的时候，你就会发现，这场生活的赛跑相对比较轻松。只要我们反反复复地去做，就会熟能生巧。如果没有劳动，就连最简单的技艺也不可能达到，你会发现，能力的获得有多么困难。正是通过早年的训练和反复去做，已故的罗伯特·皮尔爵士培养出了那些非凡的能力（尽管依然普通），这些能力使得他成为一个令英国议会为之生辉的人。早年在德雷顿的庄园，当他还是一个孩子的时候，他的父亲就总是让他站在桌子旁边练习即兴演讲。他很小的时候就习惯于尽自己所能记忆的内容复述礼拜日布道词。起初进步不大，但通过不屈不挠的坚持，专心致志的习惯变得强大有力，最后，这篇布道词他几乎能倒背如流。当他后来轮番回应议会反对派的观点时（他的这一技艺大概是无与伦比的），很少有人想到，他在这种场合所展示出来的准确记忆的非凡能力，最初是在德雷顿教区教堂里、在他父亲的训练下磨练出来的。

达朗贝尔（1717—1783），法国著名物理学家、数学家和天文学家。

通过持续不懈的勤奋，在最普通的事情上所能取得的成就的确非同凡响。演奏小提琴看起来是一件很简单的事情，然而它需要怎样长期而艰苦的练习！一个年轻人曾经问贾迪尼①，需要多长时间才能学会演奏小提琴，他说："每天 12 小时，坚持练 20 年。"可怜的女配角在自己能够脱颖而出之前，必定要在跑龙套的角色上辛苦劳累许多年。

然而，最辉煌的进步，通常比较缓慢。伟大的成果，不可能一蹴而就。生活中的进步，就像散步一样，是一步一步走出来的。梅斯特尔说："成功的秘诀，就是懂得如何等待。"收获之前必须播种，常常要经过漫长的等待，同时还要怀着希望耐心地期待，最有价值的果实常常成熟得最慢。东方谚语说："时间和耐心，把桑叶变成了绸缎。"

不过，耐心等待的人还必须愉快地工作。乐观是一种杰出的工作能力，它赋予性格以很大的弹性。正如一位主教所说的："性情占基督精神的十分之九。"同样，愉快和勤奋也是实践智慧的十分之九。它们是成功和幸福的生命与灵魂。生活中的最高欢乐，多半存在于清新、欢快、自觉的工作之中；活力、信心以及其他每一种优秀的品质主要取决于它。作为约克郡一位教区牧师，西德尼·史密斯在操劳的时候，尽管他觉得自己不适合这份差事，但还是以坚定的决心愉快地工作，力求做到最好。他说："我决心要去喜欢它，心甘情愿地接受它，这比假装自己要高于它、像个废物那样怨天尤人、孤独彷徨，更有男儿气概。"胡克博士也是如此，当为了一个新的工作领域而离开利兹时，他说："上帝保佑，无论我在哪里，我都会尽自己的力量去做手头能找到的事；如果找不到工作可做，我就会创造它。"

尤其是那些为公共利益而辛勤劳动的人，他们不得不长期而富有耐心地工作，常常得不到人们的欢呼喝彩，没有直接的回报或效果。他们播下的种子有时埋藏在冬天的积雪里，在春天到来之前，农夫们可能已经休息去了。并不是每一位从事公共劳动的人都能像罗兰·希尔那样，

---

① 菲利斯·德·贾迪尼（1716—1796），意大利作曲家。

能够在有生之年亲眼看到自己的伟大想法开花结果。亚当·斯密在那所阴暗、陈旧的格拉斯哥大学工作多年，他在那里播下了伟大的社会改革的种子，奠定了他的"国富论"的基础，然而直到70年以后，才结出了丰硕的果实。的确，还有许多人至今也没能收获这样的果实。

3

没有什么能补偿一个人失去的希望：它能完全改变这个人的性格。一位伟大却痛苦的思想家说："当我失去所有希望的时候，我能有什么可干？能有什么幸福？"传教士凯里是一个最快乐、最勇敢的人，因为他是一个心中充满最多希望的劳动者。在印度的时候，他一天累坏3个梵文秘书也是稀松平常的事，他休息的唯一方式就是换件活干。凯里是个鞋匠的儿子，木匠的儿子沃德和织工的儿子马斯哈姆给了他很大的支持。通过他们三人的劳动，一座宏伟壮观的大学在赛兰坡拔地而起，16所事业兴盛的研究所建立起来了，《圣经》被翻译成16种文字。凯里从不以自己的出身为耻。有一次，在总督的会议桌旁，他无意中听见对面的一位军官大声地询问旁边的人，凯里是否曾经是个鞋匠，"不，先生，"凯里马上叫了起来，"仅仅是个补鞋匠而已。"有一则不同寻常的典型轶事，说到他儿时的不屈不挠。有一天，他在爬树的时候脚下一滑，摔倒在地面上，腿被摔断了。他被困在床上好几个礼拜，然而等到他康复并能够独立行走之后，第一件事情就是继续去爬那棵树。凯里需要这种不屈不挠的精神，以从事他毕生的传教工作，他高贵而坚定地做到了。

科学家杨博士[①]的座右铭是："任何人都能做别人已经做到了的事。"毫无疑问，他本人在面对自己决定去经受的考验的时候，从不退缩。据说，他第一次骑马是和著名运动家巴克利先生的孙子一起，当领先于他

---

① 托马斯·杨（1773—1829），英国医生、物理学家，光的波动说的奠基人之一。

们的骑手跃过了一排很高的栅栏时，杨博士很想仿效，但在尝试的时候从马背上摔了下来。他二话没说，再次翻身上马，又失败了，不过这一回他没有被摔得更远，他紧紧抱住了马脖子。第三次，他成功了，跃过了那排栅栏。

鞑靼人提摩尔在不幸中不屈不挠刻苦学习的故事广为人知。美国鸟类学家奥特朋的轶闻毫不逊色，据他自己说："一次意外事件发生在我的200幅原图上，这差点终止了我的鸟类研究。我讲到这事，只不过是为了说明，狂热——没有别的词能够称呼我的坚定不移——能够让一个自然保护者在克服最令人气馁的困难时走多远。我离开了肯塔基州亨德森的乡村，去俄亥俄的堤岸做研究，我在那里居住了几年，因事要去费城。动身前我检查了自己的原图，小心翼翼地把它们放在一只木盒里，把它们交给一位亲戚保管，并叮嘱他别弄坏了。我离开了几个月的时间，回来之后，在家里享受了几日天伦之乐，然后，我问起了我的木盒子和我的宝贝原图。盒子拿来并打开了。噢，读者，可怜我吧。一对挪威老鼠把它完全霸占了，它们把纸片啃得粉碎，还喂养了一窝幼仔，一个月之前，那些纸片上描绘了将近1000个空中的栖息者。这个打击实在太大了，我的神经系统几乎无法承受。我埋头大睡了几天几夜，头脑里一片空白。直到动物本能在我的身体中重新唤起了行动的力量，我拿起枪、笔记本和铅笔，就像什么事情也没发生一样，兴高采烈地动身前往森林。我很高兴自己如今能绘出比从前更好的图，而且，不到3年的时间，我的公文包又塞得满满的了。"

艾萨克·牛顿的小狗"钻石"打翻了书桌上一支点燃的蜡烛，这使他的文件遭到意外的损毁，数年的精心计算毁于一旦。这则轶闻广为人知，无须赘述。据说，这次损失使得牛顿深感悲痛，以至于严重损害了他的健康，削弱了他的理解力。卡莱尔的《法国大革命》（*French Revolution*）第一卷的手稿，也发生过类似的意外事件。他把手稿借给一位爱好文学的邻居研读。不幸的是，它被搁在客厅的地板上，然后给忘了。几周过去,我们的历史学家派人去取自己的手稿。"原稿!"邻居大叫一声,然后到处找寻起来。最后发现,原来是女佣把它当成了废纸,用它点了炉子。得到这样的回答,卡莱尔先生的感受不难想象。然而,除了毅然决然地动手重写,实在也别无他法。他开始行动,没有草稿,只好从记忆中梳理事实、理念和措辞,这些,已经在很久之前就从头脑中消失了。这本书的写作,在第一稿的时候是一件愉快的工作,第二次重写就成了一件几乎令人难以置信的痛苦和烦恼的事。

4

发明家的生活,也是同样坚毅品格的显著例证。乔治·斯蒂芬森在向年轻人演说时,总是这样概括自己对他们的忠告:"像我曾经做的那样去做——坚持。"在取得决定性的成功之前,他为改进蒸汽机车而坚持不懈地工作了15年。瓦特花了30年的时间才使他的冷凝蒸汽机臻于完美。在其他每一个门类的科学、艺术和产业中,也都有同样显著的例证。或许,其中最引人入胜的是尼尼微大理石雕的发掘,以及失传已久的楔形文字和箭头形文字的发现——自从马其顿征服波斯以来,这种文字就已经湮没无闻了。

东印度公司派驻波斯克尔曼沙的一位聪明过人的学徒,在邻近地区一些古老的纪念碑上注意到了这些奇怪的楔形文字碑铭,它们是如此古老,以至于毫无历史踪迹可循。他所拓印的碑铭中,有一些来自著名的贝希斯敦岩石[①]——一块突兀地从平原上高耸而起的岩石,约有1700英尺高,在底部大约有300平方英尺的区域内镌刻着三种文字(波斯语、锡西厄语和亚述语)的碑铭。通过比较已知文字和未知文字,比较幸存

[①] 贝希斯敦岩石,波斯国王大流士一世所建记功石刻,位于伊朗西部克尔曼高地。镌刻有三种楔形文字,还有一些浮雕作品。

的语言和失传的语言，这位年轻职员获得了关于楔形文字的一些知识，甚至编制出了一份字母表。罗林森先生（后来的亨利爵士）把自己的描图寄回国内以供研究。在这之前，所有的大学教授都对楔形文字一无所知。不过，有一位东印度公司的前职员，一个名叫诺里斯的无名小卒，研究这个知者甚少的课题，人们把这些描图交给了他。他这方面的知识是如此精确，以至于尽管他从未见过贝希斯敦岩石，却相当准确地说出了罗林森并未复制出来的那些令人费解的碑铭。仍在贝希斯敦附近的罗林森将自己的副本和原件进行了对比，发现诺里斯是对的。通过进一步的比较和仔细的研究，罗林森楔形文字的知识大大丰富了。

为了有利于这两个无师自通的人继续学习，第三个劳动者的出现很有必要，为的是给他们提供练习技能的素材。这个人就是奥斯汀·莱亚德，最初是伦敦一家律师事务所的雇员。你几乎不会指望这样三个人（一位学徒，一位前职员，一位律师事务所的雇员）是一种失传文字和巴比伦深埋地底的历史的发现者，但事情就是这样。莱亚德是个22岁的年轻人，正在东方旅行，当时一门心思想进入幼发拉底河彼岸的那些地区。有一位同伴陪着他，他相信这位同伴的武器能够保护自己，更重要的是，他愉快、优雅、有骑士风度。他们安全地通过了两个正在交战的部落。许多年过去了，借助一小笔可以由自己支配的资本，加上勤奋刻苦和不屈不挠的精神，坚定不移的意志和决心，极端的耐心，以及对发现和研究自始至终的热爱，他成功地发现和挖掘了大量的历史财富，这些财富，或许是此前任何一个人通过勤奋都无法聚集到的。不下于两英里的浅浮雕就这样在莱亚德的手中重见天日。这批珍贵文物的精品，如今收藏在大英博物馆，它们证实了经文中所记载的那些发生在大约3000年前的事件。它们突然现身世间，是如此不同寻常，几乎就是一次新的大发现。正如莱亚德先生在他的《尼尼微纪念碑》（*Monuments of Nineveh*）中所说，发掘这些非凡作品的故事，永远会被视为一份关于个人胆识、勤奋和活力的最引人入胜、最真挚感人的记录。

奥斯汀·亨利·莱亚德（1817—1894），英国考古学家、作家，被称为"英国西亚考古学之父"。

5

关于坚韧勤奋的力量，布丰伯爵的事业生涯提供了另一个显著的例证，正如他自己所说："天才就是忍耐。"尽管他在博物学上取得了伟大的成就，但他年轻时一直被认为才能平平。他的才智形成得很慢，对既得知识的扩展发扬也很慢。他还是个天生的懒鬼，生来就享有一大笔财产，人们可能会猜想，他会放纵自己对安逸和奢侈的爱好。但他并没有这样，他早就下定决心放弃享乐，投入到研究和自我修养中。他把时间视为有限的财富，发现早晨睡懒觉浪费掉了好几个小时，于是决定打破这个习惯。他与这个坏习惯艰难斗争了一段时间，但是仍然没能在自己规定的时间起床。他让仆人约瑟夫帮他，答应他如果能够成功地让自己在6点之前起床，每次就给他1克朗的奖赏。起初，当约瑟夫叫他的时候，布丰总是赖着不起来，谎称自己病了，或者装作对约瑟夫的打扰很生气。等到伯爵终于起床了，约瑟夫发现除了责备自己什么也没挣到。最后，这位贴身男仆决心要挣到自己的克朗，一次又一次地强迫布丰起床，不管他怎样恳求、劝告，甚至威胁解雇自己。一天早晨，布丰异乎寻常的顽固，约瑟夫发现有必要采取极端措施，于是朝被子底下浇了一盆冰冷的水，效果立现。通过坚持不懈地使用诸如此类的手段，布丰终于战胜了自己的坏习惯。他总是说，自己的《自然史》中有三四卷要归功于约瑟夫。

在他一生中的40年里，布丰每天从早晨9点伏案工作到下午2点，再从傍晚5点工作到晚上9点。他的勤奋是如此坚持不懈，如此有规律，以至于后来成了习惯。他的传记作者说："工作是他的需要，研究是他生命的魔力，在他辉煌生涯的最后时期，他常常说，自己依然希望再多为它们奉献几年。"他是一个最认真负责的劳动者，总是力求用最好的方式向读者传递最好的思想。在对自己的文章进行修饰润色上，他从来都不知疲倦，这样一来，他的文体风格几乎可以说是完美的。他的《自然时代》(*Epoques de la Nature*)，尽管思考了将近50年，但他还是写了不下11次，直到自己满意为止。他是个彻头彻尾的实干家，每件事情都井井有条，他常说，没有条理的天才会丧失四分之三的力量。他作为一个作家所取得的巨大成功，主要是艰苦劳动和勤勉专注的结果。内克夫人说："布丰坚决地说服我们相信：天才就是深切专注于特殊对象的结果。他说，当作品的初稿完成时，他彻底累垮了，但他强迫自己重新回到作品中，仔细检查修改，哪怕是他认为已经达到了一定程度的完美。最后，在这样漫长而精心的修改中，他找到了乐趣，而不是疲倦。"还应该补充的是，布丰在撰写、出版他所有伟大作品的同时，一直饱受着最痛苦的疾病的折磨。

6

关于不屈不挠的力量，文学家的生活同样提供了丰富的例证。从这方面看，或许没有比沃尔特·司各特爵士的事业生涯更富有教益的了。他令人敬佩的工作品质是在一家律师事务所磨练出来的，在那里，他从事的是一份相当于抄写员的苦差事，一干就是好多年。白天枯燥乏味的日常事务使得夜晚显得更加甜蜜，这段时间是属于自己的，他通常用来阅读和钻研。他自己则认为这份平凡的工作训练了自己坚定、清醒的勤奋习惯，这是那些纯粹的文人通常所缺乏的。作为一名抄写员，每页纸（包含一定字数）他可以得到3便士，有时候通过加班加点，他24小时能抄写120页之多，这样就能挣得大约30先令。他偶尔会拿出其中一部分购买一册廉价的单卷本，别的书就非他力所能及了。

在后来的岁月里，司各特常常为自己是个实干家而感到自豪，在反驳所谓拙劣诗人的陈词滥调的时候，他断言，天才与厌恶或蔑视生活中的平凡职责之间，并没有必然的联系。正相反，他的观点是，每天花一部分时间在实际事务上，结果对培养更高的能力是有益的。后来在爱丁堡治安法庭担任职员的时候，他主要是利用早餐前的时间来创作自己的文学作品，白天则待在法庭，鉴定注册契约以及五花八门的手迹。洛克哈特①说，从总体上看，"在他文学生涯最活跃的那段时期，必定会拿出一大部分时间（每年至少拿出半年），来认真地履行自己的专业职责，这构成他的经历中最显著的特征之一"。他给自己定下的行为准则是，必须通过实际事务，而不是文学，来养活自己。有一次，他说："我决定把文学作为自己的拐杖，而不是支撑物。只要有可能，文学方面的收入可以满足别的方面的需求，而不能成为日常开支的必需。"

他的守时，是他精心培养起来的习惯之一，否则的话，对他而言要完成数量如此巨大的文学劳动是不可能的。他给自己定下了一个原则，当天回复所收到的信件，除非是那些必须进行调查质询和深思熟虑的回信。只有这样才能让他能够应付潮水般向他涌来的信件，有时候这对他的好脾气是个严峻的考验。5点起床并自己生火是他的习惯。一边刮胡子、穿衣服，一边思考，到6点钟他就坐在了案头，稿纸井然有序地摆在面前，参考书排列在身边的地板上，同时至少有一条他特别喜欢的小狗躺在成排的书籍旁边，看着他的眼睛。等到家人聚到一起准备早餐的时候（9点至10点之间），他的活已经干得差不多了，用他自己的话说，干完了这天的工作中最难的部分。尽管他认真勤奋、孜孜不倦，而且知识极其渊博，但谈到许多年耐心劳动的成果，司各特总是很不自信。有一次，他说："遍及我的事业生涯的各个阶段，我一直觉得在被自己的无知所挤压、所阻碍。"

这才是真正的智慧和谦卑，因为一个人知道得越多，他的狂妄自负就会越少。三一学院的一位学生去向教授辞行，因为他已经"完成了他

---

① 约翰·吉布森·洛克哈特（1794—1854），苏格兰作家，其最著名的作品是七卷本的《沃尔特·司各特爵士回忆录》(*Memoirs of the Life of Sir Walter Scott Bart*)。

的教育"。教授的回答对他是一个明智的责备:"说实在的,我的教育才刚刚开始。"那些许多事情都略知一二但什么都不精通的浅薄之人,总是为自己的才能而自豪。但贤明的智者总是谦逊地承认:"我所知道的只有一件事,就是自己一无所知。"[①] 或者像牛顿所说的,他只不过是忙着在岸边捡拾贝壳,面前那片真理的大海却全然未曾涉足。

7

关于毅力,二流文学家的生平也提供了同样值得注意的例证。已故的约翰·布里顿[②]是《美丽的英格兰和威尔士》(The Beauties of England and Wales)以及许多颇有价值的建筑学作品的作者,他出生在威尔特郡金斯顿的一间贫寒的小茅屋里。父亲曾经是个面包师和制麦芽的,但因为做生意而破了产,在布里顿还是个孩子的时候就患上了精神病。布里顿只受过很少的一点学校教育,身边却有大量的坏榜样,幸运的是这并没有使他堕落。他很小的时候就开始跟着一位叔叔工作,叔叔是克拉肯威尔的一个酒馆经营者,布里顿在他的手下给酒装瓶、上塞、装箱,一干就是5年多。他的身体每况愈下,叔叔辞退了他,让他四处漂泊,口袋里只有两个几尼,那是他5年工作的收获。在接下来的7年里,他经历了许多的兴衰荣辱和艰难困苦。然而,他在自传中说:"在我那间每周18便士、破败阴暗的住所里,我沉湎于学习,冬天的夜晚常常躺在床上读书,因为我没钱生炉子。"他徒步去了巴思[③],在那里他得到了一份酒店酒窖管理员的差事,但不久之后,他再一次回到了首都,身无分

---

① 这是苏格拉底的名言。
② 约翰·布里顿(1771—1857),英国古文物学家和地质学家。
③ 巴思,英格兰西南部的一座市镇,位于布里斯托尔港以东,以其乔治王朝的建筑和温泉而著名。

文，赤着双脚，没有衬衣。但他成功地在伦敦酒店得到了一份酒窖管理员的差事，他的职责就是在酒窖里从早晨7点一直干到晚上9点。在这样黑暗封闭的环境中，加之繁重的劳动，他的身体垮了。后来，他以每周15先令的报酬受雇于一位律师，因为他曾经利用能够挤出的少数空余时间坚持不懈地练习写作。有了这份工作之后，他主要的业余时间都用来逛书摊，在书摊上，他抓起自己买不起的任何一本书就读，就这样获得了大量零零碎碎的知识。接下来，他转到了另一家事务所，每周的薪水提高到了20先令，他依然坚持阅读和钻研。28岁那年，他能够写出一本书了，这本书出版的时候取名《皮扎罗历险记》(*The Enterprising Adventures of Pizarro*)，从那时起，大约有55年时间，布里顿一直从事着艰苦的文学劳作。他出版的著作不下于87种，其中最重要的是14卷《英格兰的教堂古迹》(*The Cathedral Antiquities of England*)，一部真正的巨著，它本身就是约翰·布里顿孜孜不倦的精神最好的纪念碑。

造园师伦敦拥有类似的品格，具有非凡的工作干劲。他是爱丁堡附近的一位农夫的儿子，很早就习惯于工作。他在绘制平面图和风景草图方面的技能，使得他的父亲决心把他造就成一名造园师。在学徒期间，他每周要拿出两个通宵的时间用于钻研学习，而在白天，他却比任何工人干得都更加卖力。在夜晚的学习期间，他学会了法语，18岁之前就为一部百科全书翻译了阿伯拉德的生平。他追求进步的热情是如此之高，以至于仅仅在20岁的时候，他就成为了英格兰的一名园艺师。他在自己的笔记本中写道："如今我20岁，或许生命中三分之一的时间已经过去，然而我又为同胞们做了什么有益之事呢？"这对于一个20岁的年轻人来说，实在是一个不同寻常的反思。从法语开始，他又继续学习德语，并迅速掌握了这门语言。在得到了一片很大的农场之后，因为在农艺中引入苏格兰式的改进，他很快就获得了一笔相当可观的收益。在战争临近尾声的时候，欧洲大陆开始开放，为了进入别的国家调查园艺和农艺体系，他动身到国外旅行。这样的旅行他前后进行了两次，结果出版了他的《百科全书》(Encyclopaedias)，这部书在同类作品中是最杰出的——因为其中包含了他通过罕有其匹的大量调查和艰苦劳动而搜集到的广博浩淼的有用知识。

8

塞缪尔·德鲁①的事业生涯比我们前面引用过的任何一位都毫不逊色。他父亲是康沃尔郡圣奥斯特尔教区的一名勤勤恳恳的劳工。尽管家境贫寒，但他还是把两个儿子送到了附近的一所学校，学费是每周1便士。老大杰贝兹乐于学习，在课程上进步很快；但小儿子塞缪尔却是个劣等生，因为捣蛋和逃学而声名狼藉。大约8岁的时候他开始从事手工劳动，在一家锡矿充当洗槽工，每天挣三个半便士。10岁的时候，他到一家鞋店当学徒，这份差事让他吃够了苦头，他自己常说，活得"就像一只犁耙之下的癞蛤蟆。"他常常想逃走，成为一名海盗，或者诸如此类的角色。随着年龄的增长，他看上去越来越鲁莽。在劫掠果园之类的勾当中，他通常是领头的。随着岁数越来越大，他越来越乐于参与偷鸡摸狗的冒险勾当。大约在17岁的时候，在学徒生涯结束之前，他溜之大吉了。他本打算登上一艘军舰，但夜里在一片干草地里睡觉的时候着了凉，又回到了从前的行当。

接下来，德鲁搬到了普利茅斯附近，干起了修鞋的营生。在考桑德的棍术比赛上，他赢得了一笔奖金，他干这些勾当似乎很在行。在一次走私活动中，他险些断送了性命。参与这样的活动，部分原因是爱冒险，部分原因是爱钞票，因为他的正式薪水每周不会超过8先令。一天夜里，一份通知传遍了整个克拉夫索尔，说的是一艘走私船正在海面上，准备

---

① 塞缪尔·德鲁（1765—1833），英国神学家。

登陆卸货，本地的男性居民（几乎全都是走私犯）都去了海边。一伙人留在岩石上打信号，并在船靠岸的时候接运货物，另一伙人则驾驶小艇，德鲁属于后面一伙。夜色漆黑，刚刚卸完很少的一点货物就起风了，大浪排山倒海而来。然而，小艇上的人决定继续卸货，在走私船（这时已经离岸更远了）与海岸之间已经往返了几次。德鲁所在的小艇上，一个人的帽子被风吹走了，他试图捞回自己的帽子，结果把小艇给弄翻了。其中3个人很快就溺水而死，其他人暂时抓住了小艇，但很快发现它在向大海漂去，他们只好松手往回游。此时离陆地有两英里，夜色依然是漆黑一片。在水里大约游了3个小时之后，德鲁与另外一两个人一起，登上了离岸不远的一块礁石，他全身僵硬、忍着寒冷在那里一直待到第二天早晨，直到人们发现了他和他的同伴，把他们弄走。此时，几个人早已筋疲力尽。有人拿来了一桶刚刚卸下的白兰地酒，用一把短柄斧敲掉桶塞，把满满的一碗酒端到了几个幸存者的面前。不久之后，德鲁已经能够步行两英里，踩着深深的积雪，回到住处。

这就是前途暗淡的一生的开始。然而，就是这个德鲁，不可救药的恶棍、果园强盗、皮鞋匠、棍术冠军和走私犯，在度过年轻时代的胡作非为之后幸存了下来，成了传播《福音书》的牧师和许多优秀著作的作者，从而名扬天下。幸运的是，在一切还来得及的时候，代表其性格特点的精神活力，转向了更健康的方向，并使得他在做有益之事上，也像从前做恶棍一样杰出。他的父亲把他带回了奥斯特尔，为他找了一份鞋匠的差事。或许，那次死里逃生的经历，让这个年轻人变得严肃了起来，因为不久之后我们就发现，他被卫理公会牧师亚当·克拉克颇有说服力的布道深深吸引住了。大约就在这个时候，他的哥哥去世了，德鲁给人更严肃的印象。打那以后，他完全变了一个人。他开始重新接受教育，因为从前学的那点东西几乎已经忘得一干二净。即使通过几年的练习之后，一位朋友还把他写的字比作蘸了墨水的蜘蛛从纸上爬过的痕迹。德鲁后来在谈到自己的时候说，大约就在那时，"读的书越多，我就越觉得自己无知；越觉得自己无知，我想要战胜它的干劲就变得越发不可克制。如今，每一个空闲的瞬间我都用来读书。因为要靠手工劳动养活自己，我用来读书的时间很少。为了克服这种困难，我通常使用的方法就是吃饭的时候把书摆在面前，每顿饭我能读上5、6页"。熟读了洛克的《论理解力》(*Essay on the Understanding*)之后，他的头脑里第一次有了纯粹哲学的概念。他说："它把我从昏迷中唤醒了过来，使我下决心放弃我一贯抱持的卑下观点。"

德鲁以几个先令作为资本，开始独立经营。他的性格是如此坚定，甚至于邻近的一位磨坊主提出给他一笔借款，这个提议被接受了。他成功地管理了自己的产业，一年时间不到，就偿还了这笔债务。他一开始就决心"不欠人任何东西"，即使在艰难困苦之中，他也坚持了这一点。为了避免欠债，他常常饿着肚子上床。他的雄心壮志，就是要通过勤奋和节俭实现独立，这一点，他逐步做到了。在旷日持久的艰苦劳动中，他孜孜不倦地努力提高自己的精神素养，一直在刻苦钻研天文学、历史学和纯粹哲学。他之所以致力于纯粹哲学的研究，乃是因为这门学科比其他任何学科所需要的参考书都要少。"这看来是一条荆棘丛生的道路，"他说，"但我决心要走进去，于是就这样开始踏上了这条路。"

在忙着修鞋补鞋和形而上学的同时，德鲁成了本教区的牧师和阶级领袖。他对政治有着强烈的兴趣，他的店铺成了乡村政治家们最喜欢光顾的地方。在这些人不来找自己的时候，他就主动去找他们商议公共事务。这些事情，占用了他太多的时间，以至于有时候他不得不工作到午夜，以弥补白天损失的时间。他的政治热情成了街谈巷议的话题。一天夜里，他正在捶打一只鞋底，一个小男孩看到这种景象，嘴贴着钥匙孔，尖声喊道："鞋匠鞋匠，夜里干活，白天乱窜。"后来，德鲁把这个故事讲给一位朋友听，朋友问："你为什么不把这个小鬼抓住并捆起来呢？""不，不，"德鲁答道，"即使枪对着脑袋，我也不会那么惊慌和糊涂。当时，我放下了手里的活，对自己说，'真的，这是真的。但你绝对不会再对我说这话了。'对我来说,这声尖喊就像是上帝的声音,在我整个一生中,这是最及时的一句话。从这句话里,我学到了一个道理:不把今天的工作留给明天,也不要在自己应该工作的时候游手好闲。"

从那一刻起,德鲁放弃了政治,一心扑在工作上,空余时间则读书学习。不过他从不让读书学习妨碍自己的生意,尽管倒是常常妨碍自己的休息。他成了家,并考虑永久移居美国,但他依然继续工作。他的文学兴趣最初是在诗歌方面,从保存下来的一些片段看,他关于灵魂的无形和不朽的思考,似乎正源自对这些诗歌的冥想。厨房就是他的书房,妻子的风箱就是他的书桌,他在孩子们的哭喊打闹声中写作。潘恩[①]的《理性时代》(*Age of Reason*)大约在这一时期出版,激起了相当大的反响,德鲁撰写了一本小册子驳斥书中的观点,小册子出版了。他后来常说,是《理性时代》让自己成了一个作家。紧接着,各式各样的小册子接二连三地出自他的笔下,几年之后(此时他仍然是个鞋匠),他撰写并出版了令人惊叹的《论人类灵魂的无形和不朽》(*Essay on the Immateriality and Immortality of the Human Soul*),这本书稿他卖了20英镑,当时在他的眼里,这算是一笔很大的数目了。这本书印行了许多版,至今依然被人们所珍视。

德鲁绝没有像许多年轻作家那样,因为成功而自我膨胀,在他作为一个作家而成名许久之后,人们还常常看见他打扫自家门前的街道,或者帮着徒弟们搬运冬天取暖的煤块。一段时间以来,他也没有把文学当作自己谋生的职业。他首先关心的是,靠自己的手艺诚实地谋生,而把他所说的"文学成功的彩头"归结为自己时间的盈余。不过,到最后他还是把整个身心投入到了文学中,尤其是与卫理教会团体有关的文学活动中。他编辑了教会团体的一份杂志,主持了几部教派著作的出版。他还为《折中主义评论》(*Edectic Review*)撰稿,编纂并出版了一部很有价

[①] 托马斯·潘恩(1737—1809),英裔美国思想家、作家、政治活动家、激进民主主义者。其所著《常识》一书在美国独立革命期间产生过相当深远的影响。

值的本郡地方史志，以及许多其他作品。在临近事业生涯的终点时，他说自己"起自最低微的社会阶层，通过诚实的勤奋、节俭，并高度关注自身的道德品格，我毕生致力于让自己的家庭获得令人尊敬的社会地位"。

9

约瑟夫·休谟[①]的人生道路完全不同，但百折不回的工作精神却如出一辙。他才能平平，但拥有超过常人的勤奋和无懈可击的诚实。他生活中的座右铭是"百折不挠"，并且身践力行。还是个孩子的时候，约瑟夫的父亲就去世了，母亲在蒙特罗斯开了一家小店，含辛茹苦地维持着家庭的生计，并体面地把孩子们抚养成人。她让约瑟夫跟一个外科医生当学徒，接受医生职业的训练。取得行医资格之后，他作为船队的外科医生去了几趟印度[②]，后来成了那支部队的一名年轻学员。没人比他工作更刻苦，也没人比他生活更有节制，他得到了上司的信任，在履行职责的过程中，上司们发现他是一个很有工作能力的人，于是逐步提拔他。1803年马拉他战争期间，他隶属鲍威尔将军的陆军师，碰巧翻译去世，而这期间休谟学习并掌握了当地的语言，于是被任命为翻译。接下来，他又被任命为医疗队的长官。似乎这些还不能完全满足他的干劲，他又额外承担了军需官和邮政官的角色，并干得都很令人满意。他还签订供应给养的合同，这对军队和自己都很有利。在坚持不懈地工作了大约10

[①] 约瑟夫·休谟（1777—1855），英国医生、政治家。
[②] 原注：好学是休谟的特点，当他因职业关系在英国和印度之间航行的时候，闲暇时间都被他用来钻研航海和驾船技术，后来证明这对他非常有用。1825年，当他乘坐一艘单桅船从伦敦去利斯的时候，突如其来的暴风雨使船几乎无法靠近泰晤士河口。漆黑的夜里，船被风吹得偏离了航线，撞上了古德温暗沙。惊慌失措的船长似乎没办法发出连贯的命令，要不是有一位乘客突然喊起了口令并指挥这艘船继续航行的话，船很有可能会彻底沉没。危险仍在继续，此人亲自操纵起了船舵。这艘单桅船终于得救了。而这位陌生的乘客，正是休谟先生。

年之后，他带着一笔不小的收入回到了英国，他首先的行动，就是接济家族里的穷亲戚。

然而，约瑟夫·休谟并不是一个游手好闲地享受劳动果实的人。对于他的舒适和快乐而言，工作和职业就是必需品。为了充分了解本国的实际情形和人民的生活状况，他走访了英国每一座在制造业上小有名气的城镇，后来为了了解外国的情形又去国外旅行。回到英国后，1812年他进入国会，连续担任国会议员长达34年之久（只有很短的一段时间中断）。他有案可稽的第一次演讲，是关于公共教育问题的，在他漫长而可敬的整个事业生涯中，他一如既往积极而认真地关注这个问题，以及所有有助于提升和改善人们生活条件的其他问题——罪犯改造、储蓄银行、自由贸易、经济和节约、扩大代表权以及诸如此类的问题，他全都不屈不挠地予以推动促进。无论承担什么工作，他都尽自己的一切能力去做。他并不是一个优秀的演说家，但他所说的一切，人们都相信是出自一个诚实、坚定、缜密的人之口。正如沙夫茨伯里所说，如果嘲弄是真理最好的检验，那么约瑟夫·休谟经受得起这样的检验。没有人遭受过比他更多的嘲笑，但他在"自己的岗位上"永远屹立不倒。他常常在一个方面被挫败，但他所发挥的影响依然能感觉到，许多重大的财政改革，都是通过他而实现的，即使是有人直接投票反对他。他所计划完成的艰苦工作，数量相当庞大。他早晨6点起床，写信并准备议会的发言稿。早餐之后，他开始接待因公求见的人，有时候一个早晨多达20人。议院开会他很少缺席，尽管辩论可能会拖延到下午两三点，分组表决的时候很少发现没有他的名字。简言之，在一个如此漫长的时期，面对如此众多的行政部门，日复一日，年复一年——被投票否决、挫败、嘲笑，许多场合几乎是孤军奋战，然而，为了完成自己所做的工作，为了坚持面对每一次挫折，他一直保持着镇定沉着的脾气，从不松懈自己的精神活力，从不放弃希望，在有生之年看见自己大多数措施被人们拥护和采用，这应该被视为人类百折不挠的力量一个最显著的例证。

第5章

帮助和机遇

仅靠赤手空拳，或者仅靠理解力，都做不成什么大事。工作是借助工具和帮助完成的，对这二者的需要，理解力一点也不比手少。

——培根

机遇的前额上长满毛发，后脑勺上则是光秃秃的。如果你从前面抓住，就能掌握它；如果让它溜掉，就连朱庇特也休想再抓住它。

——拉丁谚语

1

　　生活中任何伟大成果的产生，偶然事件所发挥的作用都非常之小。尽管有时候所谓的"幸运击中"也可能是由一次大胆冒险所实现的，但只有勤奋和专注的寻常大道，才是旅行的稳妥之路。据说，当风景画家威尔逊几乎是以一种单调、中规中矩的方式完成一幅画之后，他会从画的面前向后退，捏住笔杆，认真注视良久之后，他走上前，以几笔大胆的笔触，漂亮地完成这幅画。对每一个想要创作一幅感人作品的人来说，都不会怀着画出一幅好画的希望而把画笔胡乱扔向画布。画出这最后至关重要几笔的能力，只能通过毕生的努力来获得。预先不经过认真刻苦的训练，想要一气呵成地创作一幅才华横溢的作品，恐怕只能创作出一幅涂鸦之作。

　　孜孜不倦的专注和用心刻苦的勤奋，始终是诚实劳动者的标志。最伟大的人，并不是那些"轻视日常琐事"的人，而是那些最细心周到地改进它们的人。一天，米开朗基罗向一位造访其画室的客人解释，自从他上次造访以来，自己在一尊雕像上已经做了哪些工作——那里进行了修饰润色，让这里的特征变得更柔和，加工了那块肌肉，给他的嘴唇赋予了某种表情，使四肢更有活力。"这些，都只是些琐事。"来访者说道。"或许是这样，"雕刻家答道，"但我记得人们常说，琐事创造了完美，而完美却不是琐事。"

　　据说，画家尼古拉斯·普珊[①]的行为准则是："只要是值得去做的事情，

[①] 尼古拉斯·普珊（1594—1665），法国画家，其风景画及历史与宗教题材画是古典风格最伟大的作品之一。

也就值得去做好。"晚年，他的朋友维格纽尔·德·马赫维勒问他：他是靠什么在意大利画家中获得如此高的声望。普珊用强调的口吻回答："因为我不忽视任何事情。"

尽管有许多发现据说是通过偶然事件得到的，但我们只要仔细探究，就会发现，其中的偶然性成分其实很小。绝大部分，那些所谓的偶然事件，只不过是机遇而已，被天才细心地抓住了。落在牛顿脚下的那只苹果，常常被人们当作证据引用，以证明某些发现的偶然性。但是，在地心引力这个课题上，牛顿用全部心智已经付出了多年的辛勤劳动和富有耐心的调查研究。苹果从他面前掉落，让他突然领悟到了只有天才能够领悟到的东西，并打开了他的视野，让那个杰出的发现闪现在他的脑海。同样的，从一只普普通通的烟斗里吹出来的五彩缤纷的肥皂泡，尽管在大多数人眼里只不过是"鸡毛蒜皮的小事"，却让杨博士灵机一动，使他想到了绝妙的"干扰"理论，并由此发现了光的衍射。尽管人们通常想当然地认为，伟人只处理那些大事情，但像牛顿和杨这样的人，却时刻准备从最常见、最简单的事实中发现意义。他们的伟大，主要在于他们对这些事情的理性解释。

人与人之间的差异，很大程度上在于他们观察事物的能力有所不同。俄罗斯谚语说那些粗心大意的人："他走遍森林，看不见柴火。"所罗门说："智慧人的眼目光明，愚昧人在黑暗里行。"①

有一次，约翰逊对一位从意大利回来的时髦绅士说："先生，有些人在汉普斯特的舞台上比另一些人在欧洲的旅行中学到的东西还要多。"和眼睛一样好使的是头脑。粗心大意的注视者什么也观察不到，有想象力的人能够让面前的现象纤毫毕现，他们仔细地留意细微的差别，进行比较，认识潜藏其中的理念。在伽利略之前，许多人都看到过悬挂的砝码在他们眼前以有规律的节奏来回摆动，但只有伽利略首先发现了这一现

---

① 语出《旧约·传道书》2：14。

象的价值。比萨大教堂的一位司事，在给悬挂在房顶上的灯盏添完油之后，任由它在那里来回摆动，而当时只有 18 岁的伽利略，细心地注意到了它，考虑把它应用于时间的度量上。然而，直到经过长达 50 年的研究和劳作，他才完成了钟摆的发明——它在时间度量和天文计算上的重要意义，怎么估计都不过分。同样，伽利略偶然听说荷兰一位眼镜制作者把一件器械献给了拿骚的莫里斯伯爵，利用这件器械，远处的物体看上去近在眼前，于是他着手研究这一现象的原因，这导致了望远镜的发明，标志了现代天文学的开始。像这样一些发现，绝不可能由一位粗心大意的观察者或一位心不在焉的听众所做出。

　　布朗上尉（后来的塞缪尔爵士）住在特威德河的附近，为了设计出更廉价的渡河方式，他致力于研究桥梁的建造。一个露水迷蒙的秋日早晨，他正在花园里散步，看见一张很小的蜘蛛网悬挂在路当中，他突然产生了一个念头：一座铁索桥或铁链桥，可以用同样的方式建造，结果发明了悬索吊桥。詹姆斯·瓦特也是如此，当他考虑在克莱德河底，沿着高低不平的河床如何通过管道运水的时候，一天，他被餐桌上的龙虾壳吸引住了，模仿龙虾壳他发明了一种铁管，这种铁管放倒的时候可以有效地解决他的问题。伊桑伯特·布鲁内尔[①]爵士在修造泰晤士河隧道时，从小小的凿船虫身上学到了他的第一课：他看到这个小小的动物如何用自己全副武装的脑袋在木头上钻孔，一会儿向这个方向，一会儿向那个方向，直到拱道完成，然后用一种类似清漆的东西涂抹拱道的顶部和两壁。通过大规模地仿照这样的工作方式，布鲁内尔终于能够建造他的隧道掘进盾构机，并完成了这项伟大的工程杰作。

[①]　马克·伊桑伯特·布鲁内尔（1769—1849），法裔的英国工程师。

2

　　正是那些细心观察者聪明的眼睛，给了这些显然平凡琐碎的现象以价值。像看见海藻从船边漂过这样一件微不足道的小事，却能让哥伦布平息一场水手们因为没有发现大陆而激起的哗变，看见这团海藻后，哥伦布信誓旦旦地担保，他们一直在急切寻找的"新大陆"已经不远了。没有什么事情小到应该被遗忘，任何现象，无论多么琐碎，只要细心地诠释，都能以这样那样的方式证明它有用。谁能想象，著名的"英格兰白垩崖"是由小小的昆虫们所建造的——这种昆虫只有借助显微镜才能看到，它们以同样的方式给茫茫大海镶嵌上了美丽的珊瑚岛。这样非凡的成就，乃是源自无穷无尽、点点滴滴的劳作，认识到了这一点，你还胆敢质疑小事的力量吗？

　　在商业、艺术、科学以及生活中的每一项追求中，成功的秘诀，就在于对小事情的密切观察。人类的知识，只不过是细微的事实由一代又一代人所积聚起来的，点点滴滴的知识和经验，被他们小心翼翼地珍藏，不断增长，最后成了一座巨大的金字塔。尽管有许多事实最初看上去只有微不足道的价值，但最后发现，它们全都各有其用，有适合自己的位置。有许多思考，即使表面上离题万里，但最后却证明它们是那些具有最显著应用价值的成果的基础。阿波罗尼奥斯[①]所发现的圆锥曲线，直到 2000 年以后才成为天文学的基础——这门科学让现代航海者能够驾驶航船穿行未知的海域和航线，在浩瀚的星空中，找到一条正确无误的道路通向他预定的港口。如果没有数学家们如此长时间的艰辛劳动（对于那些不懂得直线与平面之间的理论关系的观察者而言，这些劳动显然是徒劳无益的），我们的机械发明很可能只有极少数会得见天日。

　　当富兰克林发现闪电与电流之间的同一性的时候，他遭到了人们的

---

① 阿波罗尼奥斯（约前 262—约前 190），古希腊数学家、天文学家。

嘲笑，有人问："这有什么用呢？"对此，他的回答是："一个婴儿又有什么用呢？他会成为一个人！"加尔瓦尼[①]发现青蛙在接触不同金属的时候腿会抽搐，当是时也，人们几乎无法想象这样一个明显毫无意义的事实会导致什么重要的结果。然而，其中却潜藏着电报的起源，它把各大陆的聪明才智紧密联系在了一起，而且，或许要不了多少年，就会"绕满整个地球"。同样，从地底挖出的石头和化石，通过精确的诠释之后，在地质科学和采矿实践上产生了效果，在这些行业里，大笔的资金被投入，大量的人力被雇用。

用于给我们的矿井抽水，为我们的工厂和制造业工作，驱动我们的蒸汽船和火车头的庞大机器，它所提供的力量，同样是依赖于像小水滴加热膨胀这样微不足道的媒介——这种我们熟悉的媒介被称为蒸汽，我们通常看见它从普普通通的茶壶嘴中冒出，但它展示出了相当于百万骏马的力量，蕴含着一种阻遏巨浪、甚至挑战飓风的力量。同样的力量也在地底下运行，其所导致的火山喷发和地震，在地球历史上扮演了一个如此强大的角色。

据说，伍斯特侯爵的注意力最初是被偶然地引向了蒸汽动力的课题，当时他在城堡里监禁一名俘虏，一个装着热水、盖得严严实实的容器就在他的眼皮底下把盖子崩掉了。在《发明的世纪》（Century of Inventions）中，他发布了自己的观察结果，这本书一度成了研究蒸汽动力的一种教科书，直到塞维利、纽科门及其他人把它应用于实际，并把蒸汽机变成瓦特第一次看见的那种状态，当时，瓦特被请去修理纽科门的蒸汽机模型（它属于格拉斯哥大学）。这次意外事件，对瓦特来说是个机遇，他毫不犹豫地抓住了这个机遇，正是他毕生的劳动，才把蒸汽机带向了完美。

---

① 路易吉·加尔瓦尼（1737—1798），意大利生理学家和内科医生，他宣称动物组织能产生电。虽然他的理论被证明是错的，但他的实验却促进了对电学的研究。

3

抓住机遇,甚至把偶然事件转变为利益,并让它服从于某种目的的艺术,是成功的大奥秘。约翰逊博士曾把天才定义为"大量普通力量偶然决定某个特殊方向的智慧"。那些决心为自己找到一条道路的人,总是会找到足够多的机遇;即使机遇不在手边,他们也会创造机遇。为科学和艺术做出最多贡献的人,并不是那些能享受大学、博物馆和公共美术馆所带来好处的人;最伟大的机械师和发明家,也并非那些在机械学院接受过训练的人。需要,比起便利条件来,通常更加是发明创造之母。最多产的学校,是困难学校。最优秀的劳动者,使用的是最平常的工具。造就劳动者的,并不是工具,而是人自身训练有素的技能和百折不挠的精神。俗话说的不错,糟糕的工人从来就没有好工具。有人问奥佩[1],他是通过什么样的奇妙工序调配出了他的色彩,他的回答是:"我是用自己的大脑调配出来的,先生。"每一个渴望杰出的劳动者,同样也要使用自己的大脑。弗格森[2]利用普通的小刀做了很多了不起的事情——比如计时准确的木制时钟,这样的工具人人手边都有,但并非人人都是弗格森。一只盛水的盘子和两支温度计,就是布莱克医生用来发现潜伏热的工具。一片棱镜、一片透镜和一块纸板,使得牛顿能够揭示光的合成和色彩的由来。一位著名的外国大学者曾经拜访渥拉斯顿[3]博士,请求参观他的实验室,有那么多重要的科学发现是在这间实验室里做出的,这时,渥拉斯顿领着他走进一间不大的书房,指着桌子上的一只老式茶盘,里面有几片玻璃镜、测试纸、一个小天平和一根吹风管,说:"这就是我实验室的全部家当。"

---

[1] 约翰·奥佩(1761—1807),英国画家,以肖像画和历史画闻名。
[2] 帕特里克·弗格森(1744—1780),英国军人、神枪手,后膛装弹来福枪的发明者。
[3] 威廉·海德·渥拉斯顿(1766—1828),英国化学家和物理学家,发现了钯和铑。

戴维·里顿豪斯（1732—1796），美国天文学家、数学家。

斯托萨哈德①通过研究蝴蝶翅膀学会了调和色彩的技艺，他常说，没人知道他对这种小昆虫有多么感激。一根烧焦的木棒和一扇谷仓大门，就是威尔基的铅笔和画布。比维克②最初练习绘画是在家乡小屋的墙壁上，上面涂满了他用白垩画下的素描图。本杰明·韦斯特最初的画笔是用猫尾巴做的。弗格森夜里裹着毛毯躺在田野里，利用一根线和一些小珠子制作天体图。富兰克林第一次从雷雨云中盗取闪电，使用的是一只用两根交叉的棍子和一方丝绸手帕所做成的风筝。瓦特制作他的第一台冷凝蒸汽机模型时，用的是一位老解剖学家的注射器，那玩意儿从前是解剖时用来注射动脉的。吉福德还是个皮匠学徒的时候，就在一小片被他敲平的皮革上演算他最初的数学难题；而天文学家里顿豪斯则是在他的犁把手上计算日食、月食。

最平常的场合，会给一个人提供进步的机遇或暗示，只要他能善加利用。塞缪尔·李教授因为在一座犹太教会堂里找到了一本希伯来语《圣经》，因而迷上了希伯来语的研究，当时他是作为一名普普通通的木匠给那里修理椅子。他非常渴望阅读希伯来语原文著作，于是买了一本廉价的希伯来语文法书的二手副本，开始着手自学这门语言。阿盖尔公爵曾经善意地询问爱德蒙·斯通，作为一个穷园丁的孩子，他是如何做到能够阅读牛顿的《拉丁文原理》(*Principia in Latin*)，斯通回答道："一个人为了学习他希望知道的每一件事情，只需要认识字母表中的26个字母就行了。"只要勤勉专注和坚持不懈，再加上善于利用机遇，就会做好一切事。

4

沃尔特·司各特爵士善于在每一项工作中发现自我改进的机遇，甚

---

① 托马斯·斯托萨哈德（1755—1834），英国画家、设计家，以创作优美、典雅的书籍插图闻名。
② 托马斯·比维克（1753—1828），英国版画家，被称为木刻鼻祖。

至能把意外事件转变为有利的契机。正是在结束了作为一个作家的学徒期之后，他访问了高地国家，与那些 1745 年的幸存英雄们建立了友谊，这奠定了他大批作品的基础。后来，当他受聘担任爱丁堡轻骑兵的军需官时，意外地被一匹马踢伤了，一段时间内都困在房子里不能动弹。然而，司各特是懒惰的死敌，于是，他的头脑立刻开始工作。3 天之内，他就撰写了《最后的游吟诗人》(*The Lay of Last Minsrel*) 的第一章，这部作品不久之后就完成了，是他第一部伟大的原创作品。

多种气体的发现者普里斯特利博士，因为住在一家酿酒厂的旁边，他的注意力偶然被吸引到了化学方面。一天，当他参观那家酿酒厂的时候注意到，在发酵液体上方漂浮的气体中，点燃的木屑会熄灭的奇特现象。当时他 40 岁，对化学一无所知。他查阅了一些书籍以探明其中的缘由，但书本告诉他的东西很少，因为当时人们对这个课题还一无所知。于是，他用自己发明的简陋仪器开始进行实验。最初几次实验的奇妙结果，导致了另外一些实验的进行，这些实验在他的手里很快就成了一个新的学科——气体化学。大约就在同一时期，在遥远的瑞典乡村，谢勒[①]也在同一个领域默默无闻地工作着，他也发现了几种新的气体，所使用的仪器，不过是几只药剂师用的小玻璃瓶和几个猪膀胱。

汉弗莱·戴维爵士还是一个药剂师学徒的时候，就使用最粗陋的仪器进行他最初的实验。这些仪器绝大部分是他自己即兴制作的，使用的材料五花八门——厨房里的坛坛罐罐、师父的药瓶和导管。碰巧有一艘法国船在地角附近海域失事沉没，船上的医师死里逃生，随身携带了他的器械箱，其中有一件老式的格莱斯特仪，他把这件东西送给了刚认识不久的戴维。这个药剂师学徒满心欢喜地接受了这件礼物，立刻就把它用在了自己制作的一种空气压缩装置上，后来在一次关于热的性质和来源的实验中，他用这个装置充当了气泵。

[①] 卡尔·威廉·谢勒（1742—1786），德裔瑞典化学家，在普里斯特利之前独立发现了氧气（1772 年）。

汉弗莱·戴维（1778—1829），英国化学家，无机化学之父。

同样，汉弗莱·戴维爵士在科学上的接班人法拉第教授，最初的电学实验使用的是一只旧瓶子，当时，他还是个装订工。奇怪的是，法拉第最初对化学产生兴趣，是因为听了汉弗莱·戴维爵士在皇家科学院就这一学科所发表的一次演讲。一天，皇家科学院的一位院士走进了法拉第工作的那家店铺，发现这个年轻人在聚精会神地阅读手里正准备装订的一部百科全书的"电学"条目。经过询问，院士先生得知这个年轻的装订工对诸如此类的学科很好奇，于是给了他一张出入皇家科学院的许可证，在那里，他出席了汉弗莱爵士所发表的4次演讲。这些演讲他都做了笔记，并把它拿给了演讲者看，汉弗莱爵士承认这些笔记科学而准确，当他得知记录者的卑微身份时，很是吃惊。当时，法拉第表达了他投身化学研究的强烈愿望，对此，汉弗莱爵士起初极力劝阻，但年轻人一直在坚持，汉弗莱最后被说服了，把他带进了皇家科学院，成为一名助理。终于，这位才华横溢的药剂师学徒的衣钵，传到了同样才华横溢的装订工学徒的手里。

大约20岁的时候，戴维在贝多斯位于布里斯托尔的实验室中工作，当时他在笔记本中写下的一段话，很能说明他的性格特点："我既没有财富，也没有权力，出身也不怎么样。然而，只要我活着，我就相信自己对人类和朋友们的贡献，一点也不会比如果我生来就拥有这些优势的情况下少。"戴维拥有那种投入全部智力从各个方面对一个学科进行应用研究和实验研究的能力，法拉第也一样。这样的智力，借助纯粹的勤奋和富有耐心的思考，几乎不会在产生最高水平的成果上失败。柯尔雷基在谈到戴维时说："他的头脑中有一种活力和弹性，这使得他能够抓住并分析所有问题，把它们推向合理的结论。在戴维的头脑里，每一学科都有其生命力的法则。鲜活的思想就像脚下的草皮一样蓬勃生长。"戴维也非常钦佩柯尔雷基的才能，说他"有着最高贵的天才、宏阔的视野、敏感的心灵和开明的头脑"。

伟大的居维叶是一个非常精确、细心、勤勉的观察者。当他还是个孩子的时候，偶然得到了一卷布丰的著作，于是迷上了博物学，他立即开始复写书中的图画，按照文字描述给它们涂上色彩。还在上学的时候，一位老师送给他一本《林奈自然体系》（*Linnaeus's System of Nature*），十余年来，这本书就成了他的博物学图书馆。18岁那年，他得到了一个家庭教师的职位，这家人住在诺曼底的费康附近。生活在海边，使他得以面对面地见识了海洋生命的神奇。一天，他正沿着沙滩闲逛，看到一只搁浅的乌贼。他被这个稀奇古怪的家伙给吸引住了，于是把它带回家进行解剖，就这样开始了软体动物研究，在这个领域里，他取得了卓著的声望。除了在他面前打开的"大自然"这部大书，他没有别的书籍可供参考。研究每天呈现在眼前的新奇有趣的对象在他脑海里留下的印象，比任何书写或铭刻的描述所能留下的印象要深刻得多。3年时间就这样过去了，期间，他把活着的海洋动物种类与自己在附近找到的化石残骸进行了比较，解剖了那些引起他注意的海洋生命的标本，并且，通过耐心细致的观察，为一次动物界分类的全面革新铺平了道路。大约就在这一时期，学识渊博的泰西埃神父知道了居维叶，他写信给朱西厄和巴黎的其他朋友，谈及这位年轻博物学家的研究，对他给予了很高的赞扬，以至于巴黎方面请求居维叶寄一些论文给博物学会。不久之后，他被任命为巴黎植物园的助理主管。在泰西埃写给朱西厄的信中，介绍了这位年轻的博物学家，请他关注，他说："您应该还记得，是我在另一个科学分支上把德朗布尔介绍给了科学院，这次也会是一位德朗布尔。"我们几乎用不着补充说，泰西埃的预言完全实现了。

5

因此，世界上对一个人起帮助作用的，更多的是坚定的决心和持之以恒的勤奋，而非偶然事件。对软弱无力、行动迟缓、漫无目标的人来说，最幸运的偶然事件也无济于事——他们让这些机会从身边溜过，认为它们毫无意义。但是，如果我们能够迅速抓住并利用经常出现的机遇，付诸行动，做出努力，那么，我们就能够完成多少惊人的成就啊。瓦特在从事数学仪器制造的时候，自学了化学和机械学，同时跟一位瑞士染工学习德语。斯蒂芬森当火车司机的时候在夜班期间自学了算术和测量学，白天的时候，在吃饭的时间间隔中，只要能挤出一点点时间，他就会用一小块白垩在煤车的两侧进行演算。勤奋是道尔顿毕生的习惯，从少年时代开始，他就冬天待在学校里（因为他还只有大约 12 岁的时候就开始教一所很小的乡村学校），夏天在父亲的农场里干活。有时候他会以一笔赌注，激励自己和同伴们学习。有一次，他因为令人满意地解决了一个难题，赢得的赌注足够买整整一个冬天的蜡烛储备。直到去世前的一两天，他都一直在坚持自己的气象观测——整个一生中观测并记录了 20 万次以上。

有了恒心，用零零碎碎的时间也可以做出最有价值的成就。每天从琐碎无聊的事情中抽出一个小时，如果善加利用，就能够让一个才能平常的人成功地掌握一门学问。不出 10 年，就可以让一个愚昧无知之辈变成一个闻见广博的人。不应该让时间白白流逝而毫无收获，这样的收获应该是：学会了某些值得知道的东西，培养出了某些良好的原则，巩固某些良好的习惯。梅森·古德医生乘坐马车穿过伦敦的大街去看病人的时候，在车里还翻译卢克莱修。达尔文博士几乎所有作品都是用同样的方式撰写出来的：当他驾着他那辆"单座二轮马车"在乡下走家串户的时候，把自己的思考记在随身携带的一些小纸片上。黑尔在巡回旅行的时候写出了他的《道德与神圣的沉思》(*Contemplations, Moral and Divine*)。伯尼博士在骑马挨个走访学生的时候，在马背上学会了法语和意大利语。克尔克·怀特在从家里到律师事务所来回的路上学会了希腊语。我本人就认识一个人，他是个跑腿的，在曼彻斯特的大街上一边送信一边学会了拉丁文。

法国大臣达古西奥通过精心积累零零碎碎的时间，在等待晚餐的间歇，写出了一部厚重而富有才情的著作；让利斯夫人利用等候公主（她每天给公主上课）的时间，撰写了几部引人入胜的书。伊莱休·伯里特对自己在自我修养上的最初成功，并没有归功于天才（他不承认天才），而只是归功于精心利用宝贵的时间碎片。在他当铁匠谋生的同时，他掌握了大约 18 种古代和现代语言以及 22 种欧洲方言。

　　牛津万灵学院的日晷上，铭刻着一句对年轻人庄严而引人注目的警句："时间的流失是我们的罪过。"时间，是唯一属于人的永恒的碎片，它就像生命一样，绝不可能被召回。埃克塞特的杰克逊说："在世俗财富的消耗中，未来的节俭可以平衡过去的挥霍。但是，谁能说'我会拿出明天的分分秒秒，来弥补今天浪费的时间'？"墨兰顿把自己浪费的时间记录下来，那样可以激励他勤奋，并且不再浪费一小时。一位意大利学者在自己的大门上题写了一段文字，宣布无论是谁，进了门就要参加他的劳动。一位来访者对巴克斯特说："我们担心打断您的时间。""的确如此。"这位被打扰的牧师毫不客气地回答。时间是富饶的土地，那些伟大的劳动者都来自它，他们与所有其他劳动者一起，构成了思想和行为的丰富宝库，这座宝库是他们留给后人的珍贵遗产。

　　一些人在从事他们的工作时所承受的繁重劳动非同寻常，不过他们把这种受苦受累视为成功的代价。阿狄森在动手写《旁观者》（*Spectator*）之前，搜集的手稿素材多达 3 册对开本。牛顿的《年代学》（*Chronology*）写了 15 遍才感到满意；吉本的《回忆录》（*Memoir*）则写了 9 遍。许多年来，黑尔一直坚持每天研究 16 小时，对法律研究感到疲倦的时候，他就以研究哲学和数学作为休息娱乐。休谟在准备《英国史》（*History of England*）的时候，每天写作 13 个小时。孟德斯鸠对一位朋友谈起自己的一部分著作的时候说："你读它可能只要几个小时。但我敢保证，它耗费我的劳动实在太多，以至于头发都被它熬白了。"

6

那些勤思好学的人，总是习惯于把思考和现实写下来，为的是牢牢地把握它们，避免它们溜入易忘的幽暗朦胧之中。培根勋爵留下了许多手稿，冠以标题"突如其来的思考，记下备用"。从伯克的著作中，厄斯金作了大量的摘录；艾尔敦则亲手抄写了两遍柯克爵士对利特尔顿作品的评论，这样，那本书就成了自己思想的一部分。派伊·史密斯博士在跟父亲当装订工学徒的时候，他对所有读过的书都作了丰富翔实的备忘录，内容有摘录和评论。这种不屈不挠的勤奋，是他毕生的一个显著特点。他的传记作者说他"永远在工作，永远在前进，永远在积累"。这些笔记本后来被证明是他的大仓库，他利用这座宝库中的素材，画出了他的那些插图。

杰出的约翰·亨特也有同样的习惯，他借助这种手段来弥补记忆的不足。他常常这样形象地说明记录思考的好处："这就像是零售商清点存货，如果不清点，他就既不知道有什么，也不知道缺什么。"约翰·亨特为坚韧勤奋的力量提供了一个绝佳的例证，他的观察力是如此敏锐，以至于阿伯内西说他有"阿尔戈斯①的眼睛"。20岁之前，他几乎没有受过什么教育，他克服了重重困难才获得了读书写字的能力。许多年来，他一直是格拉斯哥一名普普通通的木匠，这之后，他才与哥哥待在了一起，哥哥居住在伦敦，是一名讲师和解剖示范者。约翰进入哥哥的解剖室，成为一名助手，但他很快就超过了哥哥，这部分是因为他过人的天资，更主要的是由于他富有耐心的专注和孜孜不倦的勤奋。他是英国最早勤奋不懈地致力于比较解剖学研究的人之一，他所解剖和收集的对象，足够让杰出的欧文教授整理10年。这批收藏中，包括大约2万件标本，是一个人通过勤奋所能集聚起来的最珍贵的财富。亨特习惯在自己的博物

---

① 阿尔戈斯，希腊神话中守护艾奥的百眼巨人，后被赫耳墨斯所杀。

馆里从日出一直待到早晨 8 点,之后整个白天忙于广泛的私人业务,履行他作为圣乔治医院外科医生和军医官的职责,给学生们讲课,管理一家设在自己宅邸中的实用解剖学校。在所有这些事务中,只要能找到空余时间,他就从事关于动物机体的精密实验,撰写各式各样的具有重大科学价值的著作。为了挤出时间从事数量如此庞大的工作,他每天只允许自己在夜里睡 4 个小时,加上晚餐后的 1 个小时。当有人问他是采用什么方法确保事业成功的时候,他回答道:"我的准则是,在动手之前,先慎重考虑这件事情是否可行。如果不可行,我就不尝试。如果可行,只要付出足够的努力我就能够实现。一旦开始,在事情完成之前,我决不会停止。我所有的成功都要归功于这个准则。"

亨特花了大量时间,用来搜集以前被视为琐事的相关事实。这样一来,许多同时期的人都认为,他如此精心地研究诸如鹿角生长之类的问题,只不过是在浪费时间和精力。但亨特确信,任何科学事实的准确知识,都有它的价值。通过研究和查阅资料,他知道了动脉如何使自己适应环境,并在必要的时候扩张。这样得来的知识使他胆子更大,在一个支脉动脉瘤病例中,他把主动脉打了个结,这之前从来没有哪个外科医生敢这么做,患者的生命保住了。像许多富有独创精神的人一样,有很长一段时间他就像是干地下工作一样,不断挖掘地基,奠定基础。他是一个孤独而自信的天才,坚持自己的路线,而得不到同情或认可——同代人中只有很少几个人理解他的最终目标。但是,像所有诚实的劳动者一样,他也得到了最好的回报,这就是良心的认可(这更多的是依赖于自己,而不是他人),一个正直善良的人,总是诚实而积极地履行自己的职责。

7

伟大的法国医生安布罗斯·珀尔是另一个密切观察、坚韧专注、孜孜不倦的杰出实例。他1509年出生于缅因省的拉瓦勒市，父亲是一位理发师。家里太穷，没法送他上学。不过，父母让他去充当乡村牧师的男仆，希望他在那位有学问的人的手下能够自己得到一点教育，但牧师却让他忙于喂骡子及其他仆人该做的事，以至于根本没有时间学习。在他当差期间，碰巧著名的膀胱结石切除专家科托特来到拉瓦勒，给牧师的一位同事做手术。手术的时候珀尔也在场，他对此很感兴趣，据说从那时起他就立志要献身于外科技术。

离开牧师仆人的职位后，珀尔自己去给一位名叫维亚洛特的理发匠兼外科医生①当学徒，在那里他学会了放血、拔牙以及做小手术。有了4年这样的经历之后，他去了巴黎，进入解剖和外科学校学习，这期间靠给人理发维持生计。后来成功地在慈恩医院获得了一个助理的职位，在那里，他的行为非常值得推崇，进步也非常显著，以至于外科主任古比尔甚至把自己照应不过来的病人委托给他负责。在接受完常规课程的教育之后，珀尔获得了理发匠兼外科医生的执业资格。不久之后，他被任命为驻扎在皮埃蒙特、由蒙特莫朗西率领的法国军队的随军外科医生。珀尔并非循规蹈矩之辈，相反，他给自己的日常工作注入了热情而富有独创性的智慧源泉，孜孜不倦地独立思考疾病的理论基础及其合适的治疗方法。在他之前，伤员在外科医生手上所遭受的痛苦，比从敌人那里遭受的痛苦更甚。为了给枪伤止血，野蛮的应急办法就是用沸油清创。出血也是用烧红的烙铁烧灼伤口来止血的。必须截肢的时候，就用烧红的刀子。起初，珀尔在处理伤口的时候，也是按照这些被人们认可的方

---

① 英、法等国古时候理发匠和外科医生的角色往往是同一的，直到亨利八世的时候才通过立法将这二者分开。

法。幸运的是，有一次沸油用完了，他只好用一种温和的外敷药代替。整个夜晚他都惴惴不安，生怕自己在采用这种治疗办法的时候做错了。不过，第二天早晨，当看到他的病人相当轻松，而那些采用常规治疗方法的病人却依然痛得死去活来的时候，他终于松了一口气。这就是珀尔在治疗枪伤方面伟大改进之一的偶然起因。在未来所有的病例中，他继续采用这种温和的治疗方法。另一项更重大的改进，就是用绷带扎紧动脉进行止血，以代替现行的烧灼。然而，珀尔也遭遇了改革者通常会遭遇的厄运。他的试验遭到了外科同行们的猛烈抨击，他们认为那样做是危险的、违反职业习惯的、经验主义的行为。资深的外科医生们联合了起来，抵制采用这些新的治疗方法。他们指责他缺乏教育，尤其是对拉丁文和希腊文一无所知，他们引用古代作家的话来攻击他，对此，他既不能查证也无法反驳。不过，他的治疗是成功的，这是对攻击者的最好回答。到处有受伤的士兵呼唤珀尔的名字，他也总是乐意帮助他们。他对他们总是细心周到、亲切慈爱，离开的时候通常会对他们说："我已经给你敷药了，愿上帝保佑你痊愈。"

做了 3 年的现役军医之后，珀尔带着响亮的名声回到了巴黎，立刻被任命为国王的常任医生。当查理五世率领西班牙大军围攻梅斯[①]的时候，守军损失惨重，伤员的数量非常巨大。随军外科医生很少，而且医术糟糕，死于他们手术刀下的士兵或许比死于西班牙人刀剑之下的还要多。指挥守城大军的吉斯公爵写信给国王，恳求他把珀尔派来帮忙。这位勇敢的外科医生立刻动身出发，冒着重重危险，成功穿过敌人的防线，平安进入了梅斯城。公爵、将军以及其他指挥官们，给予他最诚挚的欢迎，而士兵们在听说他到达之后，欢呼了起来："我们不再担心死于自己的创伤了，我们的朋友在我们当中。"第二年，他以同样的方式出现在赫

[①] 梅斯，法国东北部的城市，位于摩泽尔河上，罗马时代前就已建城，12 世纪后作为自由城市繁荣一时，1552 年被法国合并。

斯丁围城战中，这座城市在萨伏伊公爵的手中陷落了，珀尔成了阶下之囚。不过，成功治愈一名敌军指挥官的重伤之后，他在没有支付赎金的情况下被释放了，平安地回到了巴黎。

他的余生一心扑在了研究、自修、虔诚和善行上。在一些最富学养的同代人的催促之下，他把自己在外科治疗方面的经验成果记录了下来，写成了 28 部著作，在不同时期先后出版。由于包含了大量的事实和病例，再加上他小心翼翼地避免仅凭理论而得不到观察材料的支持就给出指导，从而使这些著作显得尤为珍贵和卓越。尽管是个新教徒，珀尔却继续担任着国王的常任医生。圣巴托罗缪大屠杀①期间，他的生命之所以得以保全，要归功于他与查理九世之间的私人友谊。有一次，一位笨拙的外科医生在给查理九世做静脉切开放血手术时造成了危险的后果，珀尔救了他的命。布朗托姆在《回忆录》(*Memoires*)中这样谈到国王在圣巴托罗缪之夜对珀尔的营救："他派人把珀尔叫来，那天夜里就把他留在自己的房间和更衣室里，吩咐他不要出声，并说，一个救过那么多人生命的人如果被残杀，是不公道的。"就这样，珀尔躲过了那个可怕夜晚的恐怖屠杀，这之后，他又活了许多年，在高寿和荣誉中安详地辞别人世。

8

像我们上面提到过的任何人一样，哈维也是个不知疲倦的劳动者。在他发表血液循环理论之前，花去了不下于 8 年的漫长时间进行调查和研究。他一遍又一遍地重做和验证自己的实验，或许，他预见到了同行

---

① 1572 年 8 月 24 日夜里，天主教派在巴黎制造圣巴托罗缪惨案，屠杀了胡格诺教徒 2000 多人，史称"巴托罗缪之夜"，从而引发了旷日持久的宗教战争。

们在得知他的发现之后会群起而反对他。他那本最终发布了自己观点的小册子,是最谦逊温和的一本小册子,也是简洁、明白而无可置疑的。但它仍然受到了嘲笑,被说成是一个精神错乱的骗子的言论。此后一段时间,他没有对自己的观点作丝毫的改变,得到的只有侮辱和谩骂。他质疑了令人尊敬的古代权威,有人甚至断言,他的观点,目的就在于颠覆《圣经》的权威,削弱道德和宗教的根基。他的小诊所消失了,他被人们所遗弃,几乎没有一个朋友。这种状况持续了许多年,直到哈维在所有不幸中一直坚持的真理进入了许多有思想的大脑,并因为进一步的观察而逐渐成熟,在大约20年之后,终于得到了普遍的承认,被认为是确凿无疑的科学真理。

詹纳医生在发布和确立预防天花的牛痘接种法时所遇到的困难,比哈维有过之而无不及。在他之前,许多人目击过牛痘病,听闻过这种疾病在格洛斯特郡的挤奶女工中流行的传言,而且还听说不管谁得过这种病就不会再得天花。人们认为,这是一个无关紧要、低级粗俗的谣言,没有任何价值。没有一个人认为它是值得研究的,直到它偶然引起了詹纳的注意。詹纳是个年轻人,在索德伯里从事研究,当时,一个乡下女孩来到他主人的店里,她偶然提到的一个现象吸引了詹纳的注意。当时提到了天花,女孩说:"我不会得这种病,因为我得过牛痘。"这个结论马上引起了詹纳的注意,他立刻着手对这个问题进行探究和观察。他对同行的朋友们提到了牛痘的预防效力,他们都嘲笑他,甚至威胁他,说如果他继续拿这个问题来烦他们的话,就把他赶出他们的社交圈子。在伦敦,他实在太幸运了,竟然在约翰·亨特的手下从事研究,他向亨特表达了自己的观点。这位伟大的解剖学家所提的建议很有特点:"不要光想,要尝试。要有耐心,要精确。"从这个忠告里,詹纳的勇气获得了支持,它向他传递了科学研究的精髓。他回到了乡下,开始从事自己的专业,并进行观察和试验,一干就是20年。他对自己的发现很有信心,甚至在自己的儿子身上接种过3次牛痘。最后,他在一本大约70页的四开本著作中发表了自己的观点，书中，他给出了23例成功接种牛痘的个人的详细资料，后来发现这些人全都不可能染上天花，无论是通过传染，还是通过接种。这篇论文的出版是在1798年，而自1775年以来他就逐步得出了自己的观点并开始定型。

　　人们是如何对待这个发现的呢？首先是漠不关心，接着是积极反对。詹纳去了伦敦，准备向同行展示接种牛痘的步骤和效果，但医学界没有一个人愿意来检验它，在徒劳无益地等候了3个月之后，他回到了乡下老家。人们讽刺他、辱骂他，说他通过从牛的乳房中将有病的物质引入人的身体系统中，努力使人类变得"如同禽兽"。宗教界公开抨击接种牛痘是"恶魔"。有人断言，接种过牛痘的孩子会变成"牛脸"，爆发的脓疮"预示着正在萌发的牛角"，面孔会逐渐"变成牛的样子，声音会变成公牛的吼叫"。然而，种痘是实实在在的真理，尽管反对的声音非常强烈，但信任也在缓慢地扩散。在一个村庄，那些最早敢于以身试"痘"的人，只要出现在户外，就会被人们扔进或赶回他们的房子里。两位有头衔的女士——迪西夫人和伯克利公爵夫人（她们的光荣应该被人们铭记），有勇气让她们的孩子接种了牛痘。到这时，人们的偏见马上就被打破了。医学同行也逐渐改变了看法，当它的重大价值被人们认可的时候，甚至有几个人试图掠夺这项发现的功绩。詹纳的理想终于实现了，他得到了公开的尊敬和回报。在显赫的时候，他像从前卑微的时候一样的谦逊。他被邀请定居伦敦，并被告知，他可以得到一个年薪1万英镑的职位。然而他的回答是："不！在我生命的早晨，我就曾寻觅僻静而卑微的生活之路——它是河谷，而不是高山，如今，在我生命的黄昏，我更不会为了财富和名声而抬高自己。"在詹纳的有生之年，接种牛痘的惯例被文明世界的所有地方所采用。他作为"人类恩人"的头衔被广泛认可。居维叶说："如果说牛痘疫苗是这个时代最伟大的发现，这个说法将赋予它永远的荣光。然而，它却徒劳无功地敲了20次学术界的大门。"

9

查尔斯·贝尔爵士在进行关于神经系统的一系列发现时，所付出的耐心和持之以恒的毅力，一点也不少。在他之前，关于神经系统的功能，一直流传着许多混乱不堪的观念，这一学科分支，与3000年前的德谟克利特和阿纳克萨哥拉时期比起来，并没有多少进展。从1821年开始，查尔斯·贝尔爵士陆续出版了一些颇有价值的论文，在一系列细心、准确、反复实验的基础上，就这一课题提出了完全独创的观点。他煞费苦心地追踪神经系统的发展，从最低级的动物生命直到人——动物王国的霸主，用他自己的话说，他把这条线索展示得"就像用母语书写的文字一样清楚明白"。他的发现中包含一个这样的事实：脊髓神经的功能是双重的，源自脊髓中的两个神经根——来自一个神经根的神经负责传递意志存在，另一支则传递感觉存在。这个课题占据查尔斯·贝尔爵士的头脑长达40年，1840年，他把自己最终的论文递交给了英国皇家学会。正如哈维和詹纳所遇到的情形一样，他的观点最初受到的对待是嘲弄和反对，而当他扭转了人们的观念、真理终于被认可的时候，国内外又有许多人声称自己先行提出了这一发现。像哈维和詹纳一样，因为论文的出版，他丢掉了执业资格，他留下的记录表明：在他的发现每迈出一步之后，他都不得不加更加努力地工作，以维护作为一个执业医生的声誉。然而，查尔斯·贝尔爵士的价值，最终得到了人们的认可。居维叶本人在缠绵病榻的弥留之际，发现自己的脸强烈扭曲，向一侧拉伸，于是向身边的侍从指出：这种症状就是一个有力的证据，它证明查尔斯·贝尔爵士的理论是正确的。

另一个献身同一科学分支的研究者是已故的马歇尔·霍尔[①]医生，后世子孙将会把他的名字与哈维、亨特、詹纳、贝尔等人的名字排列在一

[①] 马歇尔·霍尔（1790—1857），英国医生、生理学家。

起。在他漫长而有益的整个一生中，他一直是个最谨慎、最仔细的观察者。任何事实，无论看上去多么没有价值，都不会逃过他的注意。他关于反射神经系统的重大发现，源自一个非常简单的事实。当他在特赖登进行肺炎的流行病学调查时，桌子上放着一个被砍掉脑袋的东西，在分离它的尾巴时偶然刺到了它的外皮，霍尔注意到它动了起来，扭曲成不同的形状。他并没有触到它的肌肉或肌肉神经，那么，这些运动到底属于什么性质呢？此前，人们或许观察到了同样的现象，但霍尔医生是第一个致力于研究其原因的人。他当场叫了起来："在我揭示这一现象的全部真相并让它大白天下之前，我决不会安安心心地休息。"他对这一问题的关注几乎从不间断，据估计，在整个一生中，他投入了不下 25000 个小时的时间进行这个课题的实验和化学分析。与此同时，他还继续从事自己广泛的医学业务，履行他作为圣托马斯医院及其他医科学校讲师的职责。几乎很难相信，收录了他相关发现的论文遭到了英国皇家学会的拒绝，17 年过去之后方获承认，这时，其观点的正确性才得到了国内外科学界人士的认可。

10

威廉·赫歇耳爵士在另一个科学分支，为百折不挠的力量提供了另一个显著例证。他父亲是德国一个贫穷的音乐家，培养 4 个孩子从事同样的行当。威廉来到英格兰谋求发展，加入了"达勒姆民兵"乐队，演奏双簧管。乐队位于唐开斯特，在那里，米勒博士在听他以一种令人惊讶的风格演奏了一支小提琴独奏曲之后，第一次知道了赫歇耳。博士与这个年轻人交谈起来，对他非常喜欢，以至于力劝他离开民兵乐队，到自己家里暂住一段时间。赫歇耳果真这样做了，在唐开斯特，他主要是在音乐会上演奏小提琴，空余时间则利用米勒博士的藏书室进行学习。

哈利法克斯教区的教堂建起了一架新的管风琴，广告招聘演奏者，赫歇耳报名应聘，被录取了。

艺术家行踪不定的漂泊生涯，对他依然有很大的吸引力，接下来他去了巴思，在那里，他加入了"泵房"乐队，同时担任"八角形教堂"的管风琴演奏员。当时天文学上的一些发现吸引了他的注意，唤起了他强烈的好奇心，他设法从朋友那里借到了一架2英尺格雷戈里反射式望远镜。这位穷得叮当响的音乐家对天文学是如此痴迷，以至于竟然琢磨着要买一架望远镜，于是他向伦敦的光学仪器商打听价格，得到的回答让他大惊失色，他只好决定自己制作一架。如果你对反射望远镜到底是个什么玩意儿、制作凹面金属镜（它是这种仪器最重要的部件）究竟需要怎样的技术准备略知一二的话，那么，你就能够对这项工作的困难形成一个大致的概念。然而，通过长期而艰苦的劳作，赫歇耳成功地制成了一架5英尺反射望远镜，通过这架望远镜，他观测了土星环和土星的卫星，效果令人满意。但他并不满足于自己的成功，而是继续接二连三地制作了另外一些望远镜，7英尺，10英尺，甚至20英尺。建造7英尺反射望远镜的时候，在成功制作出一架能够承受预定力量的望远镜之前，他完成了不下于200架反射望远镜——这是一个不屈不挠、勤奋刻苦的惊人实例。

在用这些仪器观测浩瀚星空的同时，赫歇耳继续富有耐心地为"泵房"那些衣着时髦的常客吹奏管乐，以此挣钱糊口。他对天文观测是如此热心，以至于常常在演奏的间歇偷偷地溜出泵房，转动一会儿望远镜，然后心满意足地回去吹他的双簧管。就是通过这样连续不断的观测，赫歇耳发现了天王星，精确地计算出了它的运行轨道和速度，并把结果寄给了英国皇家协会。此时，这位卑微的双簧管演奏员发现自己一下子从默默无闻变得名扬天下。不久之后，他被任命为"皇家天文学家"，在乔治三世好心的关照之下，得到了一个终身荣誉职位。他接受这份荣誉时的温和与谦卑，与过去默默无闻时的表现并无不同。一个在重重困难之下矢志不渝地追求科学的人，如此温顺和善，如此宽容忍耐，再加上如此的杰出和成功，在整个传记史上恐怕都是找不出来的。

11

英国地质学之父威廉·史密斯的事业生涯，尽管或许鲜为人知，但作为一个富有耐心、艰苦努力、辛勤耕耘的榜样，同样饶有趣味，同样富有教益。他出生于1769年，是牛津郡丘吉尔教区一个自耕农的儿子。父亲在他还是个孩子的时候就去世了，他在乡村小学接受过很少的教育，即便是这点可怜的教育，也在很大程度上受到了他少年时代东游西荡、游手好闲的习性的干扰。母亲再嫁后，一位叔叔（也是农夫）负责照料他，威廉便是由这位叔叔抚养成人的。他喜欢四处游荡，搜集那些散落在附近地里的五花八门、稀奇古怪的石头，尽管叔叔一点也不喜欢他的这些爱好，但还是允许他购买了少量必要的书籍，好让他自学几何学与测术，因为这孩子已经预定要从事土地测量员的营生。即使在小时候，他就表现出了一个显著的特点，这就是观察力的精确和敏锐。一旦清楚地见识过的东西，他就决不会忘记。他开始画图，尝试着色，熟练掌握了测量和勘查的技术，完全没有接受过正规的指导，全都是无师自通。通过努力自学，他很快就变得非常精通，甚至被附近一位很能干的地方测量员聘为助手。在他从事测量工作的时候，经常必须穿越牛津郡及邻近郡县。有一件他最初严肃思考过的事情，就是他测量或旅行过的土地上那些引起他注意的不同土壤和地层的位置，尤其是那些与青石灰岩和悬空岩石有关的红土的位置。他被人请去对许多煤矿进行测量，这使他有了更多的经历。23岁的时候，他就已经开始琢磨着制作一个地层模型。

威廉·史密斯（1769—1839），英国地质学家。

在他忙于为格洛斯特郡一条拟建的运河做测量的时候，联系到那个地区的土层，他忽然产生了一个普遍规律的概念。他认为，地层位于煤层之上并不是水平的，而是沿一个方向（向东）倾斜的；在很大程度上，就像"黄油面包叠层的平常外观一样"。不久之后，他通过对两条平行河谷地层的观测，证实了这一理论。他发现，红土、青石灰岩、软石层（或者叫"鲕粒岩"）全都向东下行，沉入水平面之下，一层接一层。不久，在被指定亲自检查英格兰和威尔士的运河施工之后，他便能够在更大范围内证实自己的观点了。这次旅行期间（从巴思到纽卡斯尔，然后经什罗普郡和威尔士返回），他敏锐的眼睛从未有过片刻的空闲。他迅速地记录下了所经之处的地层结构和外表，并把这些观察材料珍藏起来供日后使用。他在地质学上的洞察力非常敏锐，尽管他乘坐驿递马车从约克到纽卡斯尔所经过的道路距离东面的那些白垩山和鲕粒岩有 5 至 15 英里，但他依然能通过它们的轮廓和相对位置，以及它们对比偶然在路旁看到的青石灰岩和"红土层"的表面界限，准确地判断出它们的特性。

威廉·史密斯的观测结论，大致上就是这些。他注意到，在英格兰西部多石地区，地层通常是向东和东南方向倾斜。位于煤层之上的红砂岩和泥灰岩，则从青石灰岩、黏土层和石灰岩之下经过，这些又再从沙土层、黄石灰岩和黏土层之下经过，形成了科茨沃尔德丘陵的台地，而这些，又依次从覆盖英格兰东部的巨大白垩沉积层之下经过。他进一步观察到，黏土层、沙土层和石灰岩的每一层，都含有各自特殊种类的化石。对这些事情，他进行了大量的思考，最后得出了当时闻所未闻的结论：在这几种地层中，每一个独特的海洋动物沉积层，标示着一个截然不同的海底，每一层黏土、沙土、白垩和石头，标志着地球史上的一个截然不同的时期。

这种观念牢固地占据着他的大脑，除此之外，他无法谈论别的事情，也无法思考别的事情。在运河理事会上，在剪羊毛比赛的现场，在郡里的会议上，以及在农业联合会，"地层史密斯"（这是人们送给他的外号）

总是唠叨这个让他神魂颠倒的话题。他确实做出了一项伟大的发现，尽管当时在科学界他还是个完全不为人知的角色。接下来，他计划制作一幅英格兰地层分布图，但他的计划被迫延缓了一段时期，萨默塞特郡煤运河的工作占去了他全部的时间，这件事让他整整忙了6年。不过，他继续坚持不懈地进行观察，他对一个地区的内部结构的了解是如此内行，从其外部构造探测其地层分布是如此老练，以至于人们经常就广阔地面排水系统的问题向他请教，这方面，在他的地质学知识的指导下，被证明是非常成功的，并且获得了广泛的声望。

有一天，史密斯在浏览属于塞缪尔·理查森牧师的化石收藏柜时，突然打乱了原先的分类，按照它们的地层学顺序重新排列了这些化石，他说："这些来自蓝里阿斯层，这些来自上沙土层和软石层，这些来自漂白土层，而这些，则来自巴思的建筑石头。"这一举动让他的牧师朋友惊得目瞪口呆。一束新的光亮掠过理查森牧师的脑海，他很快就成了威廉·史密斯学说的忠实信徒。然而，当时的地质学家们可没有这么容易信服。一位名不见经传的土地测量员声称要向他们讲授地质科学，这是不能容忍的。但威廉·史密斯有着穿透地表、深入地底的眼睛和头脑，看到了它的肌理和骨骼，识破了它的组织结构。他对巴思附近地区的地层了如指掌，有一次，在约瑟夫·唐森牧师家里吃饭的时候，他按照年代顺序向理查森牧师口述这一地区不同的地层，从白垩层直至煤层，共计23层，这之下的地层就不能十分肯定了。他还补充了一份清单，列出了从几个不同地层的岩石中搜集来的更加值得注意的化石。这份文献于1801年印行，并广为流传。

接下来他决定以巴思为起点，尽一切可能的手段，穿越更遥远的地区，探索那里的地层。他多年持续往返旅行，有时徒步，有时骑马，有时跨坐在驿车的顶棚上，常常通过夜间旅行来弥补白天损失的时间，这样就不会耽误白天的日常事务。当他因为业务关系而被人请到别的任何地区的时候——比如，当他从巴思去诺福克郡的霍尔克姆指导科克先生的土地灌溉和排水工作时，他常常骑马绕道而行，以便记录所经过地区的地貌。

几年来，他就这样在英格兰和爱尔兰那些偏远地区行色匆匆地旅行，每年的行程在1万英里以上。正是在这样从不间断、艰苦劳累的旅行中，他设法把自己迅速成熟的普遍结论付诸文字，他公正地将这个结论视为一门新科学。任何一次观察，无论它看上去有多么微不足道，都不会被忽略；任何一次机会，只要能搜集到新的事实，都不会被漏掉。无论何时，只要能够得到那些地质钻孔实验记录、自然断面或人为断面的记录，他就会把它们统一按照每英寸8码的比例尺绘制成图，并涂上色彩。关于他敏锐的观察力，可以从下面的例证中得到说明。有一次，他到沃本附近的乡村地区做地质学远足，当他正在邓斯泰布尔白垩山脚下绘图的时候，忽然对同伴说："这些山脚下如果有任何一块新开垦的土地，我们就可以找到鲨鱼的牙齿。"他们没走多远，就从一条新挖围沟的白色堤岸上捡到了6颗鲨鱼牙。正如他后来谈到自己的时候所说："注意观察的习惯悄悄地爬到了我的身上，在我的头脑里占领了一块殖民地，成了我毕生的忠实伙伴，在我最初想到进行一次旅行的时候，它就开始积极地工作。所以，我出门的时候通常准备好了地图，有时候还准备好了对地图上的目标或沿途目标的思考，在开始之前就变成了文字。因此，我的头脑就像是画家的画布，已经准备好了在上面留下最初和最好的印象。"

尽管他有大无畏的勇气和不知疲倦的勤奋，但当时的许多客观条件还是阻止了威廉·史密斯的《英格兰和威尔士地层图集》(Map of the Strata of England and Wales)的出版，直到1814年，在一些朋友的帮助之下，他才得以将自己20年连续劳动的成果公之于世。为了从事调查活动，广泛搜集一系列事实和观察材料，他花光了那段时期他通过专业劳动所挣得的全部收入，为了筹集经费、走访更偏远的地区，他甚至变卖了自己本就不多的资产。期间，他还从事了一次采石的投机买卖，后来证明这次投机是失败的，他不得不变卖自己的地质学收藏（被大英博物馆买走了)、家具和藏书，只留下了他的文件、地图和地质切片，这些玩意儿，除了他自己，对别人而言毫无用处。他以值得仿效的坚韧意志，承受了自己的损失和不幸。在这所有的不幸之中，他仍然以轻松愉快的心情和不知疲倦的耐心继续工作着。1839年8月，威廉·史密斯在北安普敦去世，当时，英国地质协会在伯明翰召开会议，他正在去参加会议的路上。

说到这部最早的英国地质图集，多高的赞颂之词也不为过，这要归功于这位勇敢的科学家的勤奋。一位颇有成就的作家说："它是一部在构思上如此精巧、在概念上如此准确的著作，以至于它在原则上不仅仅为英伦三岛后来的地质图集，也为世界上其他地区后来的地质图集（不管它们是在哪里绘制的）奠定了基础。在地质学会的房间里，我们仍然可以看到史密斯的地质图——这是一份伟大的历史文献，古老而陈旧，似乎在呼唤我们更新它已经消褪的色彩。任何熟悉这一学科的人，请你把它和后来同样比例的作品做一个比较吧，你就会发现，在所有本质面貌上，它都会经得起这样的比较。默奇森和塞奇威克对威尔士和英格兰北部志留纪岩石所作的复杂解剖，主要是在史密斯所确立的普遍法则的基础上添砖加瓦。[①] 这位牛津郡土地测量员的天才，在他的有生之年，不会得不到科学家们及时的承认和尊敬。1831年，伦敦地质学会授予他沃拉斯顿勋章，"以表彰他是英国地质学的一位伟大的、具有独创精神的发现者，尤其是他最早在这个国家发现并讲授了地层的鉴别，以及通过深埋地底的化石确定地层的演变顺序"。威廉·史密斯以他简朴、诚挚的方式，获得了像他如此热爱的科学一样亘古长存的名声。用我们上面引述过的那位作家的话来说："在生命延续形式首次出现的方式和事实得到解释之前，要猜测地质学上所做出的任何发现有多少在价值上能够和威廉·史密斯的天才发现等量齐观，殊非易事。"

[①] 原注：1858年7月3日《星期六评论》。

12

休·米勒是一个观察力同样敏锐的人，他以同样的热情既研究文学，也研究科学，并且都获得了成功。他在一本书（《我的学校和老师》，*My Schools and Schoolmasters*）中讲述了自己的生活故事，这本书非常引人入胜，而且被认为非常有益。这是一部在最卑微的生活环境中真正高贵品格的形成史，它以最有力的方式，谆谆教诲我们自助、自尊、自信。在米勒还是个孩子的时候，当水手的父亲就在海上葬身波涛，寡母把他抚养成人。他只受过很短时间的学校教育，不过，他最好的老师，是那些和他一起玩耍的孩子们，和他一起工作的成人们，以及和他一起生活的亲朋好友们。他读的书很多，而且五花八门，从方方面面攫取了各种稀奇古怪的知识——从工人、木匠、渔夫和水手那里，尤其是从散落在克罗默蒂河口沿岸的那些大石头身上，他学到了不少的东西。这孩子总是拿着一柄大铁锤（这玩意儿是他曾祖父留下的，他是个老海盗），在河口岸边走来走去，不停地砸碎那些大石头，不断积聚云母、斑岩、石榴石以及诸如此类的石头标本。有时候，他一整天都待在森林里，在那里，沿途那些独特而罕见的地质奇观引起了他的注意。当他在海滩的岩石中寻寻觅觅时，偶尔有那些用手推车来装载海草的农场仆人语含讥讽地问他是不是"在那些石头中找到了银子"，但很不幸，他从来没能做出肯定的回答。等他到了适当年龄的时候，母亲就让他去当学徒，行当是他自己挑选的——石匠。就这样，在一座朝向克罗默蒂河口的采石场上，他开始了自己的劳动生涯。这座采石场，被证明是他最好的学校。它所显示出的不同寻常的地质构成，唤起了他的好奇心。深红色的石条在下面，浅红色的石条在上面，这个现象被年轻的采石工注意到了，他甚至在这样一些毫无希望的课题中找到了问题来观察和思考。这些地方，别的人一无所见，他却注意到了相似、差异和特性，这让他陷入沉思。他仅仅是让自己的眼睛和头脑集中在这些事情上面，他冷静、勤勉、不屈不挠。

这就是他智力成长的奥秘。

那些稀奇古怪的有机物残骸中，主要是些古老的、已经灭绝了的鱼类、蕨类植物和鹦鹉螺化石，激起了他的好奇心，并让这种好奇心一直保持活跃。这些东西，或者是因为海浪的冲刷暴露在沿岸的海滩上，或者是在他的石匠铁锤的敲击之下得见天日。他从不忽略任何目标，不断积累观察材料，比较它们的构成，直到许多年以后，当他不再是个石匠的时候，他终于在《老红砂岩》(Old Red Sandstone) 一书中，将自己妙趣横生的工作公之于世。这本书的出版，立刻建立了他作为一个地质科学家的声誉。这部作品，是他长年累月富有耐心的观察、研究的成果。正如他在自传中谦虚声称的："我认为，它唯一的长处，就在于富有耐心的探索——在这方面，谁都可以与我不相上下，或者超过我。这种卑微的忍耐能力，如果能正确地开发利用，比起天才本身，能带来更为非凡的观念发展。"

杰出的英国地质学家约翰·布朗，像米勒一样，早年也是个石匠，在柯彻斯特当学徒，后来成了诺里奇的一名熟练石工。作为一名建筑施工人员，他在柯彻斯特开始独立经营，通过节俭和勤奋而获得了执业资格。正是在他从事自己的生意期间，他迷上了化石和贝壳类动物的研究，他不断搜集这方面的实物，后来逐渐积累，成了英国在这方面最好的收藏者。他沿着艾塞克斯、肯特和苏塞克斯的海岸开展调查研究，发现了一些保存完好的大象和犀牛的遗骸，他把其中最有价值的送给了大英博物馆。在他生命的最后几年中，他投入了相当大的精力从事白垩纪的"有孔虫类"化石研究，并在这方面做出了几项很有趣的发现。他的一生，是有益、快乐而受人尊敬的，1859 年 11 月，布朗在艾塞克斯郡的斯坦威去世，享年 80 岁。

不久前，罗德里克·默奇森[①] 爵士在苏格兰北部的瑟索，发现了一

---

① 罗德里克·默奇森（1792—1871），英国地质学家。

个颇有造诣的地质学家，是当地一位名叫罗伯特·迪克的面包师。罗德里克爵士在一家面包店里拜访了他，他就是在这家店里烤面包，并以此挣得自己的那份面包。罗伯特·迪克用案板上的面粉，向爵士描述了本郡的地质特征和地质现象，指出现存地质图的缺陷，这些是他利用空闲时间在各地旅行时调查发现的。通过进一步的打听，罗德里克爵士发现，面前这位卑贱低微的人，不仅仅是个出色的面包师和地质学家，而且是个第一流的植物学家。"我发现，"这位地质学会会长说，"让我羞愧万分的是，这位面包师的植物学知识，要超过我 10 倍。各种花的标本，他没有搜集到的只有二三十种。有些是人家送的，有些是他买的，但更多的是他凭借自己的勤奋在凯思内斯郡各地搜集来的。这些标本全都以最恰当的顺序排列好了，全都贴上了它们的学名标签。"

罗德里克·默奇森爵士本人是这些科学分支及其近似分支的一位杰出的研究者。一位作者在《评论季刊》上称他是一个"非凡的实例，他的早年是作为一名军人度过的，他当时的状况，对于科学训练来说毫无优势，而对于继续做一个猎狐的乡村绅士，倒是绝无劣势。他依靠自己与生俱来的活力和敏锐，坚持不懈的勤奋和热情，成功地为自己建立了广泛而持久的科学声誉。他首先去了国内一个未经勘查、困难丛生的地区，经过多年的艰苦劳动，调查了这一地区的岩石构成，把它们按照自然群组进行分类，标定每一组化石群的特征。他是最早破译世界地质史上的两个伟大时期的人，从那以后，这部地质史的扉页上必定永远记载着他的名字。不仅如此，他还把这样得来的知识应用于更大地区的地质解剖上，无论是国内还是国外，这样一来，他就成了那些从前一直是'未知领域'的伟大地区的地质发现者。"然而，罗德里克·默奇森爵士不仅仅是个地质学家。他在许多知识领域孜孜不倦的劳动，使得他能够跻身于那些知识最渊博、最全面的科学家的行列。

第 6 章

艺术中的劳动者

远处即使有什么大放光芒,再到你手中也是空空荡荡,真正优秀的品德,全在于不懈的奋斗,而不是奖赏。

——R. M.米尔恩

追求卓越吧,你就会生气勃勃。

——儒贝尔

1

艺术中的卓越，就像在所有别的方面一样，只能靠艰苦辛勤的劳动来实现。

绘制一幅美丽的图画，或者凿刻一尊杰出的雕像，其所依赖于偶然性者，少之又少。艺术家的画笔和錾凿，每一次熟练的挥洒，都是坚持不懈钻研的结果（尽管也有天赋的引导）。

约书亚·雷诺兹[①]爵士就是这样一个相信勤奋力量的人，他坚信，艺术的卓越品质，"无论是通过才华、趣味，还是天资来表现，都可以达到"。他写信给巴里说："无论是谁，如果他决心要在绘画或者别的任何艺术上超过别人，就必须从起床的那一刻起，直到躺下的那一刻为止，始终把自己的全部心思都集中在那个目标上。"在另一个场合，他说："那些决心要超过别人的人，都必须去着手工作，愿意也好不愿意也罢，无论是在早晨、中午、夜晚。他们会发现，没有时间休息，只有艰苦的劳作。"要实现艺术上的卓冠群伦，勤勉专注无疑是绝对必要的，但是，尽管如此，如果没有天赋才能，再多的勤奋（无论运用得多么恰当）也无法造就一个艺术家，这一点也同样正确。天赋是与生俱来的，却是通过自我修养而臻于完美，这样的自我修养比学校教育传授的所有知识都更加有用。

一些最伟大的艺术家，在面对贫穷匮乏和重重障碍时，不得不挤开一条道路，奋勇向前。说到这一点，一些著名的实例立刻会闪现在读者

[①] 约书亚·雷诺兹（1723—1792），英国肖像画家、艺术批评家，被认为是英国绘图史上最重要的人物之一。

的脑海中：糕点师克劳德·洛林；染工丁托列托；两位卡拉瓦乔，在梵蒂冈，一位是颜料研磨工，另一位是灰浆运送工；强盗同伙萨尔瓦托·罗萨；乡下孩子乔托；流浪汉辛加罗；被父亲赶出家门沿街乞讨的卡沃当；切石工卡诺瓦；这些人，以及其他许多众所周知的艺术家，在极为不利的环境下，通过艰苦的钻研和劳作，成功地达到了卓越。

英国那些最杰出的艺术家，也并非生来就拥有对培养艺术天才更为有利的生活环境。根兹伯罗和培根是织布工人的儿子；巴里是一个爱尔兰见习水手，而麦克莱斯则是科克的银行学徒；奥佩和罗姆尼与伊尼戈·琼斯一样，都是木匠；韦斯特是宾夕法尼亚一位农夫的儿子；诺斯科特是个钟表匠，杰克逊是个裁缝，埃蒂是个印刷工；雷诺兹、威尔逊和威尔基都是牧师的儿子；劳伦斯是位酒馆老板的儿子，透纳是位理发匠的儿子。还有几位画家最初确实和艺术有点瓜葛，尽管是以一种很低微的方式，比如弗拉克斯曼，他父亲是个卖石膏模型的；伯德是个装饰茶盘子的；马丁是个马车油漆匠；莱特和吉尔平都是轮船油漆匠；戴维·科克斯、斯坦菲尔德和罗伯茨都是画布景的。

这些人达到卓越，靠的并不是幸运或者偶然，而是绝对勤奋和刻苦工作。尽管有些人获得了财富，但财富很少（即使有的话）是他们的主要动机。的确，纯粹的贪图钱财，不可能支撑艺术家在自己事业生涯的早期那么勤奋克己地努力。追求艺术所带来的快乐，始终是他们最好的奖赏。随之而来的财富，只不过是个偶然事件。许多心灵高洁的艺术家宁愿遵从自己的天赋才能，也不愿和公众讨价还价。里贝拉毕生在考证色诺芬的美丽传说，在他得到了可以过上奢华生活的财富之后，他更愿意从财富的影响中抽身而出，自愿回到贫穷和劳苦中。有人说，一幅作品，画家付出了巨大的艰苦劳动，它之所以展出就是为了挣钱。有人问米开朗基罗对这个观点有什么看法，他说："我认为，只要他显示出了这样一种对财富的极度渴望，他就是个可怜的家伙。"

像约书亚·雷诺兹爵士一样，米开朗基罗也是劳动力量的伟大信徒，他认为，只要能让双手用力地服从于大脑，那么，任何能够想象得到的东西，都可以在大理石上形象地表现出来。他本人就是一个最不知疲倦的劳动者，之所以能比大多数同代人工作更长的时间，他把这种力量归因于自己节俭的生活习惯。在他忙于工作的时候，一点点面包和葡萄酒，就是他白天的主要时间里所需要的全部。他经常在半夜里起床，继续劳作。这些时候，他习惯于把蜡烛固定在他所戴的纸板糊的帽子上方，借着烛光挥动凿子。有时候，他实在太累了，来不及脱衣服就和衣而睡，时刻准备着只要睡意一消就一跃而起。他有一个特别喜欢的纹章：一个老人坐在一辆微型马车里，手持一个沙漏，上面刻着一句铭文：学无止境。

提香也是一位不知疲倦的劳动者。他著名的《圣彼得教堂》画了8年，《最后的晚餐》画了7年。在写给查理五世的信中，他说："我派人把《最后的晚餐》给陛下送去，它已经画了整整7年，几乎每天都在工作。"很少人想到，艺术家最伟大作品中，会包含着坚忍不拔的劳作和长年累月的磨练。它们看上去似乎是轻而易举一蹴而就的，然而，这种轻松自如的得来，不知要克服多少巨大的困难。一位威尼斯贵族对一位雕刻家说："一尊你仅仅花费了10天劳动的半身像，却要了我50个金币。""您忘了，"艺术家说，"为了学习用10天时间创作出那尊半身像，我花了30年。"

一次，多米尼基诺在完成一幅预订画作时因为速度太慢而受到责备，他回答道："我一直在心里不停地画它。"正是奥古斯塔斯·考尔科特非同寻常的勤奋，使得他在创作那幅著名的《罗彻斯特》时绘制了40余幅不同的草图。这种连续不断的重复，是艺术上成功的主要条件之一，在生活中也是一样。

2

不管大自然在赐予一个人天赋才能的时候有多么慷慨大方，追求艺术仍然是一次漫长而持续的艰苦劳动。许多艺术家都早慧，但如果没有勤奋，他们纵使早慧也终归一事无成。关于韦斯特[1]，有一则轶闻广为人知。在他还只有 7 岁的时候，有一次，他注视着摇篮里姐姐的孩子，这个熟睡婴儿的美深深打动了他。他跑去找来一些纸，立刻用红、黑墨水给这孩子画起肖像来。这件小事透露了他对艺术的爱好，但仅凭爱好，要画好这幅肖像是不可能的。如果韦斯特没有被太早的成功所伤害的话，他可能会成为一个更伟大的画家。他的名声，尽管也很大，但不是通过钻研、磨练和困难换取来的，因此不会持久。

理查德·威尔逊[2]还只是个孩子的时候，就沉迷于用烧焦的棍棒在家里房子的墙上描摹人和动物的轮廓。起初他关注的是肖像画，但在意大利的时候，有一天，他去拜访祖卡勒里，随着等候时间的增加，他越来越不耐烦，于是开始描绘窗外的风景。当祖卡勒里回来的时候，他完全被这幅画给迷住了，于是问威尔逊是否研究过风景画，得到的回答是否定的。"那么，"祖卡勒里说，"我建议你不妨试试，你肯定会大获成功的。"威尔逊采纳了这个建议，经过刻苦的钻研和勤奋的工作，他成了英国第一个伟大的风景画家。

儿时的约书亚·雷诺兹爵士，总是把功课丢到九霄云外，独独以涂鸦为乐，为此常常遭到父亲的叱责。家里原打算让这孩子去学医，但他强烈的艺术天分是无法抑制的，他最后成了一位画家。根兹伯罗[3]上小学的时候总是去萨德伯里的森林里画速写，12 岁的时候就注定是一个艺术

---

[1] 本杰明·韦斯特（1738—1820），美国画家。他是第一位到意大利学习艺术的美国人，后来在英国安家并很快成为杰出的艺术家。
[2] 理查德·威尔逊（1714—1782），英国浪漫主义风景画家。
[3] 托马斯·根兹伯罗（1727—1788），英国肖像与风景画家。

家：他是一个敏锐的观察者、一个勤奋的劳动者。任何场景，一经过目，就没有哪个生动的细节能逃过他勤奋的铅笔。威廉·布莱克①，一个针织品商人的儿子，总是在父亲账单的反面画图案，在柜台上画速写。爱德华·伯德②还只有三四岁的时候，就会爬上椅子，在墙上画人的轮廓，他把这些轮廓称作法国兵和英国兵。家人为他买来了一个颜料盒，但父亲还是希望他把对艺术的爱好转到账簿上来，于是让他去给一个制造茶盘的当学徒。通过刻苦的钻研和勤奋的劳动，他从这个行当逐步发迹，最后成为皇家艺术院院士。

贺加斯③在功课上尽管是个很笨的孩子，倒是常常以描画字母表上的字母为乐，而他的课堂作业因为装饰着花式字体，因而比作业本身更加引人注目。在学业方面，对学校所有的笨蛋他都甘拜下风，但他的花式字体却一枝独秀、傲视群伦。父亲让他跟着一位银器匠当学徒，在那里，他学会了画图，以及在汤匙刀叉上雕刻鸟冠和花体字。从银器雕镂开始，他继续自学了雕刻铜版画，内容主要是纹章上的狮身秃鹫和妖魔鬼怪，这期间，他变得雄心勃勃，要描绘形形色色的人类特征。他在艺术上的独特成就，主要是细心观察和钻研的结果。他有一种天分（同时也得到了他孜孜不倦的培养），那就是：他能牢牢记住独特面孔的准确特征，然后把它们再现在纸上。不过，如果碰到异乎寻常的奇特外貌或者越出常轨的面孔，他就会当场将其速写草图画在自己的拇指指甲上，回家以后有空再放大。

所有捕风捉影、新奇独特的东西，对他都有一种强大的吸引力，为了能遇上奇人怪事，他常常到那些遥远偏僻的地方东游西荡。正是因为这样细心地把看到的东西储藏在大脑中，他后来的作品里才能够有数不清的思考和珍贵的观察材料纷至沓来。正是因为这样，贺加斯的画作才

---

① 威廉·布莱克（1757—1827），英国诗人和艺术家，其作品极具神秘及想象色彩。
② 爱德华·伯德（1772—1819），英国风俗画家。
③ 威廉·贺加斯（1697—1764），英国画家、雕刻家。

成为他所生活的那个时代人物特征、行为举止，甚至时代思想的一份诚实的历史记录。他自己说，真正的绘画，只能在一所学校里学到，这就是大自然。但他除了在自己的行当外，其他方面并不是一个文化修养很高的人。他所受到的学校教育，是最可怜的那一种，甚至几乎不能熟练地拼写。他利用自学弥补了其余的不足。有很长一段时间，他的经济状况非常拮据，但仍然带着愉快的心情继续工作。虽然贫穷，但他设法精打细算、量入为出，他曾自夸（带着适度的自豪），说自己是个"很准时的发薪员"。当他克服了所有困难，成了一个名满天下、事业兴旺的成功人士的时候，他很喜欢细细回想早年的劳苦和贫困，重演当年与命运的搏杀。而那场战斗对他而言已经结束了，作为一个男人，它结束得如此体面，作为一个艺术家，它结束得如此辉煌。有一次他这样说："我记得那些日子，当时，我几乎身无分文，闷闷不乐地走进城市，但是，当我因为一块盘子而收到 10 个几尼的时候，就马上回了家，背上我的宝剑，带着一个腰缠万贯的家伙才会有的全部信心，动身出发。"

3

"勤奋和毅力"是雕刻家班克斯[①]的座右铭，他不但亲身践履，还极力推荐给他人。他的乐于助人远近闻名，许多积极上进的年轻人都来找他，希望得到他的建议和帮助。有一天，一个男孩抱着这个目的叩访班克斯，出来开门的女仆因为他敲门的声音太大而责备他，并准备把他打发走。班克斯无意中听到女仆的声音，亲自走了出来，见那个男孩手里拿着一些画稿站在门口。"我能为你做什么吗？"雕刻家问。"先生，如果您乐意的话，我希望能进入皇家艺术院画画。"班克斯向他解释，自己

---

① 托马斯·班克斯（1735—1805），英国雕刻家。

无法给他这样的许可,不过他请求看看这孩子的画稿。马尔雷迪作品仔细看过画稿之后,班克斯说:"我的孩子,假以时日,你会如愿以偿的。现在你回家去,专心学习,试着画一幅更好的阿波罗,一个月之后再来,把画带给我看。"

孩子回家了,以加倍的勤奋从事绘画创作,一个月结束的时候,再次拜访了这位雕刻家。他已经画得比以前更好了,但班克斯还是让他回去继续创作、继续钻研,同时给了他一些很好的建议。一个星期之后,孩子再次踏进了班克斯的家门,他的画有了更大的进步,班克斯叮嘱他鼓起勇气、继续努力,因为只要他不遗余力地坚持下去,就一定会成为一个杰出的画家。这孩子就是马尔雷迪[①],班克斯的预言完全实现了。

克劳德·洛林[②]的名声,部分要归功于他不知疲倦的勤奋。他出生于洛林省的香巴尼,家里很穷,最初他跟着一位糕点师当学徒。哥哥是个木雕匠,后来就把克劳德带到自己的店里学习这门手艺。在那里,他显示出了自己的艺术天赋,一位旅行的商人极力劝说他哥哥让克劳德跟他去意大利。哥哥同意了,这个年轻人就这样来到了罗马,不久之后,被风景画家阿戈斯迪诺·塔西雇用为仆人。由于这个身份,克劳德第一次得以学习风景画,并终于开始创作出画作了。接下来,他到意大利、法国和德国旅行,途中偶尔停下来,画一些风景画,以此补充花光了的盘缠。返回罗马的时候,他发现自己作品的销路越来越好,名声很快就遍及欧洲。他孜孜不倦地研究大自然的方方面面,习惯于花相当一部分时间来临摹建筑、地面、树木、花瓣以及诸如此类的景物,画得非常细致。然后他把这些画收藏起来,以便日后把它们用在风景画当中。他还经常仔细观察天空,从早到晚一整天都盯着天空看,注意浮云的不同变化和光线的明暗强弱。通过这样持之以恒的练习,从而获得了对手和眼睛的

---

① 威廉·马尔雷迪(1786—1863),英国画家、雕塑家。
② 克劳德·洛林(1600—1682),长期旅居意大利的法国艺术家。

熟练掌握（尽管据说进展缓慢），他终于成为首屈一指的风景画家。

被称为"英国克劳德"的透纳[①]，走的同样是一条艰苦的勤奋之路。父亲是一个在伦敦执业的理发匠，一直打算让透纳从事自己的行当。直到有一天，透纳根据一只银盘上的盾形纹章所画出的草图，吸引了一个顾客的注意，当时，父亲正在为那位顾客刮胡子。这个人怂恿父亲让透纳跟自己学画画，最后，父亲终于同意他去从事艺术这个行当。像所有年轻的艺术家一样，透纳有许许多多的困难需要面对，其中尤为不利的是经济上的拮据。但他一直乐意去工作，无论这份工作有多么卑微，他都会尽心尽力去做。他很高兴能够以每晚半个克朗的报酬受雇于其他画家，为他们的图稿涂墨水，以此挣得自己廉价的晚餐。他就以这样的方式挣钱糊口，并成为这方面的行家里手。后来，他又为手册、年历以及其他需要廉价卷首插页的书籍画插图。他后来说："还有比这更好的工作吗？这是一流的训练呀。"他细心而严谨地做好每一件事情，从不因为报酬微薄而马虎了事。他的目的就在于学习和生活，总是尽量做到最好，一幅画如果不比上一幅有进步，就决不会放下。这样一个勤奋工作的人，肯定会做出更大的成就。就像罗斯金所说的那样，他的绘画能力和领悟思想的能力，"就像黎明时越来越强烈的光线一样，稳步地增长"。但透纳的天才并不需要赞颂之词，最好的纪念碑是他遗赠给国家的那座宏伟壮丽的画廊，那将是对他的名声最持久的纪念。

4

艺术之都罗马，通常是研习艺术的学生最向往的地方。但是，去罗马旅行需要一笔不小的开销，而学生们往往囊中羞涩。不过，只要有克

[①] 约瑟夫·马洛德·威廉·透纳（1775—1851），英国画家，他对光、色彩和空间的抽象处理影响了法国印象派画家。

服困难的坚定意志，罗马终归还是可以到达的。法国早期画家弗郎索瓦·佩里耶[1]，就是这样怀着对这座"不朽之城"的强烈向往，答应担当一个流浪盲人的向导，在经过长时间的漫游之后，来到了梵蒂冈，研究学习，最后名扬天下。雅克·卡洛[2]在决定造访罗马时所表现出来的狂热，也毫不逊色。尽管他希望做个艺术家的想法遭到了父亲的反对，但这孩子并没有就此知难而退，而是从家里逃了出来，踏上了去往意大利的漫漫征途。因为上路的时候身无分文，他很快就陷入了困境，幸好偶然遇上了一队流浪的吉普赛人，于是他加入了这支队伍，跟着他们从一个集市流浪到另一个集市，分享他们层出不穷的冒险经历。在这次离奇的旅行中，卡洛搜集了许多关于人的体貌特征的非凡知识，这些，他后来在自己那些令人惊叹的雕版画中进行了再现（有时是以非常夸张的形式）。

　　当卡洛终于到达佛罗伦萨的时候，一位先生很喜欢他的机智和热情，于是让他跟一位艺术家学习画画。但他依然念念不忘罗马，不甘心就这样止步，不久之后，他就又上路了。在罗马，他认识了波里奇和汤玛森，他们在看了他的蜡笔速写之后，预言他会有一个艺术家的辉煌生涯。然而，卡洛家人的一位朋友偶然遇上了他，想方设法把他逼回了家。到这时候，他已经深深地喜爱上了漫游生活，再也无法停住流浪的脚步。因此，他第二次离家出走，第二次又被哥哥带了回来，是在都灵把他逮住的。最后，父亲见拗他不过，只好极不情愿地同意他到罗马去学习绘画。他因此就去了罗马，这一次他待下来了，在一位能干师傅的指导下，勤奋刻苦地钻研了几年设计和雕版画。在回法国的路上，由于科兹莫二世的恩惠，他留在了佛罗伦萨，又工作学习了好几年。保护人去世以后，他回了南锡老家，在那里，他利用手中的雕刻刀和雕刻针，很快就赢得了金钱和名声。

---

[1]　弗郎索瓦·佩里耶（1590—1650），法国画家。
[2]　雅克·卡洛（1592—1635），法国版画家。

内战期间，当南锡被围城大军攻克的时候，黎塞留[①]请求卡洛把这一历史事件制作成雕版画，但艺术家不愿意以这样的方式来纪念降临在故土家园的这次灾难，他直截了当地拒绝了。黎塞留无法动摇他的决心，便把他投入了监狱。卡洛在监狱里见到了不少吉普赛老朋友，在他第一次去罗马的时候，是这些人把自己从穷困潦倒中解救了出来。当路易十三听说卡洛身陷囹圄的时候，不但把他放了出来，并且皇恩浩荡，表示愿意答应他提出的任何要求。卡洛立刻提出，请把他的吉普赛老伙计们给放了，并恩准他们在巴黎街头行乞而不会受到任何骚扰。这个古怪的要求得到了国王陛下的恩准，条件是他必须把他们的肖像一一雕刻出来，因此他那本古怪的雕版画册题目就叫作《乞丐》。据说，路易十三提出，如果卡洛不离开巴黎的话，就给他一笔3000里弗[②]的养老金。但我们的艺术家如今太像个波希米亚人了，而且把自由看得很重，因此无法接受这个条件。他回到了南锡，在那里一直工作到去世。他留下的雕版画和蚀刻版画不下于1600幅，从这个数字，不难想象他的勤奋。他尤其喜欢表现奇形怪状的对象，他以非凡的技巧处理这样的题材。他自由奔放的蚀刻版画，以独特的精巧和惊人的缜密，在雕刻刀的轻触之下，被制作了出来。

5

贝温尤托·切利尼[③]的经历则更传奇、更冒险，他是一位了不起的金匠、画家、雕塑家、雕工、工程师和作家。正如他自己所说，他的一生，

---

① 黎塞留（1585—1642），法国红衣主教、政治家，他是路易十三的首席大臣，并在三十年战争期间领导法国。
② 里弗，古时候通行于法国的一种记账货币，值一磅白银。
③ 贝温尤托·切利尼（1500—1571），意大利雕塑家、作家，其作品《自传》和"珀尔修斯雕像"最为著名。

是一部最离奇的传记。他父亲乔万尼·切利尼是佛罗伦萨的洛伦佐·德·梅第奇①的一位宫廷乐师,他对儿子贝温尤托寄予最大的希望就是让他成为一个熟练的长笛演奏家,但当乔万尼自己丢掉了饭碗的时候,他发现有必要让儿子去学门手艺,于是便让他跟着一位金匠当学徒。此前,这孩子已经表现出了对绘画和艺术的热爱,在致力于金匠的营生之后,他很快就成了一个灵巧的工匠。由于稀里糊涂地和本地的一位市民打了一架,他被判流放6个月,这期间,他在锡耶纳跟一位金匠干活,在珠宝和金器制作方面获得了更多的经验。

他的父亲依然坚持要让他成为一个长笛演奏家,贝温尤托则继续操练他的手艺,尽管他很憎恶这个行当。他主要的志趣还是在艺术方面,他狂热地追求着艺术。回到佛罗伦萨之后,他仔细研究了达·芬奇和米开朗基罗的图样,在金器制作方面更进一步地提高了自己。之后,他步行去了罗马,在那里,他遭遇了五花八门的离奇经历。他载誉回到佛罗伦萨,被奉为在贵重金属方面最杰出的工匠,他出色的技艺很快让他获得了大量的订单。但他脾气火爆,总是陷入麻烦之中,常常为了保命而逃之夭夭。有一次,他就是这样伪装成修道士逃出了佛罗伦萨城,再一次到锡耶纳避难,后来又去了罗马。

在第二次居留罗马期间,切利尼受到了许多人的保护,他以金匠和乐师的双重身份为教皇提供服务。通过熟悉大师们的作品和坚持不懈的研究学习,他不断提高自己。他镶嵌宝石、加工珐琅、雕刻纹章、设计并制作金银铜器作品,在风格上比所有其他艺术家都技高一筹。无论何时,只要听说哪位金匠在某些特殊方面享有盛名,他就立刻下定决心要在这方面超过他。就是以这样一种方式,他和某个人比奖章,和另一个人比珐琅,和第三个人比珠宝。事实上,在他这个行当里,所有分支他

---

① 梅第奇家族是佛罗伦萨一个显赫一时的贵族家庭,出过三位教皇、两位法兰西皇后,其中洛伦佐(1449—1492)是一位杰出的学者和艺术家赞助人,受他赞助的包括米开朗基罗和波提切利。

都觉得自己必须超过别人。

有这样一种工作精神，切利尼能够达到那样高的境界也就毫不奇怪了。他是一个不知疲倦、总是在忙碌的人。一会儿我们发现他在佛罗伦萨，过一会儿又看见他在罗马；接着他又在曼图亚，在罗马，在那不勒斯，然后再一次回到佛罗伦萨；再接下来，他又出现在威尼斯，然后是巴黎。他所有漫长的旅程都是依靠骑马。他不可能携带太多的行李，这样一来，无论他走到那里，通常到那的第一件事就是为自己制作工具。的确，他的作品如此清晰地打上了他天才的烙印，以至于不可能由一个人设计，再由另一个人制作。最微不足道的物品——女士腰带上的一个扣环、一枚图章、一个小盒、一枚胸针、一个戒指、一粒纽扣，在他的手里都会变成一件精美的艺术品。

切利尼因为在手工艺上的敏捷和灵巧而显得卓越非凡。有一天，一名外科医生走进金匠拉菲罗·德尔·莫罗的小店，准备给他女儿的手做手术。在场的切利尼看了一眼医生的器械，发现它们粗糙而笨拙——那年头它们通常也就是这个样子。他请医生等一刻钟再做手术，然后跑回自己的店里，拿来一块上好的钢，一会儿就做成了一把精美的刀子，医生用这把刀成功地施行了手术。

在切利尼所完成的雕像中，最重要的是在巴黎为弗朗西斯一世制作的朱庇特银像，以及为佛罗伦萨的科兹莫大公制作的珀尔修斯铜像。他还制作了阿波罗、海厄辛忒斯、那喀索斯和尼普顿的大理石雕像。浇铸珀尔修斯铜像时发生的几件事，特别能说明这个人的典型性格。

当雕像的蜡模拿给科兹莫大公看的时候，大公明确表达了这样一个观点：蜡模不可能用来浇铸铜像，切利尼立刻被大公所预言的不可能刺激得兴奋起来，他不仅要尝试，而且要做到。他首先做了一个泥塑模型，进行焙烤，然后涂上蜡，他已经把这个模型做成了一尊雕像的完美形态。接下来，在蜡模上裹上一种泥土，再焙烤第二层覆盖物，这个过程中，蜡熔化并流走了，在两层之间为金属留出了空间。为了避免干扰，后面的工序在炉子下面立刻挖出的一个深坑中进行，液体金属由导管和缝隙导入，流进准备好的模具中。

切利尼购买并储藏了几车松木，为即将开始的浇铸进程做准备。炉膛里填进了黄铜块和青铜块，炉火被点燃了。含有树脂的松木很快就烈焰熊熊、火势冲天，以至于工作间也着火燃烧了起来，部分屋顶被烧毁了。就在这个时候，风雨交加，漏到炉膛里的雨水压住了火势，也妨碍了金属的熔化。几个小时中，切利尼一直在努力保持炉子的温度，不断扔进更多的木头，直到最后，他筋疲力尽，瘫倒在地。他担心自己会在铜像铸成之前就一命呜呼，于是不得不把剩下的工作交给助手，让他们在金属熔化的时候动手灌注，然后努力回到床上。正当身边那些人对他的不幸表示安慰的时候，一名工人突然闯进屋里，哭喊道："可怜的贝温尤托，他的作品无可挽回地给毁了！"听闻此言，切利尼从床上跳了起来，冲进了工作间。他发现，火势已经越来越弱，那些金属再一次变得硬邦邦的了。

他派人到一个邻居那里要来了一车幼橡木，这些木料已经干燥了一年以上。他很快让炉火重新炽烈地燃烧了起来，金属熔化了，闪烁着迷人的光亮。然而，狂风依然在怒吼，大雨倾盆而下。为了保护自己，切利尼让人搬来一些工作台，裹上毯子和旧衣服，他就躲在这些台子后面，继续向炉膛里投掷木头。大量白蜡被投到金属上，通过搅动（有时用铁，有时用长棍），所有的金属很快彻底熔化了。就在这个节骨眼上，经受考验的时刻就在眼前，人们听见可怕的一声巨响，就像是霹雳的声音，切利尼的眼前闪现一片火光。熔炉的盖子爆裂了，金属开始溢出！看到这种景象，已经顾不上什么体统了，切利尼冲进了厨房，抓起每一件含有铜和白蜡的东西——大约200只小碗、盘碟以及五花八门的坛坛罐罐，全都扔进了炉膛。终于，金属开始自由地流淌，就这样，精美的珀尔修斯铜像浇铸成了。

切利尼冲进厨房，为了他的熔炉而将里面的器具一扫而光，这种天才的非凡激情，或许会让读者想起帕利西为了焙烤自己的陶器而砸碎家具的举动。然而，除了这种狂热，两个人在性格上的相似之处也并不少。按照切利尼自己的说法，他是一个千夫所指的以实玛利[①]。但是，对他作为一个工匠的非凡技能，以及作为一个艺术家的天才，是不可能有什么异议的。

6

尼古拉斯·普珊的经历则远没有这么动荡不宁，他是一个在艺术观念上和在日常生活中一样纯洁而高尚的人，并且同样因为他的活力和智慧、他的正直品格以及他的高贵朴素而著称于世。他出生于里昂附近的安德里斯，父亲在那里管理着一所很小的学校，家庭的社会地位非常低微。他有个好处，就是有父亲的教导，不过据说他父亲对此多少有些疏忽大意，比如他常常喜欢在课本和写字板上画满图画。一位乡村画家很喜欢他的画，恳求他的父亲不要阻挠他的兴趣爱好。这位画家答应教他，他很快就大有长进，以至于师傅再也没什么可以教给他了。他变得很不安分，渴望进一步提高自己，18岁那年，普珊决定动身去巴黎，一路上靠给人画招牌维持生计。

在巴黎，他面前敞开的崭新的艺术世界让他惊叹不已，也刺激起了他的好胜心。他勤奋刻苦地在许多画室工作，描图、临摹、画画。一段时期之后，他下定决心，只要有可能就去游历罗马，并很快就动身上路了。但他只是成功地到达了佛罗伦萨，而后又回到了巴黎。第二次奔赴罗马的努力更不怎么样，这一回，他最远只到了里昂。不过，他依然小

[①] 以实玛利，《圣经·旧约》中亚伯拉罕之子，以撒出生后被弃。传统上他被认为是阿拉伯人的祖先。

心地利用每一次出现的机会不断提高自己，像从前一样继续孜孜不倦地学习和工作。

就这样，12年过去了，这是一段默默无闻而又艰苦辛劳的日子，一段充满失败和挫折的日子，大概也是一段穷困潦倒的日子。终于，普珊来到了罗马。在那里，他孜孜不倦地研究过去的大师作品，尤其是那些古代雕像，这些作品的完美给他留下了非常深刻的印象。有一段时间，他与一位跟自己一样穷的雕刻家迪奎斯诺伊住在一起，帮助他仿照古代雕像做模型。他跟迪奎斯诺伊一起细心地测量了罗马的一些著名雕像，尤其是那尊"安提诺俄斯"。据认为，这次的经验对他未来风格的形成产生了相当大的影响。与此同时，他还研究了解剖学，练习了素描写生，储备了大量速写稿，画的都是他所遇见的人的体态和姿势。利用空闲时间，他阅读了大量能够从朋友那里借到的艺术方面的权威著作。

在整个这一时期，他依然穷困潦倒，令他略感欣慰的是，他一直在不断提高自己。无论人家出什么价，只要能卖掉自己的画，他就感到很高兴。有一幅画（画的是一位先知），他卖了8个里弗；而另一幅画《非利士人的瘟疫》(*Plague of the Philistines*)，则卖了60个克朗——这幅画后来被红衣主教黎塞留以1000克朗的价格买走。雪上加霜的是，他又患上了严重的疾病，在这段孤弱无助的日子里，谢瓦利埃·德尔·珀索给了他金钱上的帮助。为了这位先生，普珊后来画了那幅《沙漠中的歇息》(*Rest in the Desert*)，这是一幅很精美的作品，极大地报答了珀索先生在自己生病期间的友好帮助。

在艰难困苦之中，这个勇敢的人继续辛苦地劳作和学习。怀着对更高目标的向往，他去了佛罗伦萨和威尼斯，不断扩大自己的研究范围。他诚实尽责的劳动终于换来了丰硕的果实，这就是他开始连续不断创作出的伟大画作——他接二连三创作了《格马尼库斯之死》(*Death of Germanicus*)、《临终涂油礼》(*Extreme Unction*)、《欧达米达斯的遗嘱》)(*Testament of Eudamidas*)、《吗哪》(*Manna*)和《萨宾人的诱拐》

（*Abduction of the Sabines*）等。

然而，普珊的名气虽然在增长，却很缓慢。他是一个性格孤僻的人，总是尽量避开社交圈子。人们更多地认为他是个思想家，而不是个画家。在不忙于画画的时候，他总是独自一人在乡下孤独地散步，苦思冥想未来画作的构思。克劳德·洛林是他在罗马为数不多的几个朋友之一，他们经常一次花上几个钟头待在特里尼特山的台地上，讨论艺术和古代文物。罗马的单调和安静很对普珊的胃口，只要能用手中的画笔挣到适当的生活开销，他就不想离开罗马。

但他的声望已经远远超出了罗马的范围，法国同胞屡次三番地邀请他回巴黎，并提出让他担任国王的首席画师。起初，他犹豫不决，引述意大利人的谚语，"既然待得好好的，就让他继续待着"，说自己在罗马生活了15年，已经在那里成家立业，也希望能够死在那里、埋在那里。最终，在再三的催促之下，他同意了，就这样回到了巴黎。然而，他的出现在同行中间引起了太多的嫉妒，没过多久，他就表示希望重新回到罗马。在巴黎，他也创作了一些伟大作品，比如《圣泽维尔》（*Saint Xavier*）、《洗礼》（*Baptism*）和《最后的晚餐》（*Last Supper*）。他继续坚持不懈地工作。起初，无论人家请他做什么，他都照办，比如为王室图书（尤其是《圣经》和维吉尔的著作）设计卷首插图，为卢浮宫画讽刺漫画，为挂毯设计图案。到最后，他对德·尚特鲁抱怨道："我不可能同时为书籍画卷首插图、画圣母像、设计形形色色的画廊，最后还要为王室挂毯设计图案。我只有一双手和一个衰朽的脑袋，既没人帮我，也没有旁人能减轻我的劳动。"

他的成功激起了许多人对他的敌视，这些人不断骚扰他，而要想博得他们的好感，他实在又无能为力。于是，在巴黎辛勤劳作了将近两年之后，他决定回罗马去。他重新在位于平丘山的简陋住所安顿了下来，生活简朴，离群索居，将一生剩下的岁月全部用于孜孜不倦的艺术实践。尽管疾病所带来的痛苦一直在折磨着他，但他依然通过研究使自己得到了慰藉，在达到巅峰之后依然一直在努力奋斗。他说："在日益衰老的时候，我觉得自己变得越来越渴望超越自我，渴望达到最完美的境界。"就这样，在辛苦劳累、努力奋斗、经受磨难中，普珊度过了他的晚年岁月。他没有孩子，妻子已先他而去，所有的朋友也都不在人世，他的晚年就是这样一个人孤苦伶仃地生活在罗马，像坟墓一样充满死寂。1665年，普珊在罗马去世，把自己毕生的积蓄遗赠给了安德里斯的亲属，总计约1000克朗。身后留下了大量的天才杰作，那是他留给全人类的遗产。

7

阿莱·谢佛尔[①]的事业生涯，提供了一个热爱艺术的高贵心灵在现时代的最佳实例。他出生于多德雷赫特[②]，父亲是一位德国艺术家，他很早就显示出了绘画的天赋，这得到了他父母的鼓励。父亲去世的时候，他还很年轻，母亲决定，为了儿子能够得到最好的教育机会，尽管家底寒薄，也要举家迁往巴黎。年轻的谢佛尔开始跟随画家盖兰[③]学习绘画。但母亲的财力实在太有限了，不可能只投入在他一个人身上。为了其他孩子的教育，她卖掉了自己的几件珠宝首饰，并且尽量节衣缩食。他一直希望能帮上母亲一把，这是天性使然。到了18岁的时候，他开始绘制一些小幅油画，题材大多都很简单，也遇上了一些愿意以公平的价格买走这些画的好心人。他还练习了肖像画，同时不断积累经验，挣得诚实的收入。他在素描、色彩和构图上逐渐进步。《洗礼》标志着他事业生涯的一个新的转折点，从这个转折点开始，他继续前进，直到创作出了《浮士德》（*Faust*）、《弗朗西斯卡·德·里米尼》（*Francisca de Rimini*）、《安

[①] 阿莱·谢佛尔（1795—1858），德国浪漫主义肖像画家。
[②] 多德雷赫特，荷兰西南部城市，临近鹿特丹市东南的默兹河。
[③] 皮埃尔·纳西斯·盖兰（1774—1833），法国新古典主义画家。

慰者基督》(Christ the Consoler)、《圣女》(Holy Women)、《圣莫尼卡和圣奥古斯丁》(St. Monica and St. Augustin)以及其他许多杰作,他的名声达到了顶点。

格罗特夫人说:"谢佛尔在创作《弗朗西斯卡》时所付出的劳动、思考和专注,必定非常巨大。的确,他所接受的专业教育很不完备,他不得不利用自己的有限资源攀登艺术的阶梯,因此,在他的手忙于工作的同时,他的头脑也在忙于思考。他不得不尝试各种不同的画法,在色彩上不断试验,以单调乏味、坚持不懈的勤奋,画了一遍又一遍。不过,在一定程度上,大自然把他在专业训练上所缺乏的东西赋予了他。他所拥有的高尚品格和深刻的洞察力,帮助他依照专业感觉行事,而这种感觉,其他人是通过铅笔的媒介得来的。"①

弗拉克斯曼是谢佛尔最敬佩的艺术家之一。他曾经对一位朋友说:"在构思《弗朗西斯卡》的过程中,如果说我无意中借用了任何别人的构思的话,那一定是我从弗拉克斯曼的画中所看到过的某些东西。"约翰·弗拉克斯曼的父亲是科芬园新街一位卖石膏模型的,身份低微。儿时的弗拉克斯曼身体非常虚弱,他总是坐在父亲店里的柜台后面,用枕头支撑着,以绘画和读书自娱。有一天,心地善良的牧师马修斯先生造访这家小店,看见这孩子正在费力地读一本书,询问之下,发现他读的是科尔内留斯·内波斯②,这是他父亲花了几个便士从一个书摊上淘来的。与这个孩子交谈几句之后,马修斯先生说,那不是适合他读的书,改日他会带一两本给他读。第二天,马修斯给他带来了英译本的荷马的书和《堂吉诃德》(Don Quixote),弗拉克斯曼开始如饥似渴地读起来。很快,他的脑海里就充满了从荷马的书页中散发出的英雄主义气息,身边站着风尘仆仆的阿贾克斯们和阿喀琉斯们,沿着店里的货架一字排开。一个

---

① 原注:格罗特夫人《阿莱·谢佛尔的生活回忆录》(Memoir of the Life of Ary Scheffer),第67页。
② 科尔内留斯·内波斯,公元1世纪罗马历史学家,其仅存的著作是一系列政治家和军人的传记。

雄心占据了他的头脑，他也能用诗意盎然的形式设计并表现那些威严的英雄。

像所有年轻人的作品一样，他最初的设计也很粗糙。一天，骄傲的父亲把其中的一些作品拿给雕塑家鲁比里阿克看，他不屑一顾地"哼！"了一声。但这孩子有健康的心理素质，也有勤奋和耐心。他继续坚持不懈地读书、画画。接下来，他尝试着把自己年轻的力量用在以熟石膏、蜡和粘土制作模型上。这些早期作品中，有一些至今仍保存着，这并不是因为它们的艺术价值有多么高，而是因为：作为一个病残天才最初的健康努力，它们是不同寻常的。在这孩子能够行走的很久之前，就一直依靠拐杖的支撑蹒跚着学习走路。最后，他变得足够强壮，可以不需要拐杖而独立行走。

仁慈的马修斯先生邀请弗拉克斯曼去他家，在那里，马修斯夫人给他讲解荷马和弥尔顿。他们还帮助他自学——给了他希腊语和拉丁文课本，这方面的学习他是在家里进行的。凭借耐心和毅力，他的素描进步是如此之大，以至于从一位夫人那里接受了一份委托：用碳墨绘制6幅以荷马史诗为题材的素描。这是他的第一份委托！在艺术家的生命中，这是一次怎样重大的事件啊！外科医生的第一笔酬金，律师的第一笔代理费，议员的第一次演说，歌手的第一次在聚光灯下登台亮相，作家的第一本书，对于一个立志青史留名的人来说，他们当中的任何一例，都不会比一个艺术家的第一份委托更重要。这孩子立刻就着手履行这份委托，结果，他既得到了很高的赞扬，也得到了很高的酬金。

15岁的时候，弗拉克斯曼成为皇家艺术院的一名学生。尽管他性格孤僻，但在学生们当中，他很快就尽人皆知，人们预料他能做大事。他们的期待没有落空：15岁那年他获得了银奖，第二年他成了金奖候选人。人人都预言他能获得这枚奖章，因为在才能和勤奋上没有谁能超过他。但他最终铩羽而归，金奖被授予了一个后来完全湮没无闻的学生。对弗拉克斯曼而言，这次失败是一次真正的帮助，因为挫败不会让一个意志坚定的人长期沮丧，而只能激发他们真正的力量。他对父亲说："给我时间，我会创作出皇家艺术院将为之骄傲的作品。"他加倍勤奋，全力以赴，不间断地设计并制作模型，取得了稳定（即便不能说是飞速的话）的进步。然而这期间，贫困却开始威胁到他的家庭，石膏模型的生意已经无法维持一家人的生计。年轻的弗拉克斯曼，以他坚定的自我牺牲精神，缩减了自己的学习时间，主动帮父亲干一些卑贱琐碎的杂活。他把心爱的荷马搁置一旁，拿起了石膏泥铲。只要能让家人维持生计、免于饥饿，这个行当里最低贱的工作他都乐意去做。对于艺术这种单调辛苦的工作，他熬过了一个漫长的学徒期，但这对他是有好处的。这使得他熟悉了坚定扎实的工作，培养了他坚忍不拔的精神。这种训练或许是艰苦的，却是有益的。

幸运的是，年轻的弗拉克斯曼在设计方面的技能被约西亚·韦奇伍德了解到了，韦奇伍德找到他，想让他为自己设计瓷器和陶器的图案。对于像弗拉克斯曼这样一个天才来说，这样的工作似乎是艺术门类中一个很不上档次的专业，但事实并非如此。在设计一个茶壶或水罐的时候，一个艺术家也会尽职尽责地诚实劳作。人们日常生活中的用品，每餐每顿都摆放在他们的面前，对所有人而言，都可以成为教育的媒介，对他们提高自身的文化素养很有帮助。胸怀大志的艺术家，会用这样的方式把更大的实际好处贡献给他的同胞，这比制作一件能够卖到数千英镑的精美艺术品，摆在富人的陈列室里，远离公众的视线之外，好处要大得多。在此之前，用以装饰英国陶瓷制品的图案，在设计和绘制上都丑陋不堪，韦奇伍德决心在这两方面进行改进。弗拉克斯曼最大程度地实现了这位制造商的想法，他时常为韦奇伍德提供形形色色的陶瓷制品的模型和图样，题材主要来自古代诗歌和历史。其中有许多被保存至今，有些作品与他后来设计的大理石作品一样美、一样简洁。著名的伊特鲁里亚花瓶（其样品可以在博物馆和古玩家的收藏柜里找到），为他提供了最好的形式范本，被他用来装饰自己那些优雅美观的图案。斯图尔特的

《雅典》（*Athens*）当时刚出版不久，这本书为他提供了外形最完美的希腊器具的样本，他吸纳了其中的精华，把它们应用于典雅、精美的新的形式当中。当时，弗拉克斯曼认识到了，他正在从事一项伟大的工作，丝毫不亚于促进国民教育。他后来引以为豪的是，早年在这个行业里的劳动，使得他能够在帮助朋友和赞助人的事业发展的同时，还能培养自己对美的热爱，在民众当中传播一种艺术体验，并充实自己的钱包。

8

1782年，弗拉克斯曼27岁，他终于离开了父亲的家，在梭霍区的沃德街租了一间小房子和画室，并成了家，妻子名叫安·登曼，是一个愉快、开朗而高贵的女人。他相信，娶了登曼以后，他能够以更强烈的热情投身工作，因为她和自己一样，也爱好诗歌和艺术，此外，她对丈夫的天才也非常倾慕。然而婚后不久，有一次约书亚·雷诺兹爵士（他是个单身汉）遇见了弗拉克斯曼，对他说："哦，对了，弗拉克斯曼，我听说你结婚了。如果真是这样，先生，我要告诉你，作为一个艺术家你就毁了。"

弗拉克斯曼径直回了家，在妻子身边坐了下来，拉着她的手说："安，作为一个艺术家，我彻底毁了。""怎么了，约翰？出了什么事？在哪儿发生的？谁干的？""在教堂里，安·登曼干的。"他回答道。然后，他把约书亚爵士的话告诉了妻子。约书亚·雷诺兹爵士的观点众所周知，而且他常常挂在嘴边：一个学习艺术的学生要想出人头地，就必须将全部心力集中在艺术上，从起床的时候起，直到躺下的那一刻为止；并且，任何人，除非透彻研究了拉斐尔、米开朗基罗以及罗马和佛罗伦萨其他艺术家的杰作，否则不可能成为一个伟大的艺术家。"而我，"弗拉克斯曼说，极力伸展着他瘦小的身材，"也想成为一个伟大的艺术家。"

"你会成为一个伟大艺术家的，"安·登曼说，"如果游历罗马对于成为一个伟大艺术家来说真的是必不可少的话，你也可以去呀。""怎么去？"弗拉克斯曼问。"工作和节俭，"这位勇敢的妻子回答道，"我决不愿意再听到有人说安·登曼毁掉了弗拉克斯曼作为一个艺术家的前程。"这对年轻的夫妇于是决定，在经济条件许可的时候就去罗马旅行。弗拉克斯曼说："我会去罗马的，我要让约书亚爵士看看，婚姻对一个男人的益处，要超过它的损害。而你，安，将陪伴在我身边。"

接下来的 5 年时间里，这对相爱的夫妻一直在沃德街他们那间简陋的小屋里坚韧而幸福地跋涉着，面前是通向罗马的漫长旅程。他们一刻也没有忘记，为了积攒下旅途中必要开销而节省的每一个便士。他们没对任何人透露过这项计划，也没有向皇家艺术院乞求帮助，只希望仅凭他们自己坚忍的劳动和爱，去追求并实现自己的目标。在此期间，弗拉克斯曼展出的作品非常之少，因为他没有条件在大理石上实现自己的原创设计，但他经常接到雕塑纪念碑的委托，以这项收入维持两口子的生计。他依然在为韦奇伍德干活，这份薪水总是很准时。总的来看，他事业兴旺、快乐幸福、满怀希望。在当地，他颇受人尊重，以至于经常被授予地方荣誉，参与地方事务。比如，地方纳税人推选他为圣安妮教区收取更夫税，每当这时候，人们可以看到他纽扣孔上挂着个墨水瓶挨家挨户收钱的情景。

终于，弗拉克斯曼和他的妻子积攒到了足够的钱，他们动身前往罗马。到达那里之后，他坚持不懈地致力于钻研学习，像其他贫穷的艺术家一样，靠仿造古董维持生计。英国的游客都找到他的工作室，委托他仿造古董。正是在那段时期，他创作了以荷马、埃斯库罗斯和但丁作品为题材的精美设计图。这些作品的价钱很一般——每件只有 15 先令。但弗拉克斯曼既是为了钱而工作，也是为了艺术而工作。这些精美的设计图给他带来了另外一些朋友和赞助人。他为慷慨大方的托马斯·霍普制作了丘比特和奥罗拉，为布里斯托尔伯爵制作了阿塔玛斯的复仇女神像。

之后，他准备回英国。通过认真的学习研究，他的鉴赏力得到了提高，才能得到了培养。在离开意大利之前，他的价值得到了人们的承认，佛罗伦萨和卡拉拉的艺术院都推举他为院士。

他人还没有到伦敦，名声却先到了伦敦。在那里，他很快就找到了报酬丰厚的工作。在罗马的时候，他就接受了委托，为纪念曼斯菲尔德勋爵而建造一座纪念碑，回到伦敦之后不久，这座纪念碑就在威斯敏斯特教堂北翼树立起来了。它雄伟庄严地矗立在那里，这也是一座弗拉克斯曼天才的纪念碑——平静、简洁、朴素。当时正如日中天的雕塑家班克斯在看到这座纪念碑时，不由得惊呼："这个小个子把我们所有人全给毙了。"这话并不让人感到惊讶。

当皇家艺术院的院士们听说弗拉克斯曼回来了，尤其是当他们有机会看到并赞赏他的曼斯菲尔德雕像的时候，他们热切希望弗拉克斯曼能够成为他们当中的一员。他同意人们提名他作为院士候选人，并且很快就当选了。不久之后，他就以全新的面貌出现在人们面前。这个当年在科芬园新街石膏模型店的柜台后面开始学习的小孩，如今成了一个在艺术上具备很高的智力和修养、被公认为出类拔萃的人，以皇家艺术院雕塑教授的身份指导学生。没有人比他更适合那个职位了，因为没有人能够像他那样以自己的亲身经历教导他人，他完全凭着自己的努力，学会了如何与困难格斗，最后制服困难。

此后的生活漫长、平静而幸福，然后，弗拉克斯曼发现自己老了。挚爱一生的妻子安·登曼的去世，对他是个沉重的打击。但他挺下来了，之后又活过了几个年头，期间他创作了著名的《阿喀琉斯的盾牌》（*Shield of Achilles*）和《天使长米迦勒战胜撒旦》（*Archangel Michael vanquishing Satan*）——或许，这是两件他最伟大的作品。

9

钱德雷①是个精力更充沛的人——虽说多少有些粗野,但行为举止上还算热诚爽朗;他总是为自己成功地战胜了早年生活中所陷入的重重困难而感到自豪,尤其是为自己的自立而感到自豪。他出生在谢菲尔德附近的诺顿,是个穷苦人家的孩子。父亲去世的时候他还只是个孩子,母亲再嫁了。年幼的钱德雷总是赶着一头驴子,驴背上驮着几只牛奶罐,去附近的谢菲尔德城。这就是他事业生涯的卑微起点,正是凭借自己的力量从那个位置上崛起,他最终达到了一个艺术家的辉煌巅峰。这孩子与继父相处得并不友好,他被送去学做生意,最初是在谢菲尔德的一家杂货店里。他很不喜欢这份差事,有一天,从一家雕匠店的橱窗前经过的时候,他的眼睛被里面琳琅满目的商品吸引住了,从此念念不忘要做一个雕刻匠。他带着这个目的请求放弃杂货店的差事,并得到了同意,就这样他跟着那个雕刻匠兼镀金工当了7年的学徒。他的新东家,不仅是个木雕匠,而且经营版画和石膏模型,他很快就着手仿制这两种商品,勤奋刻苦、干劲十足地坚持钻研学习。所有空闲时间都被他用来画图稿、做模型,并不断提高自己,他常常一直劳作到深夜。没等学徒生涯结束(这时他21岁),他把自己多年积攒下来的50英镑全都给了师父,解除了原先的合约,决定投身于艺术家的生涯。然后,他带着自己特有的良好感觉,想方设法去了伦敦。他找了一份雕匠助手的差事,业余时间学习油画和制作模型。在他最早作为熟练雕匠所承接的业务中,有一桩是给诗人罗杰斯②先生做餐室中的装饰品——多年之后,在这间餐室里,他成了深受欢迎的宾客,在朋友的餐桌边,他常常兴致勃勃向客人们介绍他早年的手工作品。

---

① 弗朗西斯·钱德雷(1781—1841),英国雕塑家。
② 塞缪尔·罗杰斯(1763—1855),英国诗人。

在一次职业游历中，他回到了谢菲尔德，他在当地报纸上刊登广告，自称肖像画家，用蜡笔画小幅肖像画，同时也画油画。他的第一幅蜡笔肖像画是给一位刀匠画的，卖了1个几尼，一个糖果商人为他的油画肖像支付的佣金却高达5英镑，外加一双长筒靴！钱德雷回到伦敦后不久，就进入皇家艺术院学习艺术。第二次回到谢菲尔德的时候，他登广告说自己准备给本城市民制作石膏胸像，同时也绘制油画肖像。当地人甚至选择他来为城里一位已故的牧师设计墓碑，这件作品受到了普遍的肯定。在伦敦的时候，他租用了一间马厩上面的房子作为自己的工作室，在那里他创作了自己第一件用于展览的原创作品。这是一尊巨大的撒旦头像。在他走近生命尽头的时候，一位朋友经过他的工作室，被躺在墙角的这尊模型给深深打动了。钱德雷说："这尊头像是我来伦敦后所作的第一件东西。当时我在一间阁楼上，戴着一顶纸糊的帽子，潜心创作这件作品。因为我只买得起一支蜡烛，我把这支蜡烛粘在自己的帽子上，我走到哪儿它就跟到哪儿，无论到哪儿它都能给我带来光亮。"弗拉克斯曼在艺术院展览会上见到了这尊头像，大加赞赏，于是推荐钱德雷为4位海军上将制作半身像，这是格林威治的海军救济院订做的。这份委托带来了其他一些委托，他放弃了油画。8年前，他的模型还卖不到5英镑。而此时，他著名的霍恩·图克头像大获成功，据他自己说，这给他带来了总计12000英镑的委托佣金。

如今，钱德雷已经功成名就，但他依然在努力工作，公平地为自己挣得大笔的财富。在16位竞争者中，他获选为伦敦市制作乔治三世雕像。几年之后，他创作出了精美的纪念碑《熟睡的孩子》(*Sleeping Children*)，如今它矗立在利奇菲尔德大教堂中。这是一件温柔而美丽的伟大作品，自此之后，他的事业生涯走上了一条荣誉、名声和财富都在不断增加的光明大道。他的忍耐、勤奋和坚毅，就是他用来实现伟大目标的手段。大自然赐给了他天才，他健全的理性使得他能够把这种宝贵的才能当作一种神赐之福加以利用。他谨慎而精明，像他老家周围的那些人一样。在他游历意大利时随身携带的袖珍笔记本上，记录着艺术方面的笔记、每日的开销和当时大理石的价格。他喜欢简单，他最好的作品都是仅仅凭借简单朴素的力量完成的。他在汉兹沃斯教堂里的瓦特雕像，在我们看来似乎是一件非常完美的作品，却极其朴实、极其简洁。他对危难中的艺术家兄弟非常慷慨，而且他平静从容、不事张扬。为了促进英国艺术的发展，他把自己大部分的财富遗赠给了皇家艺术院。

10

同样诚实而持久的勤奋，也是戴维·威尔基的事业生涯自始至终的突出特点。他是一位苏格兰牧师的儿子，很小的时候就显示出了对艺术的爱好，尽管是个粗心大意、成绩欠佳的学生，却是个孜孜不倦的绘画爱好者，喜欢画人的面孔和体态。他是一个沉默寡言的孩子，很早就显示出了集安静与活力于一身的性格特点，这种性格是他毕生的突出特点。他总是寻找一切机会画画——牧师住宅的墙壁、河边平滑的沙滩，都是他涂鸦的方便场所。无论何种工具都能为他所用，像乔托一样，一截烧焦的木棍就是他的铅笔，一块平滑的石头就是他的画布，他所遇见的每一位衣衫褴褛的乞丐都是他描绘的对象。当他造访别人家的时候，墙壁上通常会留下他的涂鸦，以此证明他曾到此一游，有时不免让爱干净的家庭主妇深恶痛绝。简言之，尽管当牧师的父亲对绘画这门"邪恶的"职业深表反感，但威尔基这种强烈的爱好依然不为所动，英勇无畏地在困难的峭壁上坚持攀登，终于成了一个艺术家。尽管他要求成为爱丁堡苏格兰艺术院院士候选人的第一次申请，由于他的推介作品的粗糙和错误而遭到了拒绝，但他坚持要做得更好，终于获得了承认。不过，他的进步非常慢。他坚持不懈地致力于描画人物的外形，抱定一定要成功的决心和一定会取得成就的坚定信心，一直在坚持着。他没有表现出许多以天才自许的年轻人都有的那种古怪脾气和心不在焉,而是一直保持着专心致志的习惯,他后来把自己的成功归功于顽强的坚持,而不是先天的能力。他说:"我绘画技巧的所有进步,依靠一个最基本的要素,就是持之以恒的勤奋。"在爱丁堡,他得到的佣金很少,于是想到把自己的注意力转移到肖像画上来,因为肖像画的报酬更高,也更稳定。但最终,他还是大胆地走上了那条为自己挣得名声的道路——创作出了他的《皮特勒西耶集市》(*Pitlessie Fair*)。更为大胆的是,他决定去伦敦,因为对于学习和工作而言,那里提供了一片更宽阔的天地。这个贫穷的苏格兰少年就这样来到了伦敦,租住在一间每周18先令的简陋房间里,画他的《乡村政治家》(*Village Politicians*)。

尽管有这幅画的成功,以及随之而来的委托,但很长时间以来威尔基依然穷困潦倒。其作品的价格实际上仍然不高,因为他付出的时间和劳动实在是太多,以至于许多年来所挣得的收入一直很少。每一幅画预先都要经过仔细的考量和精心的构思,从来就没有一气呵成的事情,许多画作甚至耗去他数年的时间——不断修饰、润色、改进,直到最后才拿出手。像雷诺兹一样,他的座右铭也是"工作!工作!工作!"而且,他也表示过非常不喜欢那些夸夸其谈的艺术家。空谈者或许也播种,但只有沉默者才会收获。"让我们干点什么吧。"这是他责备饶舌者、劝诫懒惰者的委婉方式。他曾经对朋友康斯特布尔谈及自己在苏格兰艺术院学习时候的事,当时他们的老师格雷厄姆常常对学生们说起雷诺兹的话:"如果你有天赋,勤奋会使它进一步提高;如果你没有天赋,勤奋会填补它的空缺。"威尔基说:"所以,我决定要加倍勤奋,因为我知道自己没有天赋。"他还告诉康斯特布尔,当林内尔和伯内特(他在伦敦的两位同学)在谈论艺术的时候,他总是尽量凑得近些,以便能听清他们所说的一切,他说:"因为他们懂得太多,而我懂得很少。"他说这话时绝对真诚,因为平常威尔基也总是习惯于谦虚。在凭借《乡村政治家》而从曼斯菲尔德勋爵那里得到30英镑之后,他拿这笔钱所做的第一件事情,就是为老家的母亲和妹妹购买礼物——无沿女帽、披肩和衣裙，尽管那时候他很少能买得起这些东西。威尔基早年的贫穷，培养了他严格节约的习惯，然而，这种习惯和他的慷慨大方并不矛盾，正如雕刻师亚伯拉罕·瑞姆巴奇在《自传》(Autobiography of Abraham Raimbach)的许多段落中所透露的那样。

11

说到艺术上持之以恒的勤奋和不屈不挠的毅力，威廉·埃蒂[①]是另一个著名实例。他父亲是约克郡一个姜饼和调味品的生产者，母亲是一个制绳工的女儿，她是一个具有相当的品格力量和独创精神的女人。这孩子很小的时候就表现出了对绘画的热爱，家里的墙壁、地板和桌子上，都涂满了他天才的样本。他最初的画笔是一支价值四分之一便士的粉笔，这取代了一小块煤或者一小截烧焦的木棍。母亲对艺术一无所知，她让这孩子去跟着一位印刷工当学徒。不过，在空闲时间，他继续保持着画画的习惯。学徒期结束的时候，他决定去追求自己的爱好——他应该成为一个画家，而不是其他任何别的什么。幸运的是，他的叔叔和哥哥能够而且愿意帮助他走上新的事业道路，他们为他提供了一笔经费，让他进入皇家艺术院成为一名学生。从莱斯利的《自传》中，我们注意到，埃蒂被他的同学们视为一个值得尊敬却迟钝而缓慢的人，他从不让自己引人注目。但他身上有着非凡的工作能力，坚持不懈地跋涉在通往艺术巅峰的道路上。

在他们功成名就之前，许多艺术家都曾不得不面对穷困，这种穷困极大限度地考验了他们的勇气和耐力。有多少人倒在穷困的重压之下，

[①] 威廉·埃蒂（1787—1849），英国浪漫主义画家。

我们不得而知。类似马丁①在事业道路上所遭遇到的那些困难，或许不在少数。在忙于创作自己第一幅伟大画作的时候，他不止一次发现自己濒临饥饿的边缘。据说，有一次他发现自己只剩下最后一个先令了（一个"闪闪发亮"的先令），他一直把这枚硬币留着，因为它光洁明亮，但最后他发现必须把它换成面包。他来到一家面包店，买了一块面包，正要往回走，店主突然从他手中一把夺过面包，把那枚先令掷还给了这位饿得要死的画家。这枚闪闪发亮的先令在最需要的时候却辜负了他——它是一枚假币。回到住处，他翻箱倒柜找出了一些面包皮，算是聊解燃眉之急。自始至终，热爱艺术的力量一直占了上风，支撑着他。他有勇气继续工作、继续等待。几天之后，他终于得到了一次展出作品的机会，从此名扬天下。像许多伟大的艺术家一样，他的生活经历表明，不管外界的环境多么恶劣，天才，在勤奋的帮助下，会成为其自身的保护人；而名声，尽管来得太迟，绝不会拒绝给真正有价值的东西以支持和青睐。

如果自己不积极地投身工作，按照学院方法所进行的最精心的训练和培养也不能造就一个艺术家。像许多具有很高文化修养的人一样，一个真正的艺术家，也必定是自我教育的结果。普金是在他父亲的事务所里培养出来的，当他按部就班地学习完了所有他能够学到的建筑学知识之后，他依然发现，自己学到的东西其实很少，而且，他必须从头开始，再经过劳动的训练。因此，年轻的普金自告奋勇受雇于科芬园剧场，成为一名普普通通的木匠——先是在舞台底下工作，然后在顶棚后面，再后来是舞台上。他就这样熟悉了自己的工作，培养了自己建筑学上的趣味，一个大型剧场各种不同的机械单调的工作，对这种趣味的形成大有益处。剧场关闭季节，他就在一艘来往于伦敦和一些法国港口之间的航船上工作，同时从事一项有利可图的生意。一有机会，他就会上岸，为他所遇见的任何一幢古老的建筑（尤其是教会建筑）画素描。后来，他

---

① 约翰·马丁（1789—1854），英国浪漫主义画家。

为了同样的目的特意去了几次新大陆，每次都满载素描图稿回了国。他就这样跋涉着、劳作着，确保了他最终所获得的卓越声望。

12

乔治·肯普的事业生涯，提供了一个在同一条道路上勤奋跋涉的类似实例，他是设计爱丁堡司各特纪念碑的建筑师。肯普是一个穷苦的牧羊人的儿子，在彭特兰丘陵的南山坡上开始追求自己的理想。在田园生活的孤独当中，这孩子没有机会享受凝视艺术作品的乐趣。然而巧的是，10岁那年，农场主（父亲就是为他看管羊群）打发他送一封信到罗斯林去，在那里，他看见了美丽的城堡和小教堂，这似乎在他的脑海里留下了生动鲜明、不可磨灭的印象。或许是为了能够满足自己对建筑构造的热爱，这孩子恳求父亲让自己做一个工匠，于是，父亲把他送到邻村的一个木匠那里当学徒。学徒期满之后，他去加拉希尔斯找工作。正当他背着自己的工具、沿着特威德河谷艰难跋涉的时候，一辆四轮马车在埃利班克镇附近赶上了他。坐在车里的马车夫询问这个孩子（毫无疑问是在主人的暗示下）还有多远的路要走，得知他要去加拉希尔斯后，便邀请他坐到自己旁边的位置上。他就这样坐着马车去了加拉希尔斯。坐在车里面的那位好心的先生，正是沃尔特·司各特爵士，当时他是塞尔扣克郡的行政长官，正在做公务旅行。

在加拉希尔斯一边工作的同时，肯普还时常找机会去游览梅尔罗斯、柴堡和杰德堡等修道院，他很仔细地研究了这些建筑。出于对建筑艺术的热爱，他一路做木匠，走遍了英格兰北部的绝大部分地区，从不漏掉任何一次机会，一直在调查那些美丽的哥特式建筑，绘制了大量的素描图稿。他在兰开夏郡干活的时候，有一次，他步行50英里去了约克郡，仔细研究了那里的大教堂，然后又以同样的方式步行回来。接下来，他又出现在格拉斯哥,在那里待了 4 年,利用业余时间不断研究那里漂亮的大教堂。之后他再一次回到了英格兰,这一回他走得更远,去了南方,研究坎特伯雷、温彻斯特、廷特恩以及其他著名的建筑。1824 年,他怀着同样的目的,计划遍游欧洲,一路上靠手艺养活自己。到达布伦之后,他接着又取道阿贝维尔和博韦,去了巴黎。在每一个地方都花了几周时间,研究那里的建筑,绘制素描图稿。他作为一个机械工的技能,尤其是在水车方面的知识,确保他到任何地方都能找到活干。他通常找那些附近有古老的哥特式建筑的地方干活,而将所有的业余时间都花在研究这些建筑上。在国外进行了一年的工作、旅行和研究之后,他回到了苏格兰。

他继续着自己的研究,并成了素描和透视画法方面的行家里手。梅尔罗斯是他最喜爱的遗迹,他为这里的建筑创作了几幅复杂精美的素描图,其中有一幅表现了它的"复原状态",后来被雕刻成了图版。他还得到了一份为建筑设计制作模型的工作,为一位爱丁堡雕刻师所着手撰写的一部著作绘制图稿,这部作品计划模仿布里顿的《大教堂遗迹》(*Cathedral Antiquities*)。这桩差事很对他的口味,他以极大的热情投身这项工作,以确保它的进度。为了这个目的他步行走遍了半个苏格兰,绘制了大量的图稿,这些图稿为他赢得了技艺最高明的师傅的美誉。孰料这部作品的策划人突然去世,这部出版物也随之搁置了下来,肯普只好去找别的工作。当"司各特纪念碑委员会"悬赏征求最佳设计的时候,很少人知道肯普的天才,因为他十分沉默寡言,平时又很谦逊。参与竞争的人数不胜数,包括古典建筑领域一些响当当的名字,但委员会一致同意选择乔治·肯普的设计,当委员会宣布决定的信函送到肯普手里的时候,他正在若干英里之外艾尔郡的克尔温宁修道院干活。可怜的肯普!此事之后不久,他遇上了那位来得太早的死神,有生之年来不及目睹他孜孜不倦的勤奋和自学的最初成果最终在大理石上得以实现。这是所有用以纪念文学天才的纪念碑中最精美、最适宜的一件。

13

约翰·吉布森[①]是另一个对自己的艺术有着真诚的狂热和爱好的艺术家,这使得他大大超越了那些驱使卑劣天性把时间换算成利益权衡的肮脏诱惑。他出生在北威尔士康威附近的吉芬,父亲是个园丁。很小的时候,他就凭借一把普普通通的小刀在木头上进行雕刻,这显示出了他的艺术天分。父亲也注意到了这种天分,于是把他送到利物浦,跟一位细木工兼木雕师当学徒。他在这个行当进步神速,他的一些雕刻品大受赞美。就这样,吉布森自然而然地被领向了雕刻艺术的领域,18 岁那年,他用蜡制作了一尊时间之神的雕像模型,受到了广泛的关注。利物浦的雕刻家弗朗斯兄弟与他签订了一份契约,让吉布森跟他们学徒 6 年。这期间,他的天才在许多原创作品上得到了表现。学徒期满后,他去了伦敦,后来又去了罗马。他的名声遍及整个欧洲。

像约翰·吉布森一样,皇家艺术院院士罗伯特·索伯恩[②]也是出生在一个贫寒之家,父亲是邓弗里斯的一个鞋匠。除罗伯特之外,他还有两个儿子,其中一个是技艺精湛的木雕匠。有一天,一位夫人来到鞋匠的店铺,发现当时还只是个小孩的罗伯特正趴在一只凳子上画画。仔细看过他的作品之后,这位夫人注意到了他的才华,很乐意帮他谋取一份画画的差事,以便帮助他从事艺术方面的学习。这孩子勤奋、刻苦、安静、沉默寡言,很少和伙伴们打成一片,只有很少的好朋友。1830 年左右,镇上的某位先生为他提供了一笔经费,让他去爱丁堡,就这样他被苏格兰艺术院接收为一名学生。在那里,得益于在一些很有能力的老师的指导下学习,他进步神速。后来,他又从爱丁堡去了伦敦,据我们所知他在巴克勒奇公爵的资助下获得了关注。然而,无论有什么样的资助

[①] 约翰·吉布森(1790—1866),英国雕刻家。
[②] 罗伯特·索伯恩(1818—1885),苏格兰画家。

人把他介绍给多么好的艺术圈子，如果没有天赋才能和勤勉专注，任何保护也不可能把他造就成一个伟大的艺术家（索伯恩无疑是这样一位艺术家）。

著名画家诺埃尔·佩顿[①]是在丹佛姆林和佩斯利开始他的艺术生涯的，当时他是一个给桌布和手工刺绣设计图案的画工。期间，他一直在更高级的题材（包括人物画）上坚持不懈地工作着。像透纳一样，他愿意着手去做任何种类的工作。1840年，当时他还只是个小伙子，在从事别的劳动的同时，还忙着给《伦弗鲁郡年鉴》（*Renfrewshire Annual*）画插图。他在自己的道路上奋力向前，一步一个脚印，缓慢却坚定。但他依然默默无闻，直到举办获奖讽刺漫画（内容画的是国会两院）展览会的时候，他的作品《宗教的幽灵》（*The Spirit of Religion*）（获一等奖的作品之一）才让世界知道了他是一个真正的艺术家。这之后的作品，比如《奥伯龙与泰坦尼娅的和解》（*Reconciliation of Oberon and Titania*）、《家》（*Home*）等，显示了他在艺术能力和修养上的稳定进步。

14

在卑微的生活境遇中，艺术才能的培养，需要拿出怎样持之以恒、勤奋刻苦的精神，詹姆斯·沙普尔斯的事业生涯为此提供了又一个显著例证。他是布莱克本的一位锻工。1825年，沙普尔斯出生于约克郡的韦克菲尔德，是家里的13个孩子之一。父亲是个铸铁工，为了自己的生意而迁到了贝里。孩子们都没有接受过学校教育，刚到能够干活的年龄就被打发去做工。大约10岁的时候，詹姆斯就进了一家铸造厂，在那里做了两年的锻工学徒。这之后，他就被送进了一家机车制造厂，父亲就在

---

① 约瑟夫·诺埃尔·佩顿（1821—1901），苏格兰画家。

这家厂子里当机车锻工。这孩子的工作，就是为锅炉制造工煅烧并运送铆钉。尽管他的劳动时间很长——经常从早晨6点工作到晚上8点，但他父亲还是设法在下班之后教给他一些知识。他在锅炉制造工们当中工作期间，所发生的一次意外事件唤起了他对学习绘画的强烈渴望。偶尔，工头会吩咐他牵住涂有白垩的线，工头用这些线把锅炉的图样画在车间的地板上。每逢这种场合，工头总是自己掌握白垩粉线，而指使詹姆斯标示必需的尺寸。詹姆斯很快就成了这方面的行家里手，以至于成了工头相当得力的助手。工余时间在家里的时候，他最高兴的事情就是在母亲房间的地板上画锅炉图样。有一次，一位女性亲戚准备从曼彻斯特来拜访他们的家，为了接待客人，房子被尽可能地收拾得干净得体。傍晚，詹姆斯刚从工厂回来，就开始在地板上操练起了他的日常作业。当母亲领着客人走进家门的时候，他用白垩画成的一只大锅炉的图样已经有模有样了。看到这孩子身上脏兮兮的，地板上也洒满了白垩粉，母亲很是沮丧。然而，这位亲戚声称自己对这孩子的勤奋甚感高兴，称赞了他画的图样，并建议母亲给这个"脏小孩"提供一些纸和铅笔。

在哥哥的鼓励下，他开始练习画人物和风景，临摹印刷版画，但他仍对透视画法和明暗原理一无所知。他继续工作，逐渐成了临摹的行家里手。16岁那年，他加入了贝里技工协会，为的是参加那里的绘画班，授课的是一位从事理发行当的业余艺术家。在那里，3个月的时间内，他总共上了一个星期的课。老师推荐他从图书馆借来伯内特的《绘画实用教程》(*Practical Treatise on Painting*)，不过，因为他当时读书仍很吃力，因此不得不让母亲（有时候是哥哥）给他读书中的段落，而他则坐在旁边，静静地听着。由于感觉到对艺术和阅读的无知是一个很大的障碍，同时渴望掌握伯内特书中的内容，詹姆斯在上了四分之一的课程之后，就不再参加技工协会的绘画班了，而是在家里专心学习读书写字。在这方面，他很快就有了成效。他再一次回到了技工协会，重新拿起了伯内特的书，如今，他不仅能够阅读它，而且能做笔记，以留作后用。他带着强烈的求知欲钻研这部书，以至于常常在早晨 4 点起床，阅读、抄录，然后在早晨 6 点赶到工厂上班，干活一直干到晚上 6 点（有时是 8 点）。回到家里之后，他又带着新的热情，开始学习伯内特，常常一直坚持到深夜。他晚上的一部分时间，还要从事画画，临摹画稿。其中有一幅（达·芬奇《最后的晚餐》的复制品），他花去了整整一个夜晚。中间他倒是确实上了床，但脑子里还是一直想着他的画，辗转反侧，无法入睡，于是再一次起床，重新拿起他的铅笔。

接下来，他决定尝试画油画，为此他从一个布料商那里弄来了一些帆布，把它绷在一个框子上，再涂上一层白铅，用从一位油漆房子的人那里买来的颜料开始画油画。但事实证明，他的工作彻底失败了，因为帆布粗糙不平，油漆也无法干燥。困境中，他向理发匠老师救助，从老师那里他第一次弄懂了应该怎样准备画布，知道了还要有用于油画的特殊颜料和清漆。因此，刚刚等到经济条件允许，他就去买来了一些必不可少的物品，并重新开始——他的业余艺术家师傅向他演示了怎样画油画。这位学生画得是如此成功，以至于超过了师傅的临摹作品。他第一幅油画临摹的是一幅叫作《剪羊毛》（*Sheep-shearing*）的雕版画，后来卖了半个克朗。他花 1 先令买了一本《油画指南》（*Guide to Oil-painting*），在这本书的帮助下，他继续利用业余时间画画，逐渐获得了更多关于材料方面的知识。他为自己制作了画板、调色板、调色刀和画箱，只要通过加班加点能够筹集到足够的钱，他就去买来颜料、画笔和画布。这是父母同意他动用的一笔微薄的经费，供养一个大家庭的沉重负担使得他们无法做到更多。他常常会步行去曼彻斯特，买了价值两三个先令的颜料和画布又连夜赶回，经过 18 英里的步行，到家的时候几乎都在半夜，有时候浑身湿透、筋疲力尽，但心中无尽的希望以及不可战胜的坚定决心一直在支撑着他。这位自学成材的艺术家后来所取得的更大进步，在他自己的话里得到了最好的描述，在给笔者的一封信中，他这样写道：

"接下来我所画的几幅画，有一幅月光下的风景、水果静物，以及一两幅别的作品。这之后,我开始构思《锻工车间》(The Forge)。一段时间以来,我一直在琢磨它,但并没有尝试把这些构思落实到画面上。然而,我现在开始在纸上为我的表现对象勾画草图,然后再把它画到画布上。这幅画简单地再现了一个大的车间内部,那是我经常工作的地方,尽管它并不是任何一个具体的车间。因此,在某种程度上,它是一个原创的构思。在画出对象的轮廓之后,我发现,在我成功地完成这幅作品之前,为了能够让我正确地描绘人物的肌肉,解剖学方面的知识是必不可少的。在这个节骨眼上,我哥哥彼得给了我很大的帮助,他好心地为我买来了弗拉克斯曼的《解剖学研究》(Anatomical Studies)——当时,这部书完全超出了我的经济能力,它的价钱是 24 先令。我将这本书视为一笔巨大的财富,我刻苦地研读这部著作,早晨 3 点起床,照着它画。有时就在那么早的时候让我哥哥彼得站在那儿给我当模特。尽管我通过这样的练习在逐步提高自己,但直到过了很长一段时间之后,我才开始有足够的信心继续我的画作。我还感觉到,自己受制于缺乏透视画法方面的知识,这方面的缺陷,我只能通过仔细研读泰勒的《透视原理》(Principles)来弥补。不久之后,我总算重新开始画那幅画。在家里潜心研究透视画法的时候,我常常为了这个原因而请求并获准暂时放下工厂里沉重的锻工活——加热巨大铁件所需要的时间,比如热较小铁件的时间要多得多,于是这一天中我可以得到很多短暂的空闲时间,这些零零碎碎的时间,我全都用来在我干活的那座熔炉前面包裹的铁皮上依照透视原理画线描图。"

就是这样孜孜不倦地工作和钻研,詹姆斯·沙普尔斯艺术法则方面的知识稳步增长,在艺术实践上也更加熟练。在他学徒期满大约 18 个月之后,他为父亲画了一幅肖像,在小镇上引起了相当大的关注。稍后,他完成了《锻工车间》,同样也在当地引起了轰动。他在肖像画上的成功,为他赢得了第一份委托:车间的工头请他为自己画一张全家福,沙普尔斯的这张全家福画得非常好,以至于工头不仅支付了原先商定的 18

英镑，而且还额外增加了 30 个先令。他在绘制这张全家福的时候，没有再去工厂干活，并考虑完全放弃这份工作，全身心地投入绘画。他继续创作了几幅油画，其中有一幅基督头像，构思独具匠心，尺寸有真人大小，还有一幅贝里的风景。但没有获得足够的肖像画委托来占满自己的全部时间，也没有让他看到能够挣得稳定收入的前景，因此，他很明智地重新系上了他的皮革围裙，继续从事他锻工的老本行，空闲时间就为自己的《锻工车间》制作雕版，后来这幅版画印制发行了。导致他开始雕刻版画的是这样一件事情，他把这幅画给曼彻斯特的一位画商看过，画商说出了自己的看法：在一位技巧娴熟的雕刻师手里，这幅画可以雕刻成一幅非常精美的版画。沙普尔斯立刻产生了自己亲手雕刻的念头，尽管他对这门技艺完全一无所知。关于实现这项计划时所遇到的困难，以及如何成功地克服了这些困难，他自己是这样描述的：

"我在谢菲尔德看到过一个钢板作者的广告，上面开列了各种尺寸钢板的价格，我选定了其中一种尺寸，汇出了这笔款子，另加了一小笔额外的费用，让他寄几件雕刻工具给我。我无法指定我所需要的物品，因为我对雕刻版画的工序一无所知。钢板连同三四件雕刻工具和一根刻针及时寄到了，那根刻针还没等我学会使用就被我弄坏了。在我埋头雕刻版画的时候，工程师联合会悬赏征集会标，我决定参与竞争，真是太幸运了，我居然赢得了这笔奖金。不久之后，我搬到了布莱克本，受雇于工程师耶茨兄弟，当了一名机车铁匠。业余时间我像从前一样继续画素描、油画和雕刻版画。那幅版画我雕刻得非常慢，这主要是因为我没有得心应手的工具。于是我决定尝试做几件适合自己的工具，几次失败之后，我成功地制作了许多我后来用于雕刻版画的工具。虽说我后来得到了一个大有用途的放大镜，起初却因为缺乏合适的放大镜而感到很不方便，一些局部细节的雕刻只能靠我父亲的眼镜来帮忙。在雕刻这块钢板的过程中所发生的一次偶然事件，几乎让我完全放弃了这项工作。有时候由于别的工作，我不得不在相当长的时间里把它搁置一旁。为了保护它不生锈，我通常在已经刻好的部分涂上一层油。然而，在一次这样的间隔期之后检查这块钢板时，我发现那层油变成了黑乎乎的黏稠物质，非常难以去除。我尝试着用针把它剔除，但发现这样所花费的时间几乎和重新雕刻这一部分的时间差不多。此时我深感绝望，但最后偶然发现了一个很管用的办法：把它放在烧沸的苏打水中，然后再用牙刷把雕刻好的部分擦净。我高兴地发现，钢板又完好如初。我最大的困难此时已经克服了，耐心和毅力，是把劳动带向成功结果所需要的一切。在完成这幅版画时，我没有得到任何人的建议和帮助。因此，如果说这件作品有任何价值的话，我希望把所有的荣誉都归功于此。"

评论《锻工车间》这幅版画与本书的写作意图毫无关系，它的价值已经得到了艺术杂志的普遍承认。这幅作品沙普尔斯是利用晚上的业余时间完成的，前后整整用了 5 年时间。当他把版画拿到印刷厂时，他才第一次看到别人创作的雕版画。对于这幅质朴无华的天才与勤奋之作，我们可以给它添上另外一笔，这是充满家庭温馨的一笔。沙普尔斯说："我结婚已经 7 年，那段时间是我最快乐的时光，每当我完成了工厂里的日常劳作之后，回到家里重新拿起我的铅笔或刻刀，常常工作到深夜，期间，妻子一直坐在我的身边，给我读某本有趣的书。"这是一段质朴而美丽的证言，它见证了这个十分普通的场景，也见证了这位最专注、最值得尊敬的工人那真诚正直的心灵。

15

在绘画和雕刻方面达到卓越所需要的勤奋与专注，在其姊妹艺术音乐中也同样需要——一者是形色之诗，一者是天籁之诗。韩德尔是一位不知疲倦、持之以恒的劳动者，他从不会被失败击倒，相反，他似乎总是愈挫愈勇。当一次令他蒙羞的欺诈使他沦为一个无力偿付的债务人的时候，他也没有一刻屈服，而是在一年之内创作出了《扫罗》(Saul)、《以色列》(Israel)、德莱顿《颂诗》(Ode) 的音乐、《十二庄严协奏曲》(Twelve Grand Concertors) 和歌剧《朱庇特在阿戈斯》(Jupiter in Argos)，这些，都是他最优秀的作品。正如他的传记作家所说："他勇敢面对一切，独立完成了 12 个人的工作。"

海顿在谈到自己的艺术时说："它在于认准一个目标，并一直追求下去。"莫扎特说："工作，是我最主要的快乐。"贝多芬最喜欢的格言是："对于那些会说'路虽远，但不会更远'的有远大抱负的勤奋天才来说，障碍是不会树立起来的。"当莫舍勒斯[①]把他的钢琴曲《费德里奥》(Fidelio) 的曲谱呈递给贝多芬的时候，后者发现最后一页的底下写着："终于，在上帝的帮助之下。"贝多芬立即在下面写道："噢，小子。是在你自己的帮助之下。"这就是艺术生涯的座右铭。约翰·塞巴斯蒂安·巴赫[②]说："我勤奋，任何同样孜孜不倦的人，都会取得同样的成功。"但毫无疑问，巴赫天生就对音乐充满激情，这是他勤奋的主要动力，也是他成功的真正奥秘。在巴赫还是个年轻人的时候，他的哥哥希望把他的才能转到别的方向，于是毁掉了他收藏的一批练习曲谱，这些都是年轻的巴赫借着月光抄写的（家里人不给他蜡烛）。这证明了这孩子天赋中的强烈倾向。

关于梅耶贝尔，1820 年拜尔在米兰这样写道："他有些才能，但绝非天才。他离群索居，每天工作 15 小时。"许多年过去，梅耶贝尔的刻苦劳动显示出了他的天才，这一点，在他的《罗伯托》(Roberto)、《胡格诺教徒》(Huguenots)、《预言家》(Prophète) 及其他作品中得到了展现，这些作品被公认为现代最伟大的歌剧。

---

① 伊格纳兹·莫舍勒斯 (1794—1870)，出生于捷克的英国钢琴家、作曲家。
② 约翰·塞巴斯蒂安·巴赫 (1685—1750)，巴洛克时代晚期的德国作曲家和管风琴家，是历史上最伟大的作曲家之一。

16

尽管音乐创作至今仍然不是英国人大显身手的一门艺术，他们的精力大多被用于其他更实用的领域，但我们也并非没有这方面的本土例证能够证明在这一特殊领域中持之以恒的力量。阿恩[1]是一个家具商的儿子，父亲打算让他从事法律方面的职业。但他对音乐的热爱实在是太强烈了，无法抑制对它的追求。在一家律师事务所上班的时候，他的薪水很微薄，然而为了满足自己的音乐爱好，他常常借来一套侍从制服，然后跑到歌剧院的走廊里，冒充侍者。对于他在小提琴上所取得的巨大进步，父亲完全蒙在鼓里，一个偶然的机会使得父亲知道了这个情况。当时，他造访附近一位先生的家，惊愕万分地发现儿子在演奏首席小提琴，和他一起演奏的是一帮音乐家。这次偶然事件决定了阿恩的命运。对他的愿望，父亲没有再提出进一步的反对，这个世界因此失去了一位律师，却得到了一位趣味高雅、感觉敏锐的音乐家，他给英国音乐史增添了许多有价值的作品。

威廉·杰克逊[2]是《以色列的解救》（*The Deliverance of Israel*）的作者，这部清唱剧曾在他的家乡约克郡的许多主要城镇成功上演，他的事业生涯，提供了一个在追求音乐的道路上毅力战胜困难的生动例证。他是马沙姆一位磨坊主的儿子，那是一座位于约克郡西北角约河河谷的小镇。对音乐的爱好似乎是这个家族的遗传，他的父亲在马沙姆志愿兵乐队吹横笛，同时还是教区唱诗班的一名歌手。他的祖父也是马沙姆教堂的一名首席歌手和摇铃手。这孩子在音乐上最早的赏心乐事之一就是出席礼拜日早晨的鸣钟仪式，在仪式进行期间，风琴手演奏手摇风琴更让他惊叹不已，风琴盖向后打开，以便让声音完全进入教堂，风琴的音栓、

---

[1] 托马斯·奥古斯丁·阿恩（1710—1778），英国作曲家，以创作歌曲、宗教题材清唱剧和歌剧而闻名。

[2] 威廉·杰克逊（1815—1866），英国作曲家、风琴演奏家和指挥家。

风管、共鸣箱、主体、键盘和塞孔,全都暴露无遗,让坐在楼座后面的小家伙们惊奇不已,最好奇的还是我们这位小音乐家。8岁那年,他开始演奏父亲那支老横笛,然而这支老笛子却发不出D音。母亲为他买了一支单键长笛,算是解决了这个问题,不久之后,邻居中的一位先生送给他一支带有四个银键的长笛。这孩子在"书本知识"上毫无长进,比起学校的功课,他更喜欢板球、手球和拳击,乡村学校的老师对这个"坏孩子"彻底失望了,父母只好把他送到了帕特莱桥的一所学校。在那里,他在布里奇豪斯门的乡村合唱队歌手俱乐部里找到了志趣相投的伙伴,并跟他们学会了按照古老的英国方法视唱全音阶。他因此在阅读乐谱上得到了很好的训练,并很快成了这方面的行家里手。他的进步让整个俱乐部惊讶不已,他带着音乐方面的雄心壮志回了老家。这时,他开始学习演奏父亲的老钢琴,但声音不是很动听。他非常渴望得到一架手摇风琴,却没钱买。大约就在这个时候,邻居当中有一位教区文员用微不足道的一点钱买了一架报废的小型手摇风琴,这架老古董曾经被它的主人带在身边到北方各郡巡回演出。这位文员试图让它重新发出声音,但没有成功。最后他想到可以让年轻的杰克逊来试试,这小子曾成功地改造和改进了教区教堂的手摇风琴。于是他用一辆驴车把这架老古董拉到了杰克逊的家里,手摇风琴很快被修好了,再次弹响了它的老调调,让它的主人大为满意。

此时,自己动手制作一架手摇风琴的想法开始在这个年轻人脑海里萦绕,于是决定说干就干。父亲和他一齐动手,尽管没有做木匠的经验,但是,凭借艰苦的劳动并经过多次失败之后,他们终于成功了。一架风琴建造起来了,它可以中规中矩地弹奏10个曲调,街坊四邻中,普遍把这件乐器视为一桩奇迹。年轻的杰克逊如今时常被人请去修理古老的教堂风琴,给这些风琴加上风管以便可以弹奏出新的乐曲。他所做的这一切都令雇主满意,这之后他继续制作了一架四音管手风琴,采用一种老式大键琴的琴键。他开始学习演奏这个乐器,夜里钻研考尔科特的《低音乐器》(Caucott's Thorough Bass)，白天则干他磨坊工的营生，偶尔也牵着一头驴、拉着一辆车，像个"乞丐"那样走街串巷。夏天，他在田野里劳动，有时是种芜菁，有时是种干草，有时是收割，但在晚上的闲暇时光，决不会没有音乐的慰藉。接下来，他尝试动手作曲，他把自己写的12首颂歌拿给约克的卡米奇先生看，自称"一个14岁磨坊工少年的作品"。卡米奇先生很喜欢这些作品，也标出了一些不喜欢的段落，附上鼓励的评论还给了他，给了这个年轻人很大的信任，鼓励他应该"继续写下去"。

此时，在马沙姆组建了一支乡村乐队，年轻的杰克逊加入了进来，最后被任命为乐队的负责人。他先后演奏过所有的乐器，因此在音乐艺术上获得了相当可观的实践知识。他还为乐队编写了数不清的曲子。有人送给教区教堂一架新的手风琴，他被聘请为风琴演奏者。如今，他放弃了熟练磨坊工的工作，开始卖起了蜡烛，不过空余时间依然在从事他的音乐研究。1839年，他发表了自己的第一首颂歌《为了欢乐，让富饶的河谷歌唱》(For joy let fertile valleys sing)。第二年，他的《草地姐妹》(Sisters of the Lea)在哈德斯菲尔德合唱乐队获得了一等奖。他的另一首颂歌《上帝可怜我们》(God be merciful to us)，以及为合唱队和管弦乐队写的《103圣歌》(the 103rd Psalm)，都非常有名。在创作这些小调作品的同时，杰克逊还继续创作他的清唱剧《以色列的解救》。他习惯于草草记下出现在脑海里的每一个念头，然后在从蜡烛店下班之后，再在夜里把它们写到乐谱上。1844至1845年间，他的清唱剧部分发表了，在他29岁生日的时候发表了最后的合唱部分。这部作品受到了极大的好评，经常在各北方城镇成功上演。杰克逊最后作为一名音乐教授定居布拉德福，对那座城市及周边地区音乐趣味的培养做出了不小的贡献。许多年之后，他荣幸地带领布拉德福合唱队在白金汉宫和水晶宫为女王陛下演出，他写的一些合唱曲在演出时产生了很大的影响。①

　　这就是一个自学成材的音乐家事业生涯的简短概括，他的一生，为自助、勇气和勤奋的力量提供了又一个例证，这种力量让一个人能够战胜和克服他早年所遇到的非同寻常的困难和障碍。

---

① 原注：在本书修订版的书稿交到出版社的时候，当地的报纸上登出了杰克逊先生以50之年遽然辞世的讣告。他最后的作品，是他去世之前不久完成的清唱剧《音乐颂》(*The Praise of Music*)。上面描述的他早年生活的细节，是他本人在几年前与笔者通信时透露的，当时，他依然在马沙姆小镇上经营他的蜡烛生意。

第 7 章

勤奋和贵族阶级

他既怕自己的运气太糟,又担心得到的奖赏太少,因此不敢做最后的一掷,或全部失去,或全部得到。

——蒙特罗斯侯爵

他叫有权柄的失位,叫卑贱的升高。

——《路加福音》1:52

1

我们已经提到过一些平民百姓凭借专注和勤奋的力量从卑微的处境中提升到更高社会地位的例证；我们可以看到，在贵族阶层中，也存在一些同样富有教益的榜样。英国贵族何以能够这样屹立不倒，一个主要的原因是，和其他国家的贵族不同，他们往往是由这个国家最优秀的产业血液喂养起来的——是真正的"不列颠的肝胆、心脏和头脑"[1]。像传说中的安泰[2]一样，只要触到大地母亲，加之最古老的高贵律令——工作的律令，他们就会生气勃勃、重新振作。

所有人的血液，都来自同样遥远的源头，尽管有些人并不能将血脉直接追踪到他们远古的始祖，然而所有人都能够证明他们谱系的源头来自人类伟大的祖先，正如切斯特菲尔德勋爵所写的"亚当的血脉，夏娃的血脉"。没有哪个阶级是永远固定不变的。得势者可以沦落，卑贱者可以上升。新的家族会取代消失在平民阶层中的旧家族。伯克的《家族的兴衰》(*Vicissitudes of Families*)引人注目地展示了这种家族的兴盛和衰落，显示了降临在富贵者身上的灾祸，比贫贱者所遭遇的不幸有过之而无不及。作者指出，被推举来执行"大宪章"的25位贵族，如今在贵族院中没有一个男性后裔。内战和叛乱毁灭了许多古老的贵族，使他们的家族土崩瓦解。然而，他们的子孙后代有许多幸存了下来，可以在平民阶层中找到。富勒在他的《名流》(*Worthies*)中写道："许多拥有勃翰、莫蒂默和普兰特治尼特等高贵姓氏的人，如今隐没在平民堆中。"伯克

---

[1] 语出莎士比亚剧本《辛白林》(*Cymbeline*)第五幕第五场。
[2] 安泰，希腊神话中的大力士、地神之子，只要不离开其母大地就不可战胜。

告诉我们，人们发现爱德华一世的第六子肯特伯爵的两位直系后裔分别是屠夫和收税人；克拉伦斯公爵的女儿玛格丽特·普兰特治尼特的重孙沦为什罗普郡纽波特的一位修鞋匠；在爱德华三世格洛斯特公爵的直系子孙中，你会找到汉诺威广场圣乔治教堂的一位司事。人们了解到，英格兰一等男爵西蒙·德·蒙特福特的一位直系子孙，是托雷街的一个鞍匠。诺森伯兰伯爵头衔的拥有者"普劳德·珀西"的一位后代，是都柏林一个制皮箱的；几年前，一位珀斯伯爵头衔的继承人，是诺森伯兰郡一家煤矿的矿工。休·米勒在爱丁堡附近做泥瓦匠的时候，给他打下手的一位小工是克劳福特伯爵爵位的众多申请人之一——确立其主张权所需要的全部文件就是一张遗失的结婚证，那时候，人们多次听到砖墙上回响起这样的喊声："约翰，克劳福特伯爵，把灰浆桶给我拎过来。"奥利弗·克伦威尔的一位重孙是斯诺希尔的一个杂货商，他的另外几位后人死于贫困。许多令人骄傲的贵族名字和头衔，就像树懒一样，在吃完所有的树叶以后，已经从他们的家族树上消失了；而另一些人则被他们无法挽救的灾祸所淹没，沦于贫困和卑微。这就是等级和财富的无常。

英国的贵族阶层，有大量的人都是在相当晚近才失去头衔的，不过，这一阶层从令人尊敬的产业界得到了相当大的补充，他们的高贵毫不逊色。从前，伦敦的财富和商业（它们总是由那些精力充沛、积极进取的人所经营），是贵族阶级的一个丰富来源。康沃利斯伯爵爵位的获得者是切普赛德街的批发商托马斯·康沃利斯；获得艾塞克斯伯爵爵位的是布料商威廉·卡佩尔；获得克雷文伯爵爵位的是成衣商威廉·克雷文。现代的沃里克伯爵并不是从那位"造王者"那里继承来的，而是来自毛料批发商威廉·格雷维尔；而现代的诺森伯兰公爵的源头，并不是珀西家族，而是伦敦一位值得尊敬的药剂师休·史密森。达特默思、拉德诺、迪西和庞弗雷特等家族的创始人，分别是皮革商、丝绸商、成衣商和加来的一位批发商；而坦克维尔、多默和考文垂等贵族头衔的创立者，则都是绸缎商。罗姆尼伯爵、达德利勋爵和沃德勋爵的祖先是金匠和珠宝商；达克雷勋爵的祖先则是查理一世统治时期的一位银行家；奥弗斯通勋爵是维多利亚时代的一位银行家。利兹公爵头衔的奠基人爱德华·奥斯本，是伦敦桥一位富有布商威廉·休伊特的学徒，休伊特唯一的女儿不慎落水，奥斯本勇敢地跳进泰晤士河里把她救了起来，最后娶了她。在通过经商而获得的贵族头衔中，还有菲茨威廉、利、彼得、科伯、达恩利、希尔和卡林顿。福利和诺曼比家族的创始人在许多方面都卓越非凡，像我们提到过的那些品格力量的显著例证一样，他们的生活经历也值得保存。

2

福利家族的创始人是理查德·福利[1]，他的父亲是查理一世时期斯多布里奇附近的一位小自耕农。当时，斯多布里奇是中部地区钢铁产业的中心，理查德从事的是这一产业的一个分支——铁钉制造。通过日常观察，他发现当时在制造铁钉过程中所采用的分割铁棒的笨拙工序既费力又费时。由于从瑞典进口的铁钉开始在市场上廉价出售，斯多布里奇的制钉者们正逐渐失去他们的市场份额。人们开始了解到，瑞典人通过切割机的使用，完全代替了当时英国人所习惯的那种费力费时的工序，从而能够制造出更廉价的铁钉。

理查德·福利很清楚这一点，他决定熟练掌握这种新工艺。他突然从斯多布里奇消失不见了，此后几年中，人们再也没有听到他的消息。没有一个人知道他去了哪里，就连他的家人也不知道，因为他没有把自己的计划告诉家人，以免不能成行。他几乎身无分文，却设法去了赫尔[2]，

---

[1] 理查德·福利（1580—1657），英国实业家。
[2] 赫尔，英格兰东北部港口城市，18世纪末开始成为重要海港。

从那里登上了一艘驶往一个瑞典港口的商船。他所拥有的唯一财产，是一把小提琴，在瑞典上岸以后，他拉着小提琴沿路乞讨去了乌普萨拉附近的达内莫瓦矿区。他是一位出类拔萃的音乐家，也是一位令人愉快的伙伴，因此很受钢铁工人们的欢迎。所到之处，人们都接纳他进入自己的工作场地。他抓住这样的机会把观察到的一切牢牢记在脑海里，不断熟悉和掌握割铁机。连续逗留了一段时期之后，他突然从那些心地善良的矿工朋友中间消失不见了，没有一个人知道他去了哪里。

回到英国后，他把自己旅行的成果告诉了斯多布里奇的奈特先生和另外一个人，他们对理查德有足够的信心，给了他必需的资金，以建造厂房和制造用新工艺切割铁条的机器。然而，当机器开始工作时，令所有人（尤其是理查德·福利）恼怒和失望的是，他们发现，机器无法运转——无论怎样也切割不了铁条。福利又一次消失不见了。人们认为，这次失败所带来的羞愧和耻辱把他永远地赶走了。事情当然不是那样。福利决心要掌握割铁的奥秘，他要说到做到。他再一次动身去了瑞典，像从前一样在他的小提琴的陪伴下，一路找到了那些钢铁厂，受到了矿工们兴高采烈的欢迎，并且，为了表示对他们的音乐家朋友的信赖，这一次他们就让他寄宿在了切割机房里。正因对此人缺乏了解（除了他的小提琴演奏），才使得他们对这位流浪音乐家的目的不抱丝毫的怀疑，就这样让他能够达到自己生命的最终目标。这次他细心周密地研究了这些机器，并很快发现了自己失败的原因。他尽自己最大的努力，绘制了些机器的图样，尽管绘图对他来说是一门全新的技艺。他在那里逗留了足够长的时间，以使自己能够检验他的那些观察资料，并把机器的装配清晰而生动地烙在了自己的脑海里，这之后，他再一次离开了矿工们，到达了一个瑞典港口，登上了一艘开往英国的商船。这样一个目标坚定的人不可能不成功。他的回来让朋友们大吃一惊，他完成了机器的装配，结果大获成功。凭借自己的才能和勤奋，他很快就为自己奠定了财富的基础，在一片广阔的地区重新振兴了铁钉贸易。

在理查德的有生之年，他继续从事着自己的生意，不断在周边地区资助和鼓励慈善事业。他在斯多布里奇捐建了一所学校。在"残余议会"[1]时期，他的儿子托马斯（他是基德明斯特镇的大恩人）是伍斯特郡的名誉郡长，他在老斯文福德捐建了一座慈善学院，为孩子们提供免费教育，这所学院至今尚存。早期的福利家族全都是清教徒。理查德·巴克斯特似乎对这个家族的许多成员都很熟悉，他在自己的《生活与时代》(Life and Times)中经常提到他们。托马斯·福利在被任命为本郡名誉郡长的时候，曾请求巴克斯特宣讲例行布道。巴克斯特说托马斯的"行为是如此公平正直，如此无可指责，以至于所有与他打过交道的人都交口称赞他的伟大、正直与诚实，没有人对此提出过置疑"。这个家族在查理二世统治时期被封为贵族。

3

穆尔格拉维或诺曼比家族的奠基人威廉·菲普斯[2]，是一个在生活道路上与理查德·福利一样杰出非凡的人。他的父亲是一个军械工人，一个精力充沛的英格兰人，定居在缅因的伍尔威治，那里后来成为英国在美洲的殖民地的一部分。他出生于1651年，家里的孩子不少于26个（其中21个是儿子），他们唯一的财富，就是他们刚勇的心灵和强健的双臂。威廉的血管里，似乎涌流着一股丹麦海洋的血液。早些年他一直是个牧羊人，但他不安于这样恬淡从容的生活。凭着与生俱来的胆大包天和喜欢冒险，他渴望成为一名水手，浪迹天涯。他千方百计想找到一艘船收留自己，但没能如愿，于是就自己跑去给一位造船工程师当学徒，

---

[1] 1648年12月6日，普赖德上校带领军队占领英国议会，将长老会派议员从议会清洗出去，余下议员约200余人，史称"残余议会"，1653年被克伦威尔解散。

[2] 威廉·菲普斯（1651—1695），英国在美洲的殖民地总督。

跟着这位工程师全面学习造船知识，还学会了读书写字。学徒期满之后，他移居波士顿，在那里向一位比较有钱的寡妇求爱，并娶了她。这之后，他把自己的院子装配成了一个小小的造船车间，建造了一艘船，然后下水入海。大约有 10 年的时间，他都在从事木材贸易，以沉重、艰苦的方式运送木材。

凑巧的是，有一天，正当他在老波士顿那弯弯曲曲的街道上经过的时候，偶然听到几个水手在交谈，说的是有一艘船在巴哈马群岛附近海域失事沉没。那是一艘西班牙船，据推测船上有大量钱财。他的冒险精神立刻被点燃了，于是马不停蹄地纠集起一伙可靠的船员，扬帆驶往巴哈马群岛。那艘失事船离海岸很近，他没费多少力气就找到了，成功地捞起了大批的货物，但钱很少，结果勉强能够支付他的费用。然而，这次行动却成功地激发了他的进取精神，当他听说另一艘装载更为富有的大船大约 50 多年前在拉布拉达港口失事沉没的时候，立即就下定决心要打捞起这艘沉船，或者，无论如何也要捞出船上的财宝。

但他太穷了，如果得不到强有力的帮助，不可能承担这样一项庞大的计划。他动身前往英国，希望能得到这样的帮助。他在巴哈马群岛成功捞起沉船的消息，已经先于他本人传到英国。他直接向英国政府提出了请求。凭借心急火燎的热情，他成功地战胜了英国官僚墨守成规的老脑筋。查理二世终于把一艘装有 18 门大炮的船只"阿尔及尔玫瑰号"和 95 个人交给他任由驱驰，任命他为司令官。

菲普斯接着就扬帆出海，去寻找西班牙沉船，打捞财宝。他平安地抵达了伊斯帕尼奥拉岛①海岸，但如何找到沉船却是一个大难题。沉船事件发生在 50 多年以前，菲普斯只能依据道听途说的传闻来开展工作。有一片宽阔的海岸需要调查，在浩瀚无垠的大海中，这艘沉没的大商船究竟躺在哪片海底，毫无踪迹可循。但这个人内心刚强，满怀希望。他让

---

① 伊斯帕尼奥拉岛，即海地岛，位于拉丁美洲西印度群岛中部。

自己的水手沿着海岸着手拖捞，几个星期过去，他们一直打捞着海草、鹅卵石和岩石块。对水手们来说，没有什么活比这更令人厌烦的了，他们开始牢骚满腹，私下里抱怨这个发号施令的家伙在让他们干一桩愚蠢的勾当。

最后，抱怨达到了顶点，水手们爆发了一场公开的哗变。一天，船员中的一个男孩冲上了后甲板，要求放弃这次航行。然而，菲普斯可不吃胁迫这一套，他把几个领头人抓了起来，命令其他人回去继续干活。为了对船进行维修，必须在一座小岛的近岸抛锚，为减轻船的负载，船上大部分储备被运到了岸上。船员们的不满情绪依然在增长，岸上的人定下了新的密谋，要夺取那艘船，把菲普斯扔到海里去，然后去做海盗，游弋南海水域，劫掠西班牙人。但这必须得到造船木匠工头的支持，他因此被秘密指派为领航员。事实证明这个人是忠实可靠的，他立刻把眼下的危险报告给了船长。菲普斯把那些自己认为可靠的人召集到了身边，命令将大炮装上火药，对准海岸，吩咐撤下通到岸上的舰桥。当那些哗变者露面的时候，船长向他们高喊，告诉他们，如果靠近储备物资（此时仍然在岸上），就会向他们开火。当他们缩回去的时候，菲普斯命令将储备物资重新装船，置于大炮的保护之下。那些哗变者害怕被抛在这座荒无人烟的小岛上，于是纷纷放下武器，恳求让他们回到自己的工作岗位上。菲普斯同意了他们的请求，并严密防范未来可能出现的动乱。然而，菲普斯最终还是利用早先的机会，把部分闹事的船员扔在了岸上，而让其他人各归其位。不过，等到重新开始积极探查的时候，他发现，要修好那艘船就必须回英国去。然而，此时他对那艘西班牙宝船沉没的地点已经获得了更准确的信息，而且，尽管依然有很大的困难，但他对这项计划的最后成功比从前有了更大的信心。

回到伦敦之后，菲普斯把这次航行的成果向英国海军部作了通报，他们对他的努力表示满意。但他失败了，他们不可能再给他一艘船了。詹姆斯二世此时已经即位，政府也遇到了麻烦，正自顾不暇。因此，菲普斯和他提交的淘金计划完全是白费力气。接下来，他试图通过公众认捐来募集资金。起初，他受到了人们的嘲笑。但他凭借坚持不懈的软磨硬泡，最后居然成功了。他在贫困中将自己的计划对着那些有权有势的大人物们的耳朵喋喋不休地吵闹了整整4年，最后，他成功了。一家有20名参股人共同出资的公司成立了，蒙克将军的儿子阿尔伯马尔公爵承担了其中主要的股份，捐助了实施这项计划所需的大部分资金。

像福利一样，菲普斯的第二次航行证明比第一次更幸运。船平安无恙地抵达了拉布拉达港口，停泊在附近的一片暗礁区，据推测，那里可能是失事船只沉没的地方。他的首要任务是打造一条能够装备8至10条船桨的结实小艇，造船过程中，菲普斯亲自抡起了扁斧。据说，为了探测海底，他还建造了一架类似于现在人们称为"潜水钟"的机器。有人发现，一些书籍中提到过这种机器，但菲普斯对书籍知之甚少，因此可以说，他完全是为了自己用而重新发明了这种装备。他还雇用了一些印第安潜水员，这些人的潜水技术非同凡响，他们是为了寻找珍珠以及其他水下作业而练就了这身绝技。补给船和小艇被带到了那片暗礁区，人们开始着手工作，他们以各种不同的方式在海底连续不断地拖捞了许多个星期，却看不到任何成功的前景。然而，菲普斯继续勇敢地坚持着，希望一个接一个破灭。终于，有一天，一个水手在小艇舷侧察看着清澈的海水，注意到从岩石的缝隙中长出了一种古怪的海洋植物，他叫来一位印第安潜水员，让他下水取来那株植物。当这个红种男人捧着海草浮出水面的时候，他报告了在同一个地方躺着许多船炮。这个消息起初受到了人们的怀疑，但经过进一步的调查之后，证明它是确切的。搜索开始了，不久，一名潜水员捧着一根纯银条浮出了水面。一见之下，菲普斯大叫了起来："感谢上帝，我们成功了！"潜水员们如今都满怀信心地大干快上，几天之内，被打捞出水的财宝价值约30万英镑，菲普斯带着这些财宝返航回国。当他抵达英国的时候，有人怂恿国王，让他借口菲普斯在恳求国王许可的时候没有通报关于此事的准确信息，从而截住那艘船，扣下船上的货物。国王回答说，自己知道菲普斯是个诚实的人，他和他的朋友们应该分得全部的财宝，即使他带回来的比这还要多一倍。菲普斯分到了2万英镑。而国王，为了显示自己对菲普斯在经营这项计划时的能力和诚实的赞许，授予了他爵士头衔。他还被任命为新英格兰的名誉州长，在他担任这一职务期间，还参与了对皇家港和魁北克的远征，从而为祖国和殖民地反对法国的战争做出了英勇的贡献。他还得到了马萨诸塞总督的位置，从这个职位退休后，他回到了英国，1685年在伦敦去世。

菲普斯事业生涯的后期，始终不羞于提及自己出身的卑微，对他而言，从一个普通的造船匠，到获得爵士荣誉、成为行省首脑，是一件值得骄傲的事情。当他因为公共事务而焦头烂额的时候，常常声称，回去重新拿起他的板斧将会更轻松一些。他留下了正直、诚实、爱国、勇敢的品格，这的确是诺曼比家族一笔高贵的遗产。

4

兰斯多恩家族的奠基人威廉·配第也是一个同样精力充沛、对他那个时代发挥过有益作用的人。他1623年出生于汉普郡的罗姆斯，父亲是当地一位社会地位不高的布商。少年时代，他在本镇的文法学校里接受了还算过得去的教育，这之后，他决定进入诺曼底的卡昂大学深造。在大学读书期间，他设法做到了在没有父亲帮助的情况下自己养活自己，以"很少的一点商品库存"从事一种类似于街头小贩的生意。回到英国之后，他自己跑去给一位商船船长当学徒，常常因为视力不好而被师傅"用缆绳头抽打"。他带着深深的厌恶离开了船队，着手进行医学研究。在巴黎的时候，他从事过解剖，期间还给当时正在撰写光学论文的霍布斯绘制过图解。他实在是太穷了，以至于有一段时间完全靠胡桃对付了两三个星期。他重新做起了小本生意，凭诚实的劳动挣钱糊口，并且很快就口袋里揣着挣来的钱回到了英国。他凭借自己颇具有独创性的机械爱好，获得了一项复写机的专利。他开始撰写艺术和科学方面的文章，从事化学和医学方面的业务，并大获成功，以至于他的名望很快就变得相当不凡。在与科学家们交往的过程中，他逐渐形成了组建一个协会的计划，以便展开科学讨论，襁褓中的皇家学会的第一次会议就在他租住的房间里召开。在牛津，他还为那里的一位解剖学教授当过一段时间的副手，这位教授对解剖有着强烈的厌恶。1652 年，他的勤奋得到了回报，他被任命为爱尔兰军的随军医师，他就这样去了爱尔兰。在此期间，他连续担任了三任爱尔兰总督（兰伯特、弗利特伍德和亨利·克伦威尔）的私人保健医生。大量没收的土地被赏给了清教徒军人，配第注意到，随后，这些土地测量得很不准确，在他诸多的职业中间，他又自告奋勇地承担了这项工作。他的职务变得如此之多，而且又都有利可图，以至于那些嫉妒他的人都指控他贪污腐败，随后，这些职务全都被撤掉了。不过，复辟时期他又重新得到了青睐。

配第是一个不知疲倦的设计者、发明者和组织者。他有一项发明是双底船，能够抵抗大风和潮汐。他出版过多种专著，涉及染色工艺、海军哲学、毛纺制造、政治算术以及许多其他课题。他创建了炼铁厂，开辟了石墨矿，从事过沙丁鱼业和木材贸易。在这些林林总总的事情当中，他还抽出时间参加皇家协会的讨论，他对这个协会做出过很大的贡献。他给儿子们留下了大笔的财富，他的长子后来被封为谢尔本男爵。他的遗嘱是一份奇怪的文件，是他性格的一个异乎寻常的例证。遗嘱中包含他一生中的主要事件，以及他的财富是如何逐步增长的详细材料。他对贫穷的看法也很有特点，他说："对待贫穷，我无能为力；对于通过贸易和选举乞讨的乞丐们，我什么也不会给他们；那些上帝之手造成的无法自食其力的人，社会应供养他们；那些既无职业也无财产的人，应该交给他们的亲属；……因此我感到满足，我帮助了我所有的穷亲戚，把他们带上了一条独立谋生之道；参与公共工程的劳动；通过发明以追求慈善事业的真正目的。我因此恳求所有分享我财产的人，在他们处于危险中的时候去做同样的事。然而，为了响应传统习俗，我给我死于其中的教区 20 英镑，这是他们最缺乏的。"他被埋葬在罗姆斯古老、美丽的诺曼底教堂里——他在这个小镇上出生的时候是一个穷人的孩子，在那座教堂唱诗席的南侧，至今还可以看到一块朴素的厚木板，上面有一行题字，那是由一个目不识丁的工人刻下的："这里长眠着威廉·配第爵士。"

5

另一个家族，因为在当代从事发明和贸易而被封为贵族，这就是贝尔珀的斯特拉特家族。他们的贵族特权事实上是由杰迪代亚·斯特拉特于 1758 年获得的，当时他发明了制造棱纹长袜的机器，并因此奠定了家族财富的基础，这些财富在后来的斯特拉特家族的手中得到了极大的增长，并被慷慨地使用。杰迪代亚的父亲是一个农夫和麦芽制造者，孩子们只接受过很少一点教育，但他们全都大获成功。杰迪代亚是次子，在他还是个孩子的时候，就帮着父亲在农场里干活。他很小就表现出了对机械的爱好，对那个时期的粗糙农具进行过几次改进。叔叔去世的时候，杰迪代亚继承了一座农场，位于诺曼顿附近的布莱克沃，长期为这个家庭所租佃。不久之后，他和德比市一位袜商的女儿沃拉特小姐结了婚。他偶然从妻子的兄弟那里得知，许多人做出过各种不同的努力，尝试用机器制造棱纹长袜，但无一成功。听说这个消息之后，他着手钻研这个问题，为的是实现别人没能实现的目标。他因此弄来了一台织袜机，掌握了它的构造和运行方式，接着他引进了几种新的组合方式，以此在织袜机上成功地实现了编织平环扣的变化，并使得它能够生产出"棱纹"袜。这台改进机器获得专利之后，他就搬到了德比市，在那里开始大规模生产棱纹长袜，生意非常成功。他后来与阿克莱特合伙，这次合作使得这项发明的价值得到了全面地体现，他不但找到了保护自己专利的手段，而且在德比郡的克兰弗德建立了一家很大的纺织厂。与阿克莱特的合伙期满之后，斯特拉特家族在贝尔珀附近的米尔福德建立了分布广泛的纺织厂，也给这个家族当时的领头人赢得了当之无愧的贵族头衔。

这位家族奠基人的儿子们也像他们的父亲一样，以他们的机械天才而闻名于世。长子威廉·斯特拉特也是如此，据说他发明了一种自动骡子，仅仅是因为当时的机械技术不能胜任它的制造，才妨碍了它的成功应用。威廉的儿子爱德华有着杰出的机械天才，很早的时候就发现了可用于马车的悬轮原理，他有一辆独轮手推车和两辆大车就是根据这个原理制造的，用在他位于贝尔珀附近的农场里。或许可以补充一点，斯特拉特家族始终以对财富的慷慨使用而著称于世，这些财富是他们的勤奋和技能所带来的。他们千方百计改善工人们的精神状态和社会环境，他们是每一项善举慷慨的捐助人——我们这里仅仅举出其中众多的例证之一：约瑟夫·斯特拉特曾将他在德比市的那座美丽的公园（或者叫植物园）当作礼物，永远捐赠给了当地的市民。他在捐赠仪式上发表的那篇简短致辞的结束语，值得我们在这里引用，并铭记在心："正如太阳明亮地照耀我的整个一生一样，我拿出自己所拥有财富的一部分，用于促进我生息其中的那些人的福祉，也是不必言谢的，因为正是他们的勤奋，帮助我积累了这些财富。"

6

无论是现在，还是从前，许多勇敢之士所表现出来的勤奋和活力也毫不逊色；无论是在陆地，还是在海上，他们凭借自己的英勇挣得了贵族头衔。且不说更古老的封建贵族，他们的终身职位靠的是戎马倥偬地效力沙场。

他们在那些大规模的国家冲突中常常带领英国军队，身先士卒，效命前驱。我们可以点出纳尔逊、圣文森特和里昂，还有威灵顿、希尔、哈丁格、克莱德以及更多的近代人，他们因为自己的杰出服务而为自己挣得了贵族地位。但在通向贵族阶层的道路上，法律行业似乎比任何别的行业有更多辛苦、勤奋的跋涉者。不少于70个贵族头衔（包括两个公爵爵位）是由成功的律师获得的。曼斯菲尔德和厄斯金的确出身于高贵的家庭，但后者总是为自己根本不知道家族里出过一位贵族而感谢上帝[1]。而其他绝大多数人的父亲都是诉讼代理人、杂货店店主、教士、商人以及辛苦劳动的中产阶级成员。由这一职业跃升贵族阶层的霍华德和凯文迪什，两个家族的第一代贵族都是法官；这些家族还有艾尔斯福德、埃伦伯勒、吉尔福德、沙夫茨伯里、哈德威克、卡迪根、克拉伦登、卡姆登、埃尔斯米尔、罗斯林；更近一些的则有泰特顿、艾尔敦、布鲁厄姆、登曼、特鲁罗、林德赫斯特、圣伦纳兹、克兰沃思、坎贝尔和切尔姆斯福德。

林德赫斯特勋爵的父亲是个肖像画家，圣伦纳兹的父亲是伯灵顿大街上一位香料商和理发师。年轻的爱德华·萨格登当初是格鲁姆先生事务所里一个跑腿的差役，格鲁姆是个办理不动产等让与事务的律师，他的事务所设在凯文迪什广场的亨丽埃塔大街，正是在那里，这位未来的爱尔兰大法官获得了他最初的法律观念。泰特顿勋爵的出身或许是他们所有人中最卑微的，但他并不引以为耻，因为他觉得，自己是通过勤奋、钻研和专注达到了他显赫的位置，这完全归功于自己。据说，有一次他

---

[1] 原注：曼斯菲尔德也并不把自己的成功归功于他的贵族亲属，他们贫穷而默默无闻。他孜孜不倦地用来获得成功的手段是合法、合理的。还是个孩子的时候，他就骑着一匹小马从苏格兰去伦敦，这趟旅行花了两个月。完成中学和大学课程之后，他开始从事法律职业，最后作为英国王座法庭首席大法官而走完了他忍耐克制、坚持不懈的辛劳一生，他在这个职位上所发挥的作用得到了普遍的承认，展现了他无与伦比的才能、公正和值得尊敬的品格。

带着儿子查尔斯来到坎特伯雷大教堂西侧对面的一间小棚屋,指着棚屋说:"查尔斯,你看这个小店铺,我带你来这里就是为了让你看看它,当初你祖父就是在这里为了一个便士而给人家修面。这是我一生中最自豪的回忆。"儿时的泰特顿勋爵是教堂唱诗班的歌手,说来也怪,是一次失望改变了他一生的目的地。在他和贾斯蒂斯·理查兹先生一起参加巡回法庭的时候,有一次他们出席教堂的宗教仪式,理查兹对唱诗班一位歌手的声音大加赞赏,泰特顿勋爵说:"噢,那是我曾经唯一嫉妒过的一个人。在这个镇上上学的时候,我们都是唱诗班领唱的候选人,结果他得到了这个位置。"

粗犷朴实的凯恩和精力充沛的埃伦伯勒在登上相同的王座法庭首席大法官的职位时,一样的非同寻常。最近获得同一职位的英格兰大法官、机智敏捷的坎贝尔勋爵,也是一个同样值得注意的人,他的父亲是法夫郡的一位教区牧师。许多年来他一直作为一名通讯记者为一家报社辛苦工作,同时还坚持不懈地为自己的职业实践作准备。据说,在他刚开始自己职业生涯的时候,总是步行从一个郡的首府走到另一个郡的首府,参加巡回法庭的审判,当时他太穷了,供不起奢华的旅行开支。但他就这样一步一步、缓慢却稳健地走向了卓越和显赫,这是一条他一直体面而积极地追求的勤奋之路,无论是在法律方面,还是对其他任何职业。

7

另外也有一些上议院大法官的著名实例,他们以同样的精神活力,孜孜不倦地攀登名望和荣誉的峭壁,也同样获得了成功。艾尔敦勋爵的事业生涯,或许是最著名的例子之一。他是纽卡斯尔一位煤矿装配工的儿子,与其说是个勤奋好学的孩子,不如说是个捣蛋鬼,他在学校里是个不可救药的恶棍,遭受过许多可怕的鞭打,偷鸡摸狗是这位未来大法官最喜爱的"英勇"行为之一。他的父亲最早想让他到一家杂货店去当学徒，后来又打定主意要培养他从事自己煤矿装配工的行当。但就在这个时候，他的长子威廉（后来的斯托厄尔勋爵）在牛津大学获得了一笔奖学金，他写信给父亲："把杰克送到我这里来，我能让他变得更好一些。"约翰就这样被送到了牛津，在那里，通过哥哥的影响和自己的勤奋，他也成功地获得了一笔奖学金。然而，就在回家休假期间，这个年轻人是如此不幸（或者不如说是如此幸运，正像后来所证明的），竟至于坠入了爱河，他带着那位私奔的新娘，一路跑过了边境线。他结婚了，正如朋友们所认为的那样，这辈子算是毁了。结婚的时候他上无片瓦下无寸土，也没挣到一个便士。他丢掉了那份奖学金，同时在教堂的结婚仪式上关闭了自己晋升的大门，这本是他注定要走上的一条坦途。他因此把自己的注意力转到钻研法律上来。他写信给一位朋友说："我轻率地结婚了，但正是因为这样，我才决心努力工作，以供养我所深爱的女人。"

约翰·斯科特来到了伦敦，在科西托巷租了一间小房子，静下心来钻研法律。他下了很大的决心，勤奋刻苦地钻研。他每天早晨4点起床，一直学习到深夜，为了让自己保持清醒，在头上绑了一块湿毛巾。他太穷了，没法在一位辩护人的手下学习，于是抄录了三大卷对开本判例原稿。许多年以后，他已经成了上议院大法官，有一天路过科西托巷的时候，他对秘书说："这是我最早的栖身之地，许多次我回想起当年走进这条小街，手里只有6个便士，只能买几条小鲱鱼权充晚餐。"当他第一次走上法庭辩护席的时候，他已经为这份工作等待了漫长的时间。他第一年挣到的钱总共只有9先令。4年以来，他勤勤恳恳地出席伦敦各法庭和北方巡回法庭，但都不怎么成功。即使是在老家的小镇上，大多也只能为穷人的案子辩护。结果是如此令人气馁，以至于他几乎决定放弃伦敦的事业机会，在某个外省小镇上定居下来，做一名乡村律师。哥哥威廉给家里写信："可怜的杰克，他的事业前景很暗淡，真的是太暗淡了！"

正像他曾经免于成为一个杂货商、一个煤矿装配工、一个乡村牧师一样，这一回他也成功避免了成为一名乡村律师。

机会终于出现了，这使得他能够展示自己曾经那样勤勉刻苦地获得的广博的法律知识。在他参与诉讼的一个案子中，他违背雇用他的代理人和当事人的愿望，极力主张一个法律观点。掌卷法官判决他败诉，但在上诉到上议院的时候，瑟罗勋爵正是根据斯科特强烈主张的观点，推翻了原先的判决。走出上议院的那天，一位律师轻轻拍了拍他的肩膀，说："年轻人，你这辈子的生计解决了。"这个预言被证明是对的。曼斯菲尔德勋爵总是说，他懂得在接不到案子和每年 3000 英镑之间，并无时间间隔；斯科特也可以讲一个同样的故事。他的进步是如此神速，以至于在 1783 年（这一年他只有 32 岁），他被任命为王室法律顾问，在北方巡回法庭坐头把交椅，作为沃伯利市的代表成为国会议员。正是在他事业生涯早期的那种前途暗淡但毫不退缩的艰苦工作中，奠定了他未来成功的基础。他通过毅力、知识和才干为自己赢得了前进的动力，坚持不懈地提高自己。他连续被任命为王室法律顾问和首席辩护律师，稳步上升至国王所授予的最高职位——英格兰上议院大法官，他占据这个职位长达四分之一个世纪。

8

亨利·比克斯特[①]的父亲是威斯特摩兰的柯比朗斯代尔小镇上一位外科医生，他本人也被培养从事这个行当。在爱丁堡做学生的时候，他就以工作的坚持不懈和投入医学研究的勤奋专注而著称。回到柯比朗斯

---

① 亨利·比克斯特，即约翰·斯科特（1783—1851），英国上诉法院掌卷大法官，1836 年被封为兰代尔男爵。

代尔之后，他积极地投身于父亲的行当，但他并不喜爱这个职业，对乡村小镇的卑微处境也越来越不满意。他开始关注更高级的生理学学科分支。父亲顺从了他的愿望，同意送他去剑桥，他的目的是在剑桥取得一个医学学位，以便能够到大城市执业行医。然而，他学习太用功了，以至于健康受到了很大的损害，为了恢复强健的身体，他接受了一份差事：作为牛津勋爵的私人医生陪他去旅行。在国外旅行的时候，他掌握了意大利语，并对意大利文学大加赞赏，而对医学的兴趣却并不比从前更大。因此，他决定放弃医学。但回到剑桥之后，他取得了学位，并在这一年获得了数学甲等荣誉学位，由此也可以看出他学习有多么刻苦。在当兵入伍的愿望落空以后，他转而向律师行业寻求发展，成为"内殿律师学院"的一名学生。他像从前钻研医学一样刻苦地钻研法律。在写给父亲的信里，他说："人人都对我说：'只要坚持不懈，你最后肯定会成功的。'尽管我并不十分清楚此话从何说起，但我还是尽可能地相信它，并将尽我的力量去做好每件事。"

28岁那年，他开始走上辩护席，对生活中的每一级台阶都尽力去攀登。他经济上非常拮据，靠朋友们的接济勉强度日。许多年来他都在学习和等待，但依然没有业务上门。他在娱乐消遣、服装穿戴，甚至生活必需品上都尽量节省，自始至终不屈不挠地努力拼搏。在写给家人的信中，他"承认，在有机会安身立命之前，他几乎不知道自己能够继续奋斗到何时"。3年的等待过去了，他写信向朋友们表示，与其继续增加他们的负担，他更愿意放弃律师职业，回到剑桥去，"在那里他确信能够维持自己的生活，并能有些收入"。家乡的朋友们又给他寄来了一小笔汇款，他坚持了下来，业务逐渐有了好转。在几宗小案子中，他表现得相当出色，终于有一些更重大的案子委托给他。他是一个从不坐失良机的人，决不允许一次合法的有利时机从身边溜走。他坚持不懈的勤奋很快就为他带来了财富，他不但不再需要来自老家的援助，而且还有条件连本带息地偿还从前欠下的债务。云消雾散，柳暗花明，亨利·比克斯特此后的职业生涯充满了荣誉、酬金和卓著的名声。他在上诉法院掌卷大法官这个职位上走完了自己的职业道路，同时作为兰代尔男爵成为上议院议员。他的一生，只不过是提供了又一个有力的例证，证明了耐心、毅力和认真工作的力量，能够不断提升个体的品格，以登峰造极的成功回报他的辛苦劳动。

　　这就是少数几个值得尊敬的奋力攀登人生顶峰的著名人物，他们通过对寻常品格的方方面面进行不屈不挠的磨练，借助专注和勤奋的力量使之更加强大，从而为自己赢得了最高的职业奖赏。

第 8 章

活力和勇气

只要有勇气，就没有办不成的事。

——雅克·科尔

世界属于勇者。

——德国谚语

凡他所行的，……都是尽心去行，无不亨通。

——《旧约·历代志下》31：21

1

有人记录了一位挪威老人发表的一次著名演说，透彻说明了条顿人的典型性格。他说："我既不相信神灵，也不相信魔鬼。我把我唯一的信任交付给我自己身体和心灵的力量。"一把古镐的镐头上镌刻着这样一句格言："我要么找到一条路，要么就开出一条路。"表达的同样是一种坚定顽强的独立精神，这也是今天北欧人后裔的显著特征。斯堪的纳维亚神话中有一个拿着一把锤子的神，的确没有什么比这更典型的了。从小事情中可以看出一个人的性格，即使是从诸如挥舞锤子的方式这样微不足道的事情上，也多少可以推断出他的劲头。因此，一位有名的法国人可以用一句话恰如其分地概括出某个地区居民的典型品质，他的一位朋友曾打算在那一地区购房置地、安居乐业。他说，"在那儿买地可得当心，我了解那里的人。有几个来自那一地区的学生到我们位于巴黎的兽医学校念书，他们从不用力敲击铁砧。他们缺乏活力。你在那里投入的任何资本恐怕都不会有令人满意的回报。"只有细心的观察者，才会对品格做出精辟而公正的评价。这个故事，显著说明了这样一个事实：正是个人的活力，给了一个国家以力量，甚至也赋予了他们所耕耘的土地以价值。正如法国谚语所说："人勤地不懒。"

品质的培养至关重要。追求高贵目标时的坚定决心，是所有真正伟大品格的基础。活力，使得一个人能忍受令人厌烦的苦工和枯燥乏味的琐事，使他在生活中的每一个位置上都能够奋力向前、蓬勃向上。活力比天才能完成更多的业绩，而可能遭受的失望和危险却要少得多。任何一种追求，要想获得成功，其所需要的并不是超凡出众的才能，更多的是需要决心——不仅仅是实现目标的能力，还有精力充沛、不屈不挠地从事艰苦劳作的意志。因此，意志力可以定义为一个人品格中的核心力量——简言之，它就是"人"本身。它给你的每一次行动以动力，给你的每一次努力以灵魂。真正的希望，乃是建立在意志力的基础之上。正是希望，给生命以真正芬芳。记功寺[1]里一个百孔千疮的头盔上刻着一行精美的纹章箴言："希望就是我的力量"，这句话，可以作为每个人终生的格言。西拉的儿子说："真不幸，他是个懦夫。"[2]的确，没有什么样的幸事比得上拥有一颗勇敢的心灵。即使你的努力终归失败，但认识到自己已经做到了最好，这种享受也会让你心满意足。在卑微的生活中，最令人高兴、最美不胜收的事情，就是看到一个人凭借毅力与苦难搏斗后取得胜利，哪怕他的双脚还在流血，哪怕他的手臂已经疲乏无力，但他依然走得雄赳赳、气昂昂。

纯粹的愿望和欲求，如果不立即付诸行动，则只会在年轻人的头脑里酿成一种"红眼病"。如果不是一边拼杀一边坚持（像威灵顿那样），而仅仅是坐等"布吕歇尔前来"[3]（像许多人所做的那样），将会无济于事。好的目标一旦确定，就必须迅速敏捷、坚定不移地付诸实施。在大多数人的生活环境中，艰辛和劳苦都应该当作最有益、最健康的磨练而高高兴兴地承受下来。阿莱·谢佛尔曾说："生活中，除了脑力或体力劳动，没有什么能带来丰硕的果实。奋斗再奋斗——这就是生活。就这方面而言，我是身体力行的，但我不敢说从来没有什么事情动摇过我的勇气。从道义上说，有了强大的灵魂和高尚的目标，一个人就可以做他愿意做的任何事。"

---

[1] 记功寺（Battle Abbey），位于英格兰南部的黑斯廷斯，是为诺曼底大公"征服者威廉"1066年在黑斯廷斯战役中击败撒克逊国王哈罗德而修建的一座修道院。
[2] 语出《新约外传·西拉书》2：13。
[3] 典出滑铁卢战役。当时，威灵顿是美军统帅，布吕歇尔元帅是普鲁士统帅，两支大军联合在滑铁卢与拿破仑展开决战。其中有一段时间英军陷入困境，普鲁士援军很晚才到。

2

休·米勒说,他唯一真正学到过一些东西的学校,就是"那所'广阔天地'学校,在这所学校里,辛劳和艰苦是两位虽然严厉却高贵的老师"。任由自己的目标摇摆不定的人,或者以无足轻重的借口逃避工作的人,他们所走上的,无疑是一条终将失败的道路。把每一件工作都当作无可逃避的事情来承担,你很快就会带着轻松愉悦的心情去完成它。瑞典国王查理九世是意志力量的坚定信徒,即使在年轻的时候,也是如此。每当着手一项艰巨任务的时候,他总是把手放在小儿子的头上,大声叫道:"他应该做这事!他应该做这事!"勤奋专注很容易及时地成为一种习惯,就像其他任何习惯一样。因此,即使是能力平平之辈,如果全心全意、不屈不挠地每次致力于一件事情,也会完成得很好。福韦尔·巴克斯顿把他的信心建立在平凡的手段和非凡的勤奋上,他对《圣经》中的训诫深有体会:"凡你手所当作的事,要尽力去作。"[①] 他把自己一生的成功归功于这样一个习惯:"把整个身心每一次投入在一件事情上。"

无需英勇的劳动就能完成的事情,不是一件真正值得去做的事情。一个人的成长,主要应归功于意志的积极奋斗,归功于与困难之间的遭遇战,我们把这称为"努力"。我们惊异地发现,那些显然不可能的事情,常常就是这样成为了可能。我们的愿望,常常只不过是我们能够完成的事情的先兆。相反,那些胆怯和犹豫的人,之所以认为每件事情都是不可能的,主要是因为它看上去似乎是这样。据说,一位年轻的法国军官总是绕室而走,口里念念有词:"我将成为法兰西元帅,成为一位伟大的将军。"他强烈的愿望是他成功的先兆,因为他后来成了一位著名的指挥官,死的时候是法兰西元帅。

《原型》(*Original*)的作者沃克先生,对意志的力量抱有非常强大的

[①] 语出《旧约·传道书》9:10。

信念，以至于有一次他说自己决心要康复，他果真就做到了。这或许能够应验一次，但是虽说意志力比许多处方更安全，它确实不会总是成功。但精神的力量无疑比身体的力量要大得多，它可以一直绷紧到身体力量完全崩溃为止。据说，当摩尔人的首领穆雷·摩卢卡病入膏肓、几乎被不治之症折磨得奄奄一息的时候，一场战斗在他的部队和葡萄牙人之间打响了，在战斗的危急关头，他挣扎着从担架上爬了起来。他重新集结了自己的大军，带领他们赢得了胜利，战斗刚刚结束，他又筋疲力尽地瘫倒了，就此一命呜呼。

正是意志——决心的力量，使得一个人能够去做他决心要做的事，或者成为他决心要成为的人。一位圣人经常说："你想怎样，就是怎样。因为正是我们意志的力量，结合神的力量，使得我们无论希望是什么（真诚地、目的确切地），就会成为什么。任何一个人，如果他强烈希望自己温顺、坚韧、谦逊、慷慨，他就会成为他所希望的那个样子。"有一则故事说到一个木匠，一天，有人看到他正在以超乎寻常的细心修理地方法官的座椅，便问他为何这样，他答道："因为我希望有朝一日自己坐上这把椅子的时候靠上去更舒适一些。"说来也真够奇怪的，此人果真在有生之年作为地方法官坐上了这把座椅。

关于意志自由，无论逻辑学家们能够得出什么理论上的结论，但每个个体感觉到的是：他在选择善恶时是自由的——他并不是一根扔到水面上标记流向的稻草，而是一个有着强大内心力量的泳者，能够靠自己的力量搏击风浪，自由开辟自己独立的方向。我们的意志没有绝对的约束，我们感知到：就行动而言，我们是不受限制的（比如被能力所限制）。所有对卓越的渴望，正是被我们别的想法所阻碍。生活中的全部事务和行为，及其家庭规则、社会安排和公共机构，都在印证这样一个实践信念：意志是自由的。如果没有这个信念，责任感何在？教诲、忠告、训诫、责难和惩罚又有何益？如果使得每个个体决定是否服从法律的，不是普遍信念（其实也是普遍事实），那法律又有何用？在我们生命中的每一个瞬间，良知一直都在宣告：我们的意志是自由的。它是唯一完全属于我们自己的东西，也完全由我们自己负责，无论我们给它的方向是正确还是错误。我们的习性和诱惑并不是我们的主人，相反，我们是它们的主人。即使是正在让步的时候，良知也在告诉我们：我们可以抵抗。我们决心征服它们的时候，所需要的最强大的决心，就是我们知道自己能够执行的决心。

3

拉梅奈曾经对一个终日寻欢作乐的年轻人说："如今你到了必须自己做出决定的年纪了。如果没有滚走石头的力量，不久之后，你就会在自掘的坟墓里呻吟叹息。在我们身上，最容易成为习惯的是意志。那么，学着让意志变得坚强而果敢吧。就这样让你飘浮不定的生活固定下来。丢掉这种生活习惯，别再带着它东游西荡，像一片被风卷起的枯叶。"

巴克斯顿坚信，倘若能下定决心并持之以恒，一个年轻人在很大程度上可以成为他所喜欢的样子。他曾写信给儿子说：

"如今你到了该转弯的人生阶段，要么向右，要么向左。你现在必须证明自己的原则、决心和内心力量，否则的话，你就会堕入闲散懒惰，养成散漫的习性，成为一个一无是处的年轻人。一旦堕落到这种程度，你就会发现，再想爬起来殊非易事。我确信，一个年轻人在很大程度上可以成为他所喜欢的样子。我自己就是这样。……我一生中的许多快乐和所有的成功，都是我在你这个年纪洗心革面的结果。如果你真诚地决心要做一个积极而勤勉的人，我敢肯定，你的整个一生就会为自己足够明智地下定决心并付诸行动而感到高兴。"因为意志（暂且不考虑其方向）只不过是坚定、稳固和百折不挠，所以很明显，每件事情都取决于正确的方向和动机。如果把方向对准感官的享乐，坚强的意志就是魔鬼，聪明才智只不过是卑贱的奴仆；但如果立志向善，那么，坚强的意志就是国王，聪明才智是人类最高幸福的大臣。

"有志者，事竟成"是一句古老而精辟的谚语。决心做一件事的人，常常正是凭着这样的决心攀越障碍、获得成功。认为我们能够决心实现目标的想法，常常就是实现本身。因此，坚定不移的决心似乎常常透着一种几乎万能的意味。苏瓦罗的品格力量就储藏在他的意志力中，像大多数意志坚定的人一样，他也总是把这种意志力称赞为一种体系。像黎塞留和拿破仑一样，他的字典里也找不到"不可能"这个词。"我不懂""我不能"和"不可能"是他最讨厌的几个词。他总是大声喊道："学！做！试！"他的传记作者说，他提供了一个显著的例证，证明积极地发展才能、磨练才能可以产生什么样的效果，这样的才能，其萌芽至少存在于每个人的心中。

拿破仑最喜欢的格言是："真正的智慧是坚定的决心。"他的一生生动地表明了：强大有力而又肆无忌惮的意志力能够完成怎样的事业。他把全身心的力量都投入了自己的工作中。那些愚蠢的统治者和他们统治的国家，在他的面前相继陷落。有人告诉他，阿尔卑斯山挡住了他的大军前进的道路。他说："不会有阿尔卑斯山了。"穿越辛普伦的道路便修筑起来了，那是一个此前几乎不能到达的地区。"'不可能'是一个只有在白痴的词典里才能找到的词。"他是一个工作起来不要命的人，有时候一次能同时累坏四个秘书。他不让任何一个人空闲，甚至也不让自己空闲。他的影响激励了其他人，为他们注入了新鲜的生命活力。他说："我让我的将军们摆脱了泥沼。"不过，这一切全都无济于事，拿破仑的强烈自私带来了他的毁灭，也毁掉了法兰西，他让这个国家成为政治混乱的牺牲品。他的一生，拿破仑和他的勇士们讲述了这样一个教训：力量，无论多么干劲十足地运用它，如果没有仁爱之心，无论是对力量的拥有者，还是它的作用对象，都是灾难性的；知识（或者见识），如果没有善良的美德，只不过是邪恶原则的化身而已。

威灵顿是一个更伟大的人。他的坚定、稳固和持久，比拿破仑毫不逊色，但他有更克己、更尽责、更真诚的爱国精神。拿破仑的目标是"荣誉"，威灵顿的口号是"责任"（像纳尔逊的一样）。据说，在他的公文中，前面那个词一次也没出现过，后面那个词倒是经常出现，不过从未高声表白。最大的困难，既困不住也吓不倒威灵顿。活力总是随着障碍的上升而上升。半岛战争①期间，面对令人发疯的麻烦和巨大的困难，威灵顿自始至终所表现出的耐心、稳固和坚定，或许是有史以来最卓越的。在西班牙，威灵顿所表现出的，不仅仅是军事将领的天才，而且还有政治家的全面学识。

尽管他天生脾气暴躁，但他的高度责任感却使得他能够控制自己的情绪。对身边的人，他的耐性似乎无穷无尽。他的伟大品格使得野心、贪婪或任何卑劣的激情都黯然失色。他的军事天才与拿破仑不相上下，像克莱夫一样敏捷、积极和大胆，作为一个政治家，他像克伦威尔一样英明，像华盛顿一样纯洁和高贵。伟大的威灵顿身后留下了不朽的名声，而奠定其名声的，是他所指挥的那些艰苦卓绝的战役，这都是他凭借巧妙的联合、无穷的坚韧、卓越的大胆，或许还有更加卓越的耐性而赢得的。

4

活力通常表现为迅速和果断。当非洲协会询问旅行家莱迪亚德何时动身去非洲的时候，他立即回答："明天早上。"布吕歇尔的迅速敏捷，为他在普鲁士全军当中赢得了"前进元帅"的绰号。有人问约翰·杰维斯（后来的圣文森特伯爵）何时来他的船上干活，他答道："马上。"科

---

① 指1807—1814年间拿破仑侵略西班牙和葡萄牙的伊比利亚半岛战争。

林·坎贝尔爵士被任命为印度军队的指挥官，当被问到他何时能动身出发时，他的回答是"明天。"——这是他后来成功的预兆。正是因为迅速果断的决定，加上同样迅速的行动（比如当机立断地利用敌人的失误），他常常赢得战斗。拿破仑说："在阿科拉，我凭借25名骑兵赢得了战斗。我抓住了人困马乏的瞬间，给了每人一把军号，以如此之少的兵力赢得了战斗。两支相会的军队都竭力吓唬对方，一个惊慌的瞬间出现了，这个瞬间必须加以利用。"他在另一个场合说："每一个流失的瞬间，都给灾祸留出了一个机会。"他声称，自己之所以打败了奥地利人，是因为他们不懂得时间的价值：在奥地利人磨洋工的时候，他打败了他们。

在过去的一个世纪里，印度曾经是英国人的活力大显身手的一块大场地。在印度立法和战斗的过程中，从克莱夫到哈弗洛克和克莱德，这些杰出的名字可以开列一份冗长而令人尊敬的名单——例如，韦尔兹利、梅特卡夫、乌特勒姆、爱德华兹和劳伦斯。另一个伟大却遭到了玷污的名字是沃伦·黑斯廷斯[①]——他有着不屈不挠的意志和不知疲倦的勤奋。他的家族古老而显赫，但命运的变化无常以及斯图亚特王室家族的忘恩负义使得他们堕入穷困，位于戴尔斯福德的家族产业（数百年来他们一直是这片土地的领主），最终也从他们的手中风流云散。不过，戴尔斯福德的最后一位黑斯廷斯把那个教区的教产遗赠给了他的次子，许多年后，正是在他的家里，他的孙子沃伦·黑斯廷斯出生了。这孩子在一所乡村小学学会读书写字，和农家子弟坐的是同一条板凳。他在祖辈们曾经拥有的田地里玩耍，忠诚而勇敢的黑斯廷斯家族的昔日风光，永远留存在这孩子的想象里。他年轻的雄心被点燃了，据说，在他还只有7岁的时候，一个夏天的日子，他躺在一条流经这块领地的小溪的岸边，心里做出了一个决定：他要重新拥有家族的土地。这是一个孩子的浪漫幻想，他却在有生之年实现了。梦想变成了激情，在他的生命里深深地扎

[①] 沃伦·黑斯廷斯（1732—1818），英国驻印度第一任总督（1773—1785）。

下了根。从儿时到成年,他一直带着那种沉着镇静而又不屈不挠的意志力(这是他性格中最显著的特征)追寻着自己的梦想。这个孤儿后来成了他那个时代最强大有力的人之一,他恢复了家族的财富,购回了过去的地产,重建了家族的宅邸。麦考利说:"此时,在灼热的阳光下,他统治着5000万亚洲人,在战争、财政和立法等所有烦恼忧虑中,他的希望依然指向戴尔斯福德。他为公众服务的漫长一生,是如此非同寻常地在善与恶、荣与辱之间变幻浮沉,当他这样的一生终于永远落幕的时候,他退隐并安息的地方,正是戴尔斯福德。"

5

查尔斯·纳皮尔[①]爵士是另一位特别勇敢、坚定的元帅。他曾经谈到在一次战役中自己所陷身的困境:"这些困难只能让我的脚在地面扎得更深。"他所指挥的米安尼战役,是历史上最辉煌的壮举之一。他带领2000人(其中只有400名欧洲人),遭遇了一支由35000名英勇善战、装备精良的博卢契人所组成的大军。很显然,这是一次最为大胆鲁莽的行动,但将军对自己和自己的士兵都充满信心。一条高堤在博卢契人中路的正前方形成了一道壁垒,纳皮尔向敌军的中路发起了冲锋,这场战斗你死我活地激烈厮杀了整整3个小时。这段时间,在长官的鼓舞下,那支小股部队中的每个人都成了英雄。博卢契人尽管是20对1,但还是被击退了,不过是面朝向敌人向后撤退。军人们正是凭借这种勇气、顽强和坚定不移,才赢得他们的战斗,而且每次战斗的确都是如此。正是毫厘之差赢得赛跑、显示血性,正是比敌人更快的行军赢得战役,正是

---

① 查尔斯·詹姆斯·纳皮尔(1782—1853),英国元帅,曾经征服(1843)并统治(1843—1847)信德,即现今的巴基斯坦。

比敌人25秒钟的勇气赢得战斗。尽管你的兵力比对方更弱，但如果你坚持的时间更长、兵力更加集中，你和对手就不相上下，并能最终征服他。一位斯巴达人向父亲抱怨自己的剑太短，父亲的回答是："多前进一步。"这句话可以用在生活中的每件事情上。

纳皮尔采用了正确的方法，用自己的英勇精神激励了他的士兵。他和任何一名普通士兵一样艰苦努力。他说："伟大的指挥艺术，就是公平地分担工作。统帅三军的人，如果不全身心地投入工作，就不可能成功。更大的困难，必须付出更艰苦的劳动；更大的危险，必须表现出更大的勇气，直到这些全都被制服。"在卡齐丘陵战役期间一直陪伴在他身边的一位年轻军官曾经说："当我看见那位老人马不停蹄、日夜奔波的时候，像我这样一个身强体壮的年轻人怎能游手好闲呢？只要他下令，我会钻进装满弹药的炮口。"当人们向纳皮尔复述这番话的时候，他说这是对自己辛苦劳动的丰厚奖赏。

纳皮尔会见印度杂耍艺人的轶闻，显著说明了他的性格中从容镇静的胆识，以及不同寻常的朴素和真诚。印度战役之后，有一次，一位著名的杂耍艺人拜访了将军的营地，并在他及他的家人和属僚面前表演自己的绝技。在表演中，这个人用手里的剑朝放置在助手手上的一个酸橙挥剑一击，酸橙被切成两半。纳皮尔认为杂耍艺人和助手之间必定做了手脚。他认为，挥剑劈开人手上一个如此之小的目标而不伤及皮肉，是不可能的，尽管司各特在他的传奇故事《护身符》（*Talisman*）中讲述了一次类似的事件。为了确定这一点，将军提议用自己的手做试验，他伸出了右手。杂耍艺人仔细察看了这只手，说自己不能做这样的试验。"我想我揭穿你的老底了！"纳皮尔叫了起来。"且慢，"杂耍艺人说，"让我看看你的左手。"纳皮尔伸出了左手，接着杂耍艺人语气坚定地说："如果你能保持手臂不动，我可以表演这项绝技。""为什么是左手而不是右手？""因为右手的手心是凹下去的，这样就有切断拇指的危险；左手手心是隆起的，危险就要小些。"纳皮尔大惊。"我被吓着了，"他后来说，

"我认识到这是一门真实的神妙剑术，如果我没有当着属僚们的面苛待此人并挑衅要他试验的话，老实承认我会知难而退。但我还是把酸橙放到了自己手上，稳稳地伸出了我的手臂。杂耍艺人屏住呼吸，以迅速的一击将酸橙劈成两半。我感觉到剑锋在我手上好像一根冰冷的细线穿过。（他补充道）这就是勇敢的印度剑客，他们都被我杰出的战友们在米安尼打败了。"

6

但是，各个不同民族的人，以比战争更和平、更仁爱的行动方式所展现出来的活力和勇气，也毫不逊色。从沙勿略到马丁和威廉斯，有一连串杰出的传教劳动者，他们以崇高的自我牺牲精神艰苦劳作，没有任何世俗荣誉的考虑，一心只希望寻找并搭救他们迷失和堕落的同胞。在不可战胜的勇气和从不松懈的毅力的支持下，他们忍受穷困，挑战危险，走过瘟疫，承受了所有的艰辛、疲劳和苦痛，依然满心欢喜地坚持走他们自己的路，甚至欣然面对牺牲。

他们当中，弗朗西斯·沙勿略是最早和最杰出的传教士之一。他出生于高贵的门第，享乐、权力和荣耀对他而言都伸手可及，他的一生向我们证明：在这个世界上，还有比社会地位更高的目标，还有比积累财富更高贵的渴望。在行为举止和道德情操上，他是一个真正的绅士：勇敢、可敬、慷慨；容易接受别人的领导，也有领导别人的能力；容易被人说服，而自己也是一个有说服力的人；他是一个最有耐心、最坚定、最积极的人。22岁的时候，沙勿略赖以谋生的职业是巴黎大学的哲学讲师。在那里，他成了罗耀拉[①]最亲密的朋友和同事，不久之后，他带着最

[①] 圣依纳爵·罗耀拉（1491—1556），西班牙教士，创立天主教耶稣会，是反宗教改革运动的领袖。

早的一小队皈依者去罗马朝圣。

当时，葡萄牙国王约翰三世决定在受他控制的印度领土上培植基督教，博巴迪拉最早被他挑选为传教士，但因病未能成行，因此有必要物色另外的人选，沙勿略被选上了。缝补了褴褛的僧袍，行囊里除了祈祷书别无他物，他立刻动身去了里斯本，再从那里登船去东方。在他乘坐的这艘驶往果阿①的船上，有一位总督带领着1000名援军前往那里驻守。尽管安排了一个船舱供他使用，但在整个航程中，沙勿略都一直睡在甲板上，头枕着盘绕的缆绳，和士兵们打成一片。在士兵们需要的时候，他尽力帮助他们，在他们生病的时候照料他们。他甚至发明了几种无伤大雅的游戏，供士兵们消遣娱乐。通过这些，沙勿略完全赢得了士兵们的心，他们尊敬他、崇拜他。

抵达果阿之后，沙勿略对那里人民的堕落感到震惊，这些人当中，既有殖民者，也有本地人。前者是因为缺乏文明的约束而导致了恶行，后者则仅仅是因为太容易效法他们的坏榜样。在果阿城的街道上，沙勿略一边走一边摇着自己的手铃，恳求人们把他们的孩子送到他这里接受教诲。不久，他成功地聚集起了一大批士兵，日复一日地向他们传授教义，同时不断访贫问苦，探望麻风病人以及所有不幸的阶层，为的是减轻他们的痛苦，把他们领向上帝。人们痛苦的呼喊，只要传到他的耳中，就不会被忽略。当他听说马纳尔海湾捞珍珠的渔民们的堕落和不幸时，便立刻动身去走访他们，他的铃声再一次宣示了仁慈的邀请。他施洗、传道，但传道的时候只能通过翻译。他对不幸之人的需求和苦楚所提供的帮助，就是他最打动人心的布道。

当他出门的时候，他的手铃就会沿着科摩罗海岸响起，在城镇和乡村，在教堂和集市，铃声召唤着当地人聚集到他的身边，接受他的教诲。他让人翻译了《教义问答手册》(Catechism)、《使徒信经》(Apostles'

---

① 果阿，印度西南部的前葡萄牙殖民地（1510—1961），位于马拉巴尔海岸。

Creed）、《十试》（Commandments）、《主祷文》（Lord' Prayer）以及一些教堂祷告日课。他用当地的语言记下这些内容，然后向孩子们背诵，直到他们烂熟于心。这之后，他就让孩子们回去向他们的家人和邻居讲授这些话。在科摩罗海角，他任命了30位讲师，在他本人的领导下主持30座基督教堂，尽管这些教堂都非常简陋，大多数只不过是一间房顶上竖立着十字架的茅舍。从那以后，他转到了特拉凡哥尔，一路摇着手铃走村串寨，给人洗礼，直到双手疲倦得不能举起，反复宣讲教义，直到声音暗哑几乎杳不可闻。据他自己说，他在传教上所取得的成功，超过了他最高的期望值。他纯洁、诚挚而美好的生活，以及他的行为所具有的那种不可抗拒的说服力，使得他无论走到哪里都有皈依者。凭借绝对的情感力量，那些看见过他并听过他讲道的人，都不知不觉地被他的热情所感染。

带着对"收获者多，劳动者寡"这一现象的沉重思考，他接下来去了马六甲和日本，他发现自己置身于说着不同语言的全新族群之中。大多数时候，为了抚慰病榻边注视的眼眸，他所能做的，只有落泪和祈祷，有时用水浸湿他白色僧袍的衣袖，从中挤出几滴水给垂死者施洗。他对所有事情都满怀希望，对任何事情都毫无畏惧，这位勇敢的真理卫士，在信念和活力的支持下，一路向前。他说："不管等待我的是死亡还是折磨，为了拯救一个灵魂，我都愿意承受它一千次。"他一直在与各种各样的饥渴、穷困和危险进行搏斗，依然追求着爱的使命，从不停息，从不疲倦。终于，在经过11年的艰苦劳动之后，这位伟大的善人，在努力前往中国的途中，在上川岛发烧病倒了，在那里接受了他荣誉的桂冠。

7

另有几位在相同的工作领域里追随沙勿略足迹的传教士，比如印度的施瓦茨、凯里和马什曼，中国的马礼逊和郭实腊，南太平洋的威廉斯，非洲的坎贝尔、莫法特和利文斯通。

伊罗曼加岛的殉道者约翰·威廉斯[①]，最初在一家五金店当学徒。尽管人们认为他是个笨孩子，但他对自己的行当却颇有悟性，他在这方面的技艺是如此高超，以至于师傅常常把一些超乎寻常的细工活交给他干。他还喜欢挂钟以及别的一些最终使他离开了那家店铺的行当。偶然听到的一次布道使他对此产生了强烈的爱好，他成了一所主日学校的教师。在几次社交聚会上，传教事业吸引了他的关注，他决定献身于这项工作。伦敦差会[②]接受了他，他的师傅也同意他在合约期满前离开五金店。太平洋诸岛是他主要的工作场所——尤其是塔希提的呼尔希尼岛、赖阿特阿岛和拉罗汤加岛。他像使徒们一样用自己的双手劳动——锻工、园艺、造船。他设法教给岛民们文明生活的技艺，同时还给他们传教。正是在他这样孜孜不倦地劳动期间，他在伊罗曼加岛的海岸上被野蛮人杀害了——没有人比他更有资格戴上殉道者的桂冠了。

利文斯通博士的事业道路，是上述所有人当中最有趣的之一。他曾经讲述过自己的生平故事，态度谨慎而谦逊，这也正是他本人性格的显著特征。他的祖先是贫穷却诚实的苏格兰高地人，据说他们当中有一位在当地以智慧和审慎闻名，临终之前他把孩子们叫到身边，留给他们几句话作为自己唯一的遗产。"在我的一生中，"他说，"我曾仔细搜遍了我在家族史上所能找到的传统惯例，在我的祖先当中没有发现一个不诚实的人。因此，如果你们或者你们的子孙走上了不诚实的路，那么，这不会是因为我们的血脉中流淌着这样的基因。它不属于你们，我把这样一条诫令留给你们：要诚实。"

在10岁的时候，利文斯通被送到格拉斯哥附近一家纺织厂干活，成

---

① 约翰·威廉斯（1796—1839），英国传教士，被称为"波利尼西亚的使徒"，1839年11月在伊罗曼加岛被食人族杀害。
② 伦敦差会，又译伦敦传道会、伦敦会，是英国一个跨教派传教机构，成立于1795年。

为一名"接线工"。他拿出了第一周工资的一部分，买来一本拉丁文文法课本，开始学习这门语言，并在一所夜校里刻苦学习了几年。他总是熬夜记诵课文，直到夜里 12 点，甚至更晚，有时候妈妈不得不赶他上床，因为每天早晨他必须在 6 点起床赶到厂里上班。用这种方式，他艰难地通读了维吉尔与贺拉斯，还阅读了大量图书，遇到什么读什么（小说除外），尤其是科学著作和旅行书籍。他利用很少的业余时间钻研植物学，搜遍邻近地区以采集植物标本，他甚至在工厂的机器轰鸣声中继续读书，他把书本放在他工作的多轴纺纱机上，以便在经过的时候能瞄上一两句。正是用这样的方法，这个不屈不挠的年轻人获得了大量有用的知识。随着年龄的增长，他越来越渴望成为一名传播福音的传教士。带着这个目的，他决心让自己接受医学教育，为的是更适合担任这项工作。因此他尽量节省自己挣来的钱，直到存到了足够的钱，使得自己在格拉斯哥学习医学、希腊语和神学演讲期间能够维持生活。他就这样学习了几个冬季，每年的其余时间依然做他的纺织工。整个大学生涯，他就是以这种方式，完全靠自己当工人挣来的钱，供自己上学和生活，从未接受过别人一分一厘的帮助。"如今，"他诚实地说，"当我追忆自己辛苦劳累的一生，不能不对自己早年教育的这个重要阶段心怀感激。如果可能，我愿意用同样卑微的方式、经过同样艰苦的磨练，重新开始一生。"

终于，他完成了自己的医学课程，撰写了拉丁文论文，通过了考试，取得了"内外科医学职业资格"执照。起初，他考虑去中国，但当时英国正在发动对华战争，这使得他无法实现自己的想法。在向伦敦差会提出申请之后，他们把他派去了非洲，他到达那里的时间是 1840 年。他打算凭借自己的努力继续去中国，他说，唯一让他伤心痛苦的是拿着伦敦差会给的钱去非洲，"对于一个惯于靠自己工作挣取路费的人来说，如今在某种程度上变得要依靠别人，这可不是一趟十分令人愉快的旅行。"

到达非洲以后，他以巨大的热情着手工作。他无法忍受仅仅享受他人劳动的做法，而是划出了一大块独立工作的范围，为此，在建筑及别的手工艺方面他承担了繁重的体力劳动，再加上教学，他说，这"使得我总是筋疲力尽，无法像从前做纺纱工时那样在夜里从事学习。"在与博茨瓦纳人一起劳动的时候，他挖掘运河、建造房屋、耕种田地、饲养家畜，并且教当地人工作和做礼拜。在第一次和一帮当地人开始一次漫长跋涉的时候，他无意中听见这些人在评论自己的外貌和力气，"他并不强壮，"他们说，"他相当瘦弱，只不过是因为他把自己装在这些口袋（裤子）里，这样看上去还算结实，瞧吧，他很快就会累趴下。"这席话不由得叫这位传教士身上山地人的血液直往上涌，也使得他不顾疲乏，以最快的速度跟上了他们所有人，几天没有掉队，直到他们对他的徒步能力做出了恰如其分的评价。他在非洲做了什么，以及他是如何工作的，或许可以从他自己撰写的《传教旅行记》（*Missionary Travels*）中略知一二，这是他曾经出版过的此类著作中最为引人入胜的一本。他最后一次著名的行动，透彻地说明了这个人的性格特点。被他随身带到非洲去的"伯肯黑德"号蒸汽艇，被证明是一件失败之作，他以大约2000英镑的价格向国内订造了另一艘船。他为此支付的这笔金额，出自他的旅行著作的部分版税，这些本打算全都留给孩子们。在把订单寄回家里并表示要挪用那笔钱的时候，他以自己特有的语气表示："孩子们应该自己去补足这笔钱。"

8

约翰·霍华德的一生，也是坚韧意志力量的显著例证。他卓越的一生证明了：即使是虚弱的身体，在追求职责所要求的终点时，也能够排山倒海。他满脑子想的，就是要改善囚犯的生存条件，这种想法像一种激情一样支配着他。艰难困苦、危险威胁、身体疾患，都不能使他从这个终生的伟大目标上转移开来。尽管他不是天才，只不过是个资质平平的人，但他的心灵是纯洁的，意志是坚强的。甚至在年富力强的时候，他就已经取得了非凡的成功。他的影响力并没有随着他的去世而衰落，因为它不但对英国，而且对所有文明国家的立法都继续发挥着强有力的影响，直至今日。

乔纳斯·汉威[1]是又一个富有耐心、不屈不挠的人，正是许许多多这样的人，使得英国之所以成为英国——他们仅仅满足于干劲十足地去做委派给他们的工作，再在干完的时候满心欣慰地撒手长眠：

他们没有留下一座纪念碑，

只有一个因他们的生命而更加美好的世界。

1712年，乔纳斯·汉威出生于朴次茅斯，父亲是那里一家造船厂的仓库管理员，死于一次意外事件，他小小年纪就成了一个没有父亲的孩子。母亲带着孩子们移居伦敦，把他们都送进了学校，含辛茹苦而又体面地把他们抚养成人。17岁那年，乔纳斯被送到里斯本，跟一位店主当学徒，在那里他对学做生意很用心，他的守时，以及他一丝不苟的信用和诚实，赢得了所有认识他的人对他的尊重和敬意。1743年回到伦敦以后，他接受了一家在圣彼得堡从事里海贸易的英国商行的提议，成为他们的合伙人，当时这方面的贸易尚处于早期阶段。汉威为了扩大业务而去了俄国，在到达圣彼得堡之后不久，他又跟随一个英国商队去了波斯，大捆大捆的布匹，装了满满20辆四轮马车。在阿斯特拉坎，他改由水路去了位于里海东南岸的阿斯特拉伯德。然而，他几乎没有来得及卸下自己的大包货物，那里就爆发了叛乱，他的货物被扣押了，尽管后来他弄回了其中的主要部分，但他的事业成果却丧失大半。有人密谋要把他和他的同伴抓起来，而且已经着手实施，于是，在经历一次巨大的危险之后，他由海路平安到达了吉兰。这次逃生，给了他一个重要的观念，这一点后来被他当作自己毕生的座右铭，那就是："决不绝望。"

---

[1] 乔纳斯·汉威（1712—1786），英国慈善家、旅行家和作家。

这之后，他在圣彼得堡居住了 5 年，继续从事他红红火火的生意。一位亲戚留给他一些财产，而他自己的资产更是相当可观，他离开了俄国，于 1755 年回到了家乡。回英国的目的，用他自己的话说，是"考虑到自己的健康（状况非常糟糕），要尽可能多地对自己和他人行善"。他的余生，全都用来从事积极的慈善行为和对同胞们有益的事情。他的生活过得朴素平淡，为的是能拿出收入中更大的份额用于慈善事业。他所致力从事的一项最早的公共设施改造，就是伦敦的公路，结果大获成功。

1755 年，法国入侵的谣言广为流传，汉威先生的注意力转到了把水兵的供应维持在最佳状态上。他在伦敦交易所召集了一次商人和船主会议，建议他们组成一个社团，装备那些陆地居民志愿者和见习海员，让他们到皇家舰队的甲板上为国效力。这个建议被商人们热情地接受了，社团组建起来了，指挥官也任命了，汉威先生一直管理着它的全部运转。结果就是 1756 年成立的"英国海事协会"，这个机构被证明给国家带来了极大的好处，直到今天依然有着巨大的实际效用。从它组建起，不到 6 年的时间，有 5451 名见习海员和 4787 名陆地居民志愿者被这个协会训练和装备，然后补充到了皇家海军。到今天，这家协会仍然在积极运转着，每年大约有 600 名穷苦少年，在经过认真切实的培训之后成为见习水手，主要服务于海上贸易。

9

汉威先生还利用部分空余时间致力于伦敦重要公共机构的改进和创建。从早期起，他就对伦敦育婴堂有着强烈的兴趣，这是由托马斯·柯兰[①]在许多年前着手创建的，但由于这家机构在事实上起到了怂恿父母把

[①] 托马斯·柯兰（1668—1751），英国慈善家，他于 1739 年创建了伦敦育婴堂。

孩子遗弃给慈善团体的作用，从而面临着为害大于行善的危险，汉威先生决定采取措施阻止这种恶行，于是不顾当时风行一时的慈善事业，而着手这项工作。通过坚持自己的决定，他最终成功地使得慈善团体恢复其正确的目的。时间和经验已经证明，他是对的。伦敦妓女感化院在很大程度上也是通过汉威先生的努力而建立起来的。

不过，他最艰苦卓绝、最不屈不挠的努力，还是为了那些依赖教区救济的穷苦孩子们而付出的。这些穷苦孩子，在他们的不幸和社会对他们的忽视中长大成人，他们的死亡率非常可怕。但是，没有一项时髦的慈善行动（像他们在育婴堂方面所做的那样）愿意涉足这里，来减轻他们的痛苦。乔纳斯·汉威鼓起勇气，投身于这项工作。他首先要做的事情，就是在没人帮助的情况下，凭一己之力去摸清这种不幸的程度和范围。他调查了伦敦最贫困阶层的住处，走访了济贫院的病房，通过这些调查，他弄清了伦敦及其周边地区每一家济贫院的管理细节。接下来，他途经荷兰去法国作了一趟旅行，不断走访当地接收穷人的机构，留意每一种他认为可以在国内有效采用的管理方法。

就这样，他花去了5年的时间，回到英国以后，他出版了自己的调查结论。结果使得许多的济贫院得到了革新和改良。1761年，他的一份法案获得通过，责成伦敦的每一个教区要保存一份年度记录，记载所有贫苦儿童的接收、遣返和死亡情况。他很留意法案落实情况，始终带着不知疲倦的警觉亲自监督法案的执行。他上午一家接一家走访济贫院，下午又一位接一位拜访国会议员，日复一日，年复一年，忍受每一次拒绝，答复每一次异议，使自己适应每一个人的脾气性格。

终于，在经过几乎无人能比的百折不挠之后，在经过近10年的艰辛劳苦之后，他的另一项法案获得了通过，由他单独出资，所有在高死亡率清单中榜上有名的教区，其所救济的贫苦儿童，将不再交由济贫院看护，而是送到伦敦城外几英里的地方看护，由每3年推选出来的监护人照料，直到他们年满6周岁。穷人们称这一法案"保住了孩子们的命"。

数年时间过去了，贫苦儿童的年度记录保存了下来，如果把这些和之前的记录进行比较，就会看到：有数以千计的生命，在慷慨仁慈、明察秋毫的汉威先生明智的干涉之下，得以保全。

任何一件善举，只要是在伦敦做的，肯定有乔纳斯·汉威参与其中。最早的一份保护少年烟囱清扫工的法案，就是在他的影响之下而获得通过。在蒙特利尔、布里奇顿和巴巴多斯等几次破坏性的大火灾中，他都及时地募集了善款，以救助受害者。他的名字，出现在每一份捐助者名单上；他的无私和挚诚，得到了普遍的承认。但他不忍浪费一小笔钱用在请他人效劳上。5位伦敦市的头面人物，由银行家霍尔先生领头，瞒着汉威先生，一起去拜访当时的首相布特勋爵，代表伦敦市民提出请求：应该对这位善人为自己的国家所做出的贡献给予适当的关注。结果，不久之后他被任命为皇家海军军需委员会委员。

在他的一生接近尾声的时候，汉威先生的身体变得非常虚弱，尽管他认识到有必要辞去海军军需部的职务，但他实在没法闲下来。操劳主日学校的创办（这项慈善活动当时刚刚兴起），救济穷苦的黑人（他们中的许多人流落伦敦街头、衣食无着），减轻某些被遗忘的贫困社会阶层的痛苦。尽管他熟悉各种各样的不幸，但他自己是一个快乐的人。不过，如果只是为了自己的快乐，以他这样的病弱之躯，绝不可能完成这么多自愿承担的工作。他最害怕的就是静止不动。他尽管身体虚弱，但无所畏惧、不知疲倦。他的道德勇气是第一流的。他是第一个胆敢撑着一把雨伞漫步伦敦街头的人，这或许会被人们视为一件微不足道的小事。但是，你让任何一个现代伦敦商人斗胆戴一顶中国式尖顶帽子走过康希尔大街试试，他就会发现，要想坚持下来需要同样的勇气。在他随身携带一把雨伞长达30年之后，汉威先生发现，这玩意儿终于被人们普遍使用。

汉威是一个恪守信用、真实坦率、诚恳正直的人，他说的每句话都靠得住。他因为一个诚实商人的品格而深受人们的敬重（几乎相当于崇敬），以至于有人把他写进了一篇颂词，而这篇颂词的唯一主题就是向他致敬。他非常敬业，无论是作为一个商人，还是后来作为一名海军军需委员，他的行为都是无可指摘的。在军需部供职时，他决不会从承包商那里收受哪怕最微小的好处，送给他的任何礼物，他都会客气得体地原物奉还，并且暗示："接洽公事时不收受任何人的任何东西已经成了他的处事原则。"当他感觉到自己的体力正江河日下的时候，便着手准备后事，就像是准备去某个国家旅行一样高高兴兴。他派人通知所有生意伙伴并付清了他们的账单，向朋友们一一告别，安排好自己的事务，让人整洁地处理好自己的身体，然后，安详而平静地撒手人寰，享年 74 岁。他留下的遗产不足 2000 英镑，因为亲属当中没人需要这笔钱，于是他便把它分给他生前曾经帮助过的那些孤儿和穷人。简言之，这就是乔纳斯·汉威美好的一生——像古往今来的每个高尚之士一样：诚实正直、精力充沛、工作刻苦、心灵纯洁。

10

格兰维尔·沙普[①]的一生，是个人活力的又一个显著实例——这种活力，后来被注入了一个在废奴运动中走到一起的高贵团队，其中尤为突出的是克拉克森、威尔伯福斯、巴克斯顿和布鲁厄姆。不过，在这一事业中，这些人尽管也居功至伟，但格兰维尔·沙普无疑是首屈一指的，就毅力、干劲和勇猛而言，他或许是他们所有人当中最了不起的。他最早是在塔山一家亚麻布料店当学徒，但在学徒期满之后他就离开了这个行当，接下来他进入军械处，成为一名职员。正是在从事这项卑微职业的同时，他开始参与黑人解放运动。不论大小，他一直（甚至在学徒期间）就乐于承担志愿劳动，只要能服务于有益的目的。在学习亚麻布料

[①] 格兰维尔·沙普（1735—1813），英国神学家和圣经学者，废奴运动的领袖。

生意期间，一位和他住在一起的学徒伙伴是个一神派信徒，经常带他去参加关于宗教问题的讨论。这个年轻的一神派信徒坚持认为，沙普所坚信的三位一体说误解了圣经经文中的某些段落，这激起了他学习希腊语的想法，于是立即着手，利用早晨的时间开始学希腊语。不久之后，他就熟悉了这门语言。与另一位学徒伙伴（他是个犹太教徒）之间所展开的一场关于预言解释的类似讨论，以同样的方式导致他着手挑战希伯来语，并战胜重重困难，最后掌握了这门语言。

不过，赋予其毕生主要事业以志趣和方向的因素，乃是源自他的慷慨和仁慈。他哥哥威廉是民辛巷的一位外科医生，为穷人提供免费治疗，在许多来求他看病的人当中，有一位名叫乔纳森·斯特朗的非洲穷人。这个黑人似乎是受到了主人的残酷虐待，成了瘸子，几乎双目失明，丧失了劳动能力。他的主人是一位巴巴多斯律师，当时在伦敦，在这位主人看来作为一个奴隶斯特朗已经没有什么价值，因此残忍地把他赶出家门，想让他流落街头、冻饿而死。这个可怜的人，身上一大堆病，在找到威廉·沙普之前，一度靠乞讨活命。威廉给了他一些药，不久之后，又设法让圣巴塞洛缪医院收留了他，在那里，他的病治好了。斯特朗出院之后，为了使他不至于再次流落街头，兄弟俩就把他养了起来，但他们当时做梦也没有想到，会有任何人来主张对他的人身拥有所有权。他们甚至成功地为斯特朗在一个药剂师那里谋得了一份差事，他这一干就是两年。有一次，当他正在马车后面伺候女主人的时候，他的前主人、那位巴巴多斯律师认出了他，于是决定要回这个在身体康复之后重新显示出了价值的奴隶。律师请来了市长大人手下的两个军官，逮捕了斯特朗，在用轮船运往西印度群岛之前，他被关押在康普特监狱。囚禁中，他想起几年前在困苦不幸的时候格兰维尔·沙普给予自己的好心帮助，于是寄信给沙普寻求帮助。沙普已经忘了斯特朗这个名字，于是派了一位信使去查询，得到的答复是，监狱的看守否认有这么个人在他们的看管之下。这引起了他的怀疑，于是他毫不犹豫地去了监狱，坚持要见乔纳森·斯特朗。狱方同意了他的要求，他马上认出了这个可怜的黑人，此时正作为一名追回的奴隶被羁押。沙普先生冒着风险责令监狱里的头儿：在把斯特朗带到市长大人面前之前，不要把他移交给任何其他人。然后，他立即去找市长，得到了一纸法庭传票，指控那些抓捕并监禁斯特朗的人事先没有得到授权。控辩双方就这样出现在市长大人面前，诉讼过程表明，斯特朗的前主人已经把他卖给了一位新主人，此人出示了买卖契约，声称这个黑人是他的私人财产。因为没有针对斯特朗的犯罪指控，再加上市长并没有处理斯特朗自由与否的法律资格，于是他把斯特朗给放了。这位奴隶跟着他的救命恩人出了法庭，没人胆敢去碰他。斯特朗的主人立即对沙普发出警告，声称沙普剥夺了自己对这个黑奴的所有权，他将采取行动收回这一权利。

大约在那一时期（1767年），英国人的人身自由常常遭到严重的侵犯，尽管作为一种理论，这种自由被人们所珍视。强行征兵到海上服役的事情经常发生，而且，除了强行征兵之外，伦敦和英国所有大城市都雇用了正规的绑架队，抓人到东印度公司服役。当印度不需要这些人的时候，就把他们装运到美洲殖民地去开荒种地。伦敦和利物浦的报纸上公开刊登广告出售黑人奴隶。有人悬赏追回和抓获逃跑的奴隶，把他们转运到河边某艘指定的船上。

在英国，那些被指称为奴隶的人，其法律地位是模糊而不明确的。法庭上所作出的判决，也是变幻莫测、五花八门，没有什么固定的法律原则可以依据。尽管"英国不能输入奴隶"是一种颇受欢迎的信念，但也有一些大名鼎鼎的法律人士表达了完全相反的观点。那些为沙普先生提供咨询的律师们，为了在诉讼中保护自己而在乔纳森·斯特朗的案子中群起反对他，普遍赞同这一观点。同时，乔纳森·斯特朗的主人也进一步告知沙普：显赫的王座法庭首席大法官曼斯菲尔德，以及所有头牌辩护律师，都确定无疑地持有这样的看法：进入英国的奴隶并不能成为自由人，而是应该合法地强迫他重新回到种植园去。

任何一个人，如果他不像格兰维尔·沙普这样勇敢而认真，面对这样的现状恐怕只会在内心里产生绝望。但对沙普而言，这只能刺激起他的决心，要打一场黑人自由之战（至少是在英国）。他说："被我的专业辩护人抛弃之后，缺少正规的法律帮助，我不得不依靠自我辩护做一次绝望的努力。可是，无论是法律实践，还是法律原理，我都一无所知，在此之前，我从未翻开过一本法律书（《圣经》除外）。此时，我不得不极不情愿地查阅起了法律藏书索引，这是我的书商最近帮我买的。"

那段时间，他所有的时间都在忙于军械处的事务，在这个机关里，他干的是最苦最累的活。因此，他不得不利用深夜或者清晨来从事他全新的学习。他公开承认，他本人也成了某种意义上的奴隶。在写信给一位牧师朋友的时候，他对自己没有及时回信表示了歉意，他说："我承认，自己已经完全没有能力保持文学上的通信了。我能够从夜晚睡眠和凌晨早起中挤出的时间很少，必须全部用来研究一些法律观点，这可不容许我有丝毫的耽搁，而且，在我的学习中还需要最勤勉刻苦的调查和研究。"

在接下来的两年中，沙普先生放弃了自己能够得到的每一个闲暇的瞬间，潜心研究涉及人身自由的英国法律。他吃力地通读了一大堆枯燥乏味、令人厌倦的法律文献，在阅读的同时，还摘录了所有最重要的议会法案、法庭判决以及著名律师的观点。在这样一场单调乏味、旷日持久的探索研究中，他既没有老师，也没有助手，更没有顾问。他甚至找不到一位观点对自己有利的律师。然而，这些探索研究的成果，既让他自己感到满意，也让法律界的绅士们大吃一惊。"感谢上帝，"他写道，"在英国的法律和法规中（至少是我们找得出的法律法规中），没有任何东西能够证明奴役他人是合法的。"至此，他站稳了自己的脚跟，这已经没什么可怀疑的了。他以摘要的形式写出了自己的研究结果，这是一份简洁、清晰而又坦率的陈述，标题是《论在英国容忍奴隶制的不公正》（"On the Injustice of Tolerating Slavery in England"）。他亲自把这份摘要抄写了许多副本，在当时著名的律师中间散发。斯特朗的主人也认识到，这种人很不好对付，于是为拖延与斯特朗对簿公堂而制造了五花八门的借口，最后不得不提出和解，但这个提议遭到了拒绝。沙普继续在律师们当中散发他的手抄小册子，直到最后，那些受雇来反对乔纳森·斯特朗的律师们也开始打起了退堂鼓。结果，原告为了拖延诉讼而不得不付出三倍的代价。这本小册子后来于1769年印行。

11

与此同时，伦敦发生了另外几宗绑架黑人装运到西印度群岛出售的案子。无论在哪里，沙普只要能逮着这样的案子，就会立刻采取措施营救黑人。有一个名叫海拉斯的非洲人，他的妻子就是这样被抓去的，并且已被送去了巴巴多斯。对此，沙普以海拉斯的名义对绑架者提起了法律诉讼，获得了一笔损害赔偿，海拉斯的妻子被带回了英国，重获自由。

1770年，发生了另一起绑架黑人的事件，被绑架的黑人受到了非常残酷的虐待。沙普立即着手亲自追踪绑架者。一个漆黑的夜晚，一位名叫刘易斯的黑人，被两名船夫绑架，绑架者受雇于一个声称是刘易斯的主人的人。他们把刘易斯拖入了水中，又拉到了一艘小船上，嘴被塞住，双手被捆绑。然后，他们划船顺河而下，把刘易斯扔到了一艘驶往牙买加的大船上，打算在船达到牙买加岛之后把他当作一名奴隶卖掉。然而，这个可怜黑人的哭喊声引起了旁人的注意，其中有一个人直接去找了格兰维尔·沙普先生（如今大家都知道他是黑人的朋友），向他报告了这起暴行。沙普立即取得了带回刘易斯的授权，然后赶往格雷夫森，但等他赶到那里的时候，船已经驶往当斯。他又设法弄到了一张人身保护令，下发到斯匹特海德，人身保护令赶在那艘船离开英格兰海岸之前送达了。人们找到这个奴隶的时候，发现他被人用铁链锁在船的主桅杆上，泪流满面、悲伤痛苦地遥望着即将离他远去的陆地。刘易斯立即获得了自由，被带回了伦敦。沙普先生很快就得到了授权，对这一暴行的始作俑者提出指控。沙普先生在这件事情上所表现出来的思维敏捷、出手迅速，几乎无人能比，然而他依然为自己行动迟缓而自责。这个案子由曼斯菲尔德勋爵审理，读者应该还记得，他的观点此前已经明确表述过，显然与沙普的观点针锋相对。然而，这位法官既没有把这个问题提出来争论，也没有就奴隶人身自由与否的法律问题发表任何高见，而是直接把这个黑人给放了，因为被告拿不出任何证据，证明刘易斯曾经在名义上是他的私人财产。

因此，英国黑人的人身自由问题依然悬而未决。不过沙普先生依然在坚持不懈地继续他的善举，通过他不知疲倦的努力和迅速敏捷的行动，有更多的人被添加进这份被营救者名单。终于，詹姆斯·萨默塞特的重大案件发生了。据说，这个案子是根据曼斯菲尔德勋爵和沙普先生共同的意愿而特意选择的，为的是让这个重大问题有一个清楚明白的法律结果。萨默塞特被他的主人带到了英国，并留在了那里。后来他的主人试图抓住他，把他送到牙买加去卖掉。沙普先生像往常一样，立即接手了这个黑人的案子，并聘请了律师为他辩护。曼斯菲尔德勋爵宣布：既然这个案子受到了如此普遍的关注，那么，他就应该在审理中听取所有法官的意见。沙普先生意识到，如今他将不得不对付可能会被用来反对自己的所有力量，但他的决心没有丝毫动摇。幸运的是，在这次激烈的交锋中，他的影响力已经开始显现出来，人们对这个问题越来越关注，许多著名的法律人士公开声称站在他这一边。

人身自由的理想已危如累卵，如今，这一理想在曼斯菲尔德勋爵的面前（另有三位法官协助）经受了公正的审判，这场审判，乃是基于这样一个被广泛接受的原则：在英国，非经法律剥夺，每个人的人身自由是基本的宪法权利。没有必要在这里详细报道这场伟大的审判。辩论旷日持久，诉讼一再延期，最后，曼斯菲尔德勋爵做出了判决，辩护人的主张（主要是基于沙普的小册子）使得勋爵那强有力的大脑逐渐产生了很大的改变，以至于到这时他声称：法庭已经有了明确的意见，没有必要把案子提交给 12 位大法官。然后他宣布：奴隶制的主张决不能得到支持，该项权力决不能应用于英国，也不被英国法律所承认；因此，当事人詹姆斯·萨默塞特必须释放。有了这个判决，格兰维尔·沙普得以有效地废除了此前一直在利物浦和伦敦街头公开进行的奴隶交易。而且，他还稳固地确立了这样一条光荣的公理：任何奴隶，在踏足英国土地的那一瞬间，他就自由了。毋庸置疑，曼斯菲尔德勋爵这一伟大的判决，主要应归功于沙普先生在诉讼过程中自始至终的踏实、坚定和无畏。

我们没有必要沿着格兰维尔·沙普的人生道路走得更远。他继续在所有善举上孜孜不倦地劳动着。在把塞拉利昂殖民地建成营救黑人的庇护所上他发挥过有益的作用。为改善美洲殖民地土著印第安人的生存境遇，他辛苦操劳。他到处游说，鼓动增加和扩大英国人民的政治权利；他还竭尽全力，努力废除强行征募水兵的做法。沙普坚持认为，英国水兵和非洲黑人一样，都有权得到法律的保护；一个人选择水手生涯的事实，并不能取消他作为一个英国人的公民权利——这当中，他把人身自由列为首要的权利。沙普先生还致力于恢复英国与其美洲殖民地之间的友好和睦，但徒劳无功。当同室操戈的美国独立战争爆发的时候，他的正直感是如此是非分明，以至于辞去了自己在军械处的职位，决心不以任何方式牵扯进这样一桩不合情理的事情中去。

直到最后，他都一直在坚持自己毕生的伟大目标——废除奴隶制。为了继续开展这项工作，并把越来越多的支持这一事业的朋友们组织起来，废奴协会成立了。在沙普的榜样和热情的感召下，不断有新人踊跃前来帮助他。他的活力成了他们的活力，长期以来，他以自我牺牲的精神孤军奋战，如今，这种精神注入了整个民族当中。他的衣钵，传承给了克拉克森、威尔伯福斯、布鲁厄姆和巴克斯顿，他们像他一样辛勤工作，始终带着一样的精神活力和坚定决心，直到最后，奴隶制在大不列颠的领土范围内被彻底废除。尽管人们更多地把上面提到的这些名字与这项伟大事业的胜利联系在一起，但毫无疑问，主要功绩应该属于格兰维尔·沙普。他开始着手这项工作的时候，世界上没有一个人对他欢呼喝彩。他孤身一人，对抗当时最有才华的律师们的观点和最根深蒂固的社会偏见，以一人之力、独自承担费用，为了这个国家的制度和不列颠人民的自由，孤军奋战，打了一场最值得纪念的战役，对此，现代人理当铭记。随后的一切，都是他不知疲倦、不屈不挠的奋斗的结果。他点亮了在其他人心中燃烧的火把，这火把一直传递着，直到它的光亮普照人间。

12

在格兰维尔·沙普去世之前，克拉克森[①]已经把自己的注意力转到了黑奴问题上来。他的一篇大学论文甚至以此为主题，他的头脑完全被这个问题占据了，以至于无法摆脱。那是在赫特福德郡的韦德磨坊附近，一天，他从自己的马上下来，闷闷不乐地坐在路边的草皮上。经过长时间的思考之后，他决定将整个身心投入这项工作中。他把自己的论文从拉丁文翻译成了英文，增加了一些新的例证，然后付梓印行。于是，许多工作伙伴聚集到了他的身边。废奴协会此时已经成立，不过他尚不知道，当他听说此事的时候就毫不犹豫地加入了这个组织。他牺牲了生活中的所有前途，一心从事这项事业。威尔伯福斯[②]被选进了国会，不过克拉克森的主要工作投入在搜集并整理堆积如山的证据上，为废奴运动提

[①] 托马斯·克拉克森（1760—1846），英国废奴主义者，反奴隶贸易和反殖民地奴隶制运动早期最有力的政论家之一。
[②] 威廉·威尔伯福斯（1759—1833），1780 至 1825 年间出任英国下院议员时，致力于废除奴隶制的工作。

供支持。克拉克森的百折不挠有几分像警犬，有一个著名的实例或许值得在这里提一下。那些奴隶制的鼓吹者，在他们为这一制度进行辩护时曾主张：只有诸如战俘这样的黑人才会被作为奴隶出售，而且，如果不这样的话，他们留在自己的国家会面临更加可怕的厄运。克拉克森知道有一些由奴隶商人所操纵的奴隶猎手，但没有证人证明这一点。到哪里去找这样一个证人呢？很偶然，他在一次旅行中结识的一位先生告诉他，大约一年之前他的公司里有一个年轻的水手，此人居然从事过一次这样的猎获奴隶的远征。这位先生不知道他的名字，只能模模糊糊地描述他的体貌特征。他不知道他在什么地方，只知道他属于一艘闲置待修的战船，但是在哪个港口他却说不上来。凭着这点若有若无的信息，克拉克森决定要找这个人当证人。他亲自走访了泊有待修船只的所有港口城市，登上甲板，检查每一艘船，然而白费力气，直到他来到最后一座港口，发现这个年轻人（这是他的奖赏）就在最后一艘船上等候他的拜访。事后证明，这个年轻人是他最有价值、最有效的证人之一。

几年间，克拉克森与超过 400 人进行过通信，在搜寻证据时，跋山涉水达 35000 英里以上。持续不断的努力所导致的疾病终于使他筋疲力尽，丧失了工作能力。但他并没有被抬下战场，直到他的热情唤醒了公众的思想，激起了所有善良的人们对奴隶的强烈同情。

13

经过多年旷日持久的斗争，奴隶贸易终于被废止了。但是，还有另一项伟大的业绩依然留待完成，这就是：在所有英国领土范围内彻底废除奴隶制本身。这再次需要坚定不移的意志，去赢得那一天的到来。

这项事业的领导者当中，没有比福韦尔·巴克斯顿更卓越的了，他在英国下院得到了从前由威尔伯福斯所占据的位置。小时候，巴克斯顿是个迟钝而笨拙的孩子，以顽固倔强而闻名乡里，这一点，首先表现在他粗暴激烈、盛气凌人、刚愎自用的固执上。他很小的时候父亲就去世了。幸运的是，他有一个深明大义的母亲，她以极大的耐心磨练他的意志，强迫他服从，但对那些可以安全地交给他去做的事情，她又鼓励他自己做出决定、付诸行动，以此培养他独立自主的习惯。他的母亲相信，强大的意志力，再加上认准正确的目标，如果能给予适当的引导，就是一种颇有价值的男子汉品质，她正是这么引导的。当周围的人评论这孩子的固执时，她只是会说："不用担心，他眼下固然固执，但你会看到，他最后会变好的。"福韦尔·巴克斯顿在学校里学到的东西很少，被认为是一个笨蛋和懒虫。在他嬉戏打闹、调皮捣蛋的时候，却让其他孩子帮自己做功课。

15岁那年他退学回了家，一个高大、笨拙、正在成长的小伙子，只喜欢划船、打猎、骑马和户外运动——大部分时间是与猎场看守人厮混在一起，此人是个好心肠的人，对生活和自然颇有洞察力，尽管他既不会读书也不会写字。巴克斯顿是个可塑之材，但他缺乏培养、训练和开发。在他生命的这个关键时期，习惯正在形成，要么为善要么为恶。幸运的是，他偶然进入了格尼家族的社交圈子[①]，这个家族以他们良好的社会品德、知识文化和热心公益事业而著称。巴克斯顿后来常说，与格尼家族的交往，赋予了他的生命以色彩。他们鼓励他努力自学。后来他进入都柏林大学，并在那里赢得了很高的荣誉，他说："这是我带给他们的奖赏，是他们的鼓励，使得我能够赢得这样的奖赏。"他和这个家庭的一个女儿结了婚，并开始步入社会。他叔叔汉伯里是伦敦的一位啤酒制造商，他最初在叔叔那里做了一名职员。他的意志力，曾经使得他在孩提时代是一个颇难对付的家伙，如今却成了他品格的支撑力量，使得他在

[①] 格尼家族是诺里奇的名门望族，这个家族中，对巴克斯顿影响最大的是银行家约瑟夫·约翰·格尼（1788—1847），1807年，巴克斯顿与他的妹妹汉娜结婚。

从事任何工作的时候都精力充沛、不知疲倦。他把自己的全部力量和大块头的体格投入了工作，这个庞然大物（人们叫他"大象巴克斯顿"，因为他站起来有 6 英尺 4 英寸高）如今成了一个最有力、最实干的人。他说："我能一个小时酿酒，下一个小时研究数学，再下一个小时打猎，每件事情都投入全部身心。"无论做什么事情，他都有一种不可战胜的活力和决心。巴克斯顿被接纳为合伙人，成了这家商行一位积极活跃的经营者。他所管理的大量生意，都能通过每一个细节感受到他的影响力，而且远比从前更加兴隆。他从不让自己的脑子闲着，每天晚上都坚持不懈地自学，钻研并领会布莱克斯通、孟德斯鸠的著作，以及关于英国法律的可靠注释。他在读书上的格言是："一本书，如果不能读完，就决不开始"；"在一本书被掌握之前，决不能认为它读完了"；以及"要用全部心思研究每一件事情"。

还只有 32 岁的时候，他就进入了国会，并很快担任了一个有影响力的职位，而参加这个世界一流绅士聚会的每一个诚实认真、见闻广博的人都很值得信赖。他致力解决的主要问题，就是在英国殖民地中完全实现奴隶的解放。他常常把自己早年对这个问题的关注归功于普里西拉·格尼的影响，普里西拉是厄尔翰家族的成员，一个聪明过人、满腔热情的女人，拥有许多杰出的美德。当她 1821 年辞别人世的时候，多次把巴克斯顿叫到身边，竭力劝他"把奴隶解放事业作为自己毕生的伟大目标"。她最后的行动，就是努力反复重申这个庄严的嘱托，却在徒然无功中撒手人寰。巴克斯顿从未忘记这个忠告，他把自己的一个女儿取名普里西拉。就在女儿出嫁的那一天，也就是 1834 年 8 月 1 日——黑人解放的日子，在他的普里西拉从做女儿的职责中解放出来、离开父亲的家到丈夫身边之后，巴克斯顿坐了下来，写信给朋友说："新娘刚刚出门，所有事情都完成得令人赞叹，在英国的殖民地中，再也没有一个奴隶了。"

巴克斯顿不是天才，他既不是个聪明过人的领导者，也不是个才华出众的发现者，而主要是个认真、坦诚、坚定、积极的人。的确，关于他的全部个性,最有说服力的是他自己的话,对此,每个年轻人都可以谨记在心。他说:"我活的时间越长就越敢肯定:软弱者与有力者,大人物和小人物,他们之间的巨大差异,就在于精神——在于不可战胜的决心,目的一旦确定,不成功,毋宁死!有了这种品质,可以做成这个世界上的任何事。如果没有这种精神,任有怎样的才能、环境和机遇,都不可能把一个两脚动物造就成一个人。"

第 9 章

商界中人

你看见办事殷勤的人吗？他必站在君王面前。

——《旧约·箴言》22：29

那种没有接受商业和事务训练的人，只能算是处于这个世界的底层。

——欧文·费尔瑟姆

1

　　哈兹利特在他一篇机智的短文中，把商人描绘为一种很低级的人，被人放进一辆幼儿学步车里，再用轭套在一项生意或职业上；并断言，商人所要做的一切，并不是要去开辟新的道路，而是让业务本身自行其是。他说："要想成功地经营普通业务，必不可少的是：不要有想象力，或者，除了在最狭隘的范围内操心一下关税和利润之类的问题以外，不要有任何别的想法。"① 然而，这是一种最片面的解释，而且结论也是错的。诚然，有目光短浅的生意人，就像有目光短浅的科学家、文学家和立法者一样。但也有胸怀宽广、目光远大的生意人，他们有能力实施最大规模的行动。正如伯克在他关于《印度法案》（*India Bill*）的演说中所讲的，他了解到，有些政治家是街头小贩，而有些商人却遵照政治家的精神立身行事。

　　如果我们考量一下成功经营任何重要事业所必需的品质——这需要特殊的才能、在紧急情况下行动的迅速、组织劳动者（常常是数量庞大）的能力、对人性的洞察和人情的练达、持续不断的自我修养、在生活的实际事务中不断增长的经验，等等，我想很明显，商业的学习，绝不像某些作家试图让我们相信的那样狭窄。赫普斯先生的话更加接近事实，他说：完美的商人几乎就像伟大的诗人一样罕见——或许，比真正的圣徒和殉道者更加罕见。的确，在此之前，还没有哪个行业被这么强调过："商业造就人。"

---

① 原注：见《思想与行动》（*Thought and Action*）。

林奈（1707—1778），瑞典植物学家、冒险家，植物分类学的奠基人。

然而，古往今来有一个深受笨蛋们欢迎的谬论，说的是：天才不适合从商，商业这个行当也不适合天才们去追求。几年前有一个不幸的年轻人自杀了，因为他"生而为人，而且被罚作一个杂货商人"，事实证明他的灵魂甚至还不如他的杂货高贵。因为，并不是职业使人降低身份，而是人使职业掉价。所有能带来诚实收入的工作，都是光荣的，不管它所用的是手还是脑。手指可以被弄脏，但心灵要保持洁净。因为任何物质都没有道德污垢那么脏——贪欲远甚于煤尘，堕落远甚于铜锈。

最伟大的人，也不曾轻视通过诚实而有益的劳动来谋取生计，尽管他同时还盯着更高远的目标。名列古希腊七贤之首的赛勒斯、雅典的第二个奠基人梭伦、数学家海珀瑞提斯，都是商人。柏拉图，因为智慧超群而被称为"圣人"，在埃及的时候，依靠沿途卖油所得的收入来支付旅行费用。斯宾诺莎在进行哲学研究的同时，靠打磨眼镜维持生计。伟大的植物学家林奈，一边从事研究，一边锤打皮革、制作鞋子。莎士比亚是一位成功的剧院经理，或许，他在这方面的实际才能比他写的那些戏剧和诗歌更让他感到自豪。蒲伯的观点是：莎士比亚修炼文学才能的主要目的，是凭着诚实的劳动获得独立。事实上，他似乎对文学名声毫不在乎。我们不知道，他是否亲自监督过一部戏剧的出版，甚或是同意过一部剧本的印刷，其作品的创作年代至今仍然是个谜。然而，可以肯定的是，他的生意非常兴隆，并充分认识到，正是生意的兴隆，使得他后来有能力退隐到老家埃文河畔的斯特拉特福德小镇。

乔叟早年是个军人，后来是一位有影响的海关关长、森林和王室领地巡视员。斯宾塞是爱尔兰代理议长的秘书，后来是科克市的市长，据说在商业事务上他很留心，也很精明。弥尔顿最初是个老师，后来被提拔为郡政务会的秘书，现存的政务会政令记录以及弥尔顿的许多信函依然保存完好，提供了丰富的证据，证明他在这个部门的工作是积极而有效的。艾萨克·牛顿爵士用自身的能力证明了自己是造币厂的一位能干师傅，1694年的新币就是在他亲自监督下铸造的。库柏对自己在生意上的守时颇感自豪，不过他也承认，"除了我自己，我还从不知道有哪个诗人在任何事情上能够守时。"但我们可以举出华兹华斯和司各特的例子来反驳这个说法，前者是一个邮票发行人，后者是高等民事法庭的职员，两个人不仅都是伟大的诗人，而且在生意上也都异乎寻常地守时和实际。大卫·李嘉图，其日常生意上的职业是伦敦的一位股票经纪人（他在这个行当挣得了大笔的财富），同时能够将自己的智慧集中到他所喜爱的课题上，这就是政治经济学，在这个领域里他揭示了许多伟大的发现，他把精明的商人和深刻的哲学家结合到了自己的身上。杰出的天文学家贝利，也是一位股票经纪人；而化学家艾伦，则是一个丝绸商人。

在我们今天，也有着丰富的事实例证，可以证明，最高的智慧力量与积极有效地履行日常职责之间并不矛盾。伟大的希腊史学家格罗特，是伦敦的一位银行家。不久之前，最伟大的生活思想家之一约翰·斯图尔特·穆勒，带着同僚们对他的钦佩和敬重从东印度公司的核查局退休，这倒并不是因为他高妙的哲学，而是因为他在职期间所确立的高标准的办事效率，以及他用以管理本局事务的那种令人完全满意的处事风格。

2

商业上的成功之路，通常也是常识之路。坚忍不拔的劳动和勤奋，在这里就像在获取知识或追求科学上一样需要。古希腊人说得好："要在任何行当成为一个有能力的人，三样东西必不可少：天性、钻研和实践。"在商业中，实践，并且在实践中不断改进，乃是成功最大的奥秘。有些人可能会来那么一下所谓的"幸运一掷"，但就像通过赌博赢来的钱一样，这样的"一掷"，多半只会引诱一个人走向毁灭。培根常说，商业就像走路一样，最近的路通常是最肮脏的路，一个人如果想走上一条最干净的路，那么就必须稍稍转一下身。走的时间可能要长一些，但其中所包含的劳动的快乐，以及劳动果实所带来的享受，会更真实、更纯粹。有一件日常的本职工作（哪怕是一件普普通通的苦差事）要做，会让整个余生都感到更加美好。

赫拉克勒斯[①]辛勤劳作的神话，是整个人类劳动和成功的典范。每个年轻人都应该由此认识到：他生活中的快乐和善举，都必定主要取决于他自己，取决于他充分发挥自己的干劲，而不是依赖于别人的帮助和施舍。约翰·罗素勋爵曾写信给梅尔本勋爵，请求他给诗人摩尔的一个儿子提供一些食品，梅尔本勋爵在回信中说："亲爱的约翰：我把摩尔的信还给您。在我力所能及的时候，我将很乐意去做您希望我做的事。我认为，无论做什么，都应该是为摩尔本人做的。这样更清楚、直接，更易于理解。为年轻人提供一些食品，这几乎是说不过去的，在所有事情中，这对他们自己是最有害的。他们会认为，他们所拥有的比实际上拥有的多得多，因此就不会努力。年轻人只能听这样的话：'你们有自己的路要走，是饱是饥，这要取决于你们自己的努力。'相信我。梅尔本。"

实践经验的勤奋积累，明智而积极地加以应用，总是能带来预期的成果。它带领一个人勇往直前，造就他的个人品格，激励他人的行动。所有人不可能上升到同样的高度，但总的来说，每个人都能最大限度地得到他们应得的奖赏。托斯卡纳人的谚语说得好："尽管不可能所有人都住在阳台上，但每个人都能感受到阳光。"

总的说来，人类的造化如果把生活的道路弄得太容易走了也并不是件好事。与其饭来张口、衣来伸手，不如被迫艰苦地工作、谦卑地生活。的确，以微薄的收入开始在社会上谋生，看来就像激励之于劳动一样，也是必不可少的，它几乎可以看作是在生活中获得成功的环境因素之一。因此，当有人问一位著名的法官什么对法官的成功贡献最大时，他答道：

[①] 赫拉克勒斯，希腊神话中宙斯与阿尔克墨涅之子，力大无比的英雄，因完成赫拉要求的十二项任务而获得永生。

"有些人靠天才成功，有些人靠高层的关系，有些人靠奇迹，但大多数人靠的是从一文不名开始。"

我听说过一位相当有造诣的建筑师，他通过漫长的学习以及到东方古老大陆旅行来不断提高自己，回家后准备开始自己的职业历练，他决定从任何行当开始，只要有人雇他。他于是承担了一项与拆迁有关的业务，这是建筑师行业里地位最低下、报酬最微薄的一个行当。但他有良好的判断力，很看重自己的工作，他有决心拼出一条上进之路，只有这样他才能得到一个公平的起点。7月里的一个大热天，一位朋友发现他骑坐在屋顶上，正忙于他的拆房业务。这位朋友用手比划着他大汗淋漓的脸，叫道："对于一个满脑子古希腊的人来说，这真是一个糟糕透顶的行当。"然而，他一如既往地干他的活，干净利落。他就这样坚持着，直到一步一步被提升到报酬更高的工作，最后登上了这个行业的最高一级台阶。

3

的确，劳动的必要性，可以被视为一切个体进步和民族文明的主要根基和源泉。倘若完全满足一个人的所有愿望而不需要他付出任何努力，从而不留下任何东西让他去希望、去渴求、去奋斗，我相信这对他而言是最严重的灾祸。倘若在生活中剥夺了行动的任何动力或必要性，这种感觉对于一个理性的生命而言，必定是所有感觉中最令人痛苦、最不能忍受的。德·斯皮诺拉侯爵问霍勒斯·维尔爵士，他弟弟死于何因，霍勒斯爵士答道："先生，他死于无事可干。""我的天哪，"斯皮诺拉叫了起来，"这足以杀死我们当中任何一位将军。"

那些生活中的失败者，不管怎样都喜欢装出一副无辜的委屈样子，并草率地得出结论：每个人（他们自己除外）都在他们的个人不幸中插过一杠子。一位著名作家最近出版了一本书，书中描述了他多次生意中的失败，同时天真地承认，自己对乘法表一窍不通。他得出的结论是：导致他在生活中失败的真正原因，是这个时代金钱崇拜的精神。拉马丁也毫不犹豫地表示过自己对算术的轻蔑，但是，如果少了它的话，或许我们将不会目击那很不体面的一幕奇观：这位著名要人的仰慕者们为了他晚年的生计而忙于募集捐款。

另一方面，还有些人认为自己生来就运气不佳，一门心思认为这个世界总是跟他们做对，而他们自己却没有任何过错。我听说过一个这样的人，居然宣称：他相信，倘若他是个帽子制造商的话，人们就会生来没有脑袋。然而，有一句俄罗斯谚语说得好："不幸"就在"愚蠢"的隔壁。人们会发现，那些总是悲叹自己命运的人，迟早会以这样那样的方式收获他们粗心大意、处置失当、目光短浅、缺乏勤奋的结果。约翰逊博士刚到伦敦的时候，口袋里只有一个几尼，在写给一位爵士的信中，他曾经准确地描述过自己，他真诚地说："对这个世界的所有抱怨都是不公平的，我从未听说过一个有价值的人被人忽视，通常，导致他失败的原因，正是他自己的过错。"

美国作家华盛顿·欧文持有同样的观点。他说："至于说到平庸之人总是被人忽视，这实在是一句老生常谈的废话，那些好逸恶劳、优柔寡断的人，就是以此为借口试图把他们的失败归咎于公众。然而，平庸之人总是太倾向于成为一个懒惰、粗心、无知的人。倘若肯努力，老辣娴熟、训练有素的才能，肯定总是有市场的。但也一定不要缩在家里，指望有人找上门。人们说到积极进取者的功成名就、离群索居者的湮没无闻，也有大量的陈词滥调。不过通常的情况是：那些积极进取者总是拥有机敏、活跃的可贵品质，如果没有这些，价值只不过是一种不起作用的属性。一只吠叫的狗，常常比一头沉睡的狮子更有用。"

4

专注、勤奋、准确、条理、守时和迅速，是富有效率地经营任何事务所需要的主要品质。乍一看，这些似乎都是些很不起眼的小事，然而，它们对人类的幸福、康宁和利益，却有着根本性的价值。诚然，它们都是些小事，但人类生活就是由相当琐碎的小事所组成的。正是不断重复的微言细行，不仅构成了个人性格的总和，而且决定了民族的性格。个人或民族崩塌的地方，几乎总能发现：对小事的疏忽正是使他们分崩离析的暗礁。每一个人，都有他的职责要履行，因此，就必须培养履行这些职责的能力。无论其职责范围是管理一个家庭，还是经营一项生意或职业，或者是统治一个国家。

我们已经举出了在工业、艺术、科学等不同领域中的一些伟大劳动者的实例，因此也就不必再在这里进一步强调不屈不挠的专注和勤奋在生活中任何领域里的必要性了。正是在日常经验中坚定不移地关注细枝末节，其结果为人类的进步打下了根基。最重要的是，勤奋乃是幸运之母。准确性，也至关重要，它是一个人身上良好训练的永恒标志。观察准确，说话准确，处事准确。商业中的事情，要做就必须做好。与其做一大堆半途而废的事情，不如完美地做成一丁点事情。一位哲人说得好："暂缓片刻，我们就可以完成得更快。"

然而，对于准确性这一至关重要的品质，我们给予的关注实在太少。正如一位在实践科学方面赫赫有名的人最近告诉我们的："在我的经历中，让我惊讶的是，能够准确定义事实的人少之又少。"而在商业事务中，正是你处理事情（哪怕是小事）的方式，决定了人们对你是支持还是反对。习惯性地不求准确的人，即使在其他方面拥有美德、能力和良好的行为，也不可能受到人们的信任。他的工作不得不从头再来，因此总是引起无穷无尽的烦恼、苦闷和纠纷。

在所有事情上都煞费苦心，正是查尔斯·詹姆斯·福克斯的典型品质。

当他被任命为外交大臣的时候，一些人说他的字写得太丑，为此他很生气，竟然请来了一位书法家，像个小学生一样跟他学写字，直到他的书法有了彻底的改进。尽管是个大胖子，但他在挥拍打网球时却惊人地活跃，有人问他是如何做到的，他开玩笑地回答："因为我是个非常辛苦的人。"无论是鸡毛蒜皮的琐事，还是至关重要的大事，他都表现出了同样的准确性。他因为"不疏忽任何事情"而赢得了名声。

方法也是必不可少的，它让你能够令人满意地完成堆积如山的工作。理查德·塞西尔牧师曾说："方法，就好比把东西包装进一只盒子里，一个好的包装工可以做到事半功倍。"塞西尔做事的迅速是惊人的，他的格言是："做任何事情，捷径只有一条，那就是：一次只做一件事。"他从不留下一件未做完的事情，为的是不至于在闲暇的时候老是惦记它。当事情进行的时候，他宁愿占用吃饭和睡觉的时间，也不愿马虎了事。德威特的格言与塞西尔一样："每次只做一件事。"他说："如果我有任何必须速战速决的事情要干的话，那么在它完成之前我不想任何别的事情；如果有任何家事需要我关注的话，我将全力以赴，直到把它们处理妥帖为止。"

一位法国大臣，他的做事迅速，与厮混于娱乐场所一样有名，有人问他是如何把这两者结合起来的，他答道："很简单，决不把应该今天做完的事情拖到明天。"布鲁厄姆勋爵曾说，某位英国政治家正好相反，他的格言是：能够拖到明天的事情决不在今天处理。很不幸，这正是许多人（那位法国大臣除外）的习惯做法，几乎想都不用想。这种习惯，是懒惰者和失败者的习惯。这样的人，也总是倾向于依靠代理人（而他们并不总是靠得住）。重要事情必须亲自出马。俗谚云："如果你希望自己的事情办妥，那么就动手去干；如果你不希望它办妥，就派别人去干吧。"

一位好逸恶劳的乡绅有一片种植园，每年的产出大约 500 英镑。由于陷入债务，他卖掉了其中一半，剩下的就租给了一位勤勉的农夫，租期 20 年。大约在租约期满的时候，农夫去找他付租金，并问这位业主是否愿意卖掉农场。"你买它吗？"业主惊讶地问。"是的，如果我们能够就价格达成一致的话。"农夫回答。"这真是怪事，"乡绅说，"请告诉我这是怎么一回事。我曾经有两倍于此的土地，还不用付租金，却不能靠它为生；你每年为这片农场付给我200英镑，却能在不多的年头里买下它。""道理很简单，"农夫回答，"你坐在那里说'去'，我站起身来说'来'；你躺在床上享受你的财产，我清早起来琢磨我的生意。"

  一个刚得到一份工作的年轻人向沃尔特·司各特爵士求教，他以这样合理的忠告作为回答："当心被这样一种习性所绊倒：它会轻而易举地困住你，使你没有足够的时间用于工作——我指的是女人们所说的'游手好闲'。你的座右铭应该是'Hoc age'①。立即做你要做的事，把娱乐时间放在工作后面，决不能放在它的前面。当一个团正在行军的时候，后面的人常常因为前面的人没有稳定、连续地行进而陷入混乱。做事情也是同样的道理。如果手头上最初的事情没有立即、稳定、合格地迅速完成的话，其他事情就会堆在后面，直到事情突然开始紧迫，不可避免地陷入混乱。"

5

  正确认识时间的价值，可以激发行动的迅速。一位意大利哲学家习惯于把时间称为自己的种植园，如果不耕耘，这片园子就不会产出价值，但只要适时而作，勤勉的劳动者就一定会得到劳动的回报。如果任其荒芜，产品就只能是有害的杂草和形形色色的恶行。稳定职业的一个附带效用是，它使一个人远离伤害，因为无所事事的头脑的确就是魔鬼工厂，一个懒人，就是魔鬼的枕头垫子。忙碌就是拥有，懒惰就是虚无。空想

---

① 拉丁文：做这事。

的大门一旦打开，诱惑就找到了一条现成的通道，邪恶的思想就会成群结队地蜂拥而入。有人说，在大海上，只要有一点点事情可做，水手们就决不会那么喜欢抱怨和哗变。因此，一位老船长，在水手们无所事事的时候，就下达命令："洗锚！"

商人总是喜欢引用这样一句格言：时间就是金钱。但它不仅仅是金钱，如果恰当加以利用，它还是自我修养、自我改进和品格的成长。每天在闲散懒惰中浪费一小时，如果能用来提高自己，就会让一个无知的人在几年之内变得聪明，如果用在善举上，就会让他的生命变得硕果累累，而死亡也就成了一次可敬行为的丰收。一天用 15 分钟来提高自己，到年底就能感觉出来。好的思想，以及用心积累起来的经验，并不占据空间，它们可以被我们随身带到任何地方，就像伙伴一样。节约利用时间，是获得闲暇的正确方式，它使我们能够完成业务并推进它的发展，而不是被它所驱策。另一方面，时间的错误估算，会让我们陷入连续不断的匆忙、混乱和困难之中，生活成了纯粹的手忙脚乱，灾祸通常也就接踵而至。纳尔逊曾经说："我把自己在生活中的所有成功，归功于我总是比规定的时间提前一刻钟。"

有些人在捉襟见肘之前，从未想到过金钱的价值；而许多人直到去日无多之时，才认识到时间的宝贵。他们任由时间在空闲中白白流失，然后，当生命迅速衰朽，才想起自己有责任更明智地利用时间。但无精打采和闲散懒惰的习性早已根深蒂固，他们无法砸断曾经自愿戴上的镣铐。失去的财富，可以通过勤奋重新拥有；失去的知识，可以通过钻研重新获得；失去的健康，可以通过节制或医药予以疗治；而失去的时间，则永远一去不复返。

正确认识时间的价值，还会激发守时的习惯。路易十四说："守时是国王的修养。"它也是绅士的义务，是商人的必备素质。在一个人的身上，没有什么比这种良好的习惯能更快地赢得人们的信任，也没有什么比缺乏它能更快地动摇人们的信心。坚持赴约而不让你久等的人，是在用行动向你表明：他把你的时间看得和他自己的时间一样宝贵。因此，守时，是我们在商业交往中用以证明自己尊重对方的方式之一。在某种程度上，它也是认真负责的表现，因为一次约见就是一份或明或暗的契约，恪守信用的人，必定不会去骗取他人的时间并因此而不可避免地丧失人格。我们顺理成章地得出结论：对时间粗心大意的人，也会对生意粗心大意，在重大事情上他不是一个可以信任的人。当华盛顿的秘书为自己的迟到辩护、把责任归咎于手表的时候，华盛顿平静地说："那么你该换块手表，或者我该换个秘书。"

对时间以及时间使用粗心大意的人，通常是一个打扰他人的安宁和平静的人。切斯特菲尔德伯勋爵措辞巧妙地说起年迈的纽卡斯尔公爵："如果他在早晨丢掉了一个小时的优雅，那么这天剩下的所有时间他就一直在找它。"每个被迫与不守时的家伙一起干活的人，时不时地要陷入一种疯狂的状态：他的整个系统都要慢一拍，规则仅仅是建立在他的无规则中。他的行为散漫好像成了规律，赴约总是在规定的时间之后，赶到车站的时候火车已经开走，寄信的时候邮局已经关了门。因此事情总是搞得一团糟，每一个受到连累的人都大发脾气。人们通常发现：那些习惯性地走在时间后面的人，也习惯性地被成功甩在后面；这个世界通常会抛弃他们，以便壮大那支对运气牢骚满腹、骂骂咧咧者的队伍。

6

除了平常的工作能力之外，最高级别的商人还需要敏锐的洞察力和执行计划时的坚定不移。机智也很重要，尽管这在某种程度上是天生的禀赋，但它也能够通过观察和阅历加以培养和发展。具有这种品质的人，能迅速看出正确的行动方式，如果他们有坚定的目标，就能很快执行他们的计划，并带来成功的结果。这些品质固然难能可贵，但在那些大规模地指挥他人行动的人身上（比如战场上一支大军的指挥官），的确又是不可或缺的。要成为伟大的将军，他不仅需要成为一个勇士，而且需要成为一个商人。他必须拥有大智大巧、对个人性格的深刻了解以及组织大批人员行动的能力，对这些人，他要给吃、给穿、给他们为了继续厮杀并赢得战斗所必需的一切。在这些方面，拿破仑和威灵顿都是首屈一指的商人。

尽管拿破仑对细节有着非同寻常的偏爱，但他也有着活泼的想象力，这使得他能够查看漫长的作战阵线，以准确的判断和惊人的速度，在一个很大的范围内安排那些细节。他对个人性格的深刻洞察，使得他能够挑选出最优秀的行动者来执行他的计划，几乎没有失误。不过重大时刻的一些事情（重大结果也正依赖于此），他还是尽量少交给别人代劳。他性格中的这一特点，眼下正在出版过程中的《拿破仑通信》(*Napoleon Correspondence*)一书提供了显著的例证，特别是第 15 卷，这一卷包括 1807 年埃劳战役之后不久，皇帝陛下在位于波兰边境的芬肯斯泰因城堡中所写的信函、命令和特电。

当时，法国大军驻扎在帕萨格河沿岸，对面是俄国大军，奥地利人在他们的右翼，被征服的普鲁士人殿后（尽管是个敌对国）。据说，这次准备工作拿破仑做得小心细致而又深谋远虑，没有遗漏一个岗位。军队的移动，从法国、西班牙、意大利和德国那些遥远地点调来援军，运河的开挖和道路的平整（以便波兰和普鲁士的产品能够顺利运到他的营地），直至最微小的细节，这些，他都一直不停地关注着。我们发现，他在指挥马匹应该在哪里买到，安排足量的马鞍供应，为士兵们定购鞋子，指定定量供应的面包、饼干和烈酒应该调拨多少到营地里来，应该储备多少在仓库中供部队使用。与此同时，我们还发现，他写信给巴黎就法兰西学院的改组做出指示，设计一份公共教育方案，口授公告或者给《总汇通报》(*Moniteur*)杂志的文稿，修订预算的细节，就杜勒里宫和马德兰教堂的改造工程向建筑师下达指示，偶尔向斯塔尔夫人和《巴黎人》(*Parisian Journals*)杂志丢一两句讽刺挖苦的话，出面制止大歌剧院的一场争论，与土耳其的苏丹和波斯的沙阿进行通信。这样看来，他的身体虽然在芬肯斯泰因，但他的头脑似乎是在巴黎、欧洲以及全世界的100个不同的地方同时工作。

我们发现，他在一封信里询问内伊是否及时收到了他送去的步枪，在另一封信里又指示杰罗姆亲王将衬衣、外套、鞋子、军帽和武器分发到符腾堡各团；然后又催促康巴塞雷斯给军队运送双倍的粮食库存，他说："条件和托词眼下都不合时宜，首要的是必须从速完成此事。"然后又通知达鲁：军队所需要的衬衣至今还未收到。他写信给马塞纳："请告知：你们的饼干和面包现在是否准备完毕。"写信给缪拉，就胸甲骑兵的装备做出指示："他们抱怨缺少马刀，请派一名军官去波森置办这些东西。还听说他们需要头盔，可以到艾伯林去订购。……别指望睡觉能办成任何事情。"因此，任何细节他都没有放过，每个人的活力都被激发出来，以非凡的力量投入行动。尽管皇帝陛下白天的时间有许多都被用来视察军队（这期间他有时每天骑马跋涉90至120英里）、阅兵、接待和国事，只留出很少的时间处理商业事务，但他并没有忽视这方面的事情，在必要的时候，他会投入夜晚的大部分时间来检查预算、口授急信、操心帝国政府组织和运转过程中无以数计的细节，这架庞大的国家机器，大部分集中在他的大脑里。

7

像拿破仑一样，威灵顿公爵也是一个首屈一指的商人。他的商业才能几乎相当于天才，这样说或许并不过分：在很大程度上，正是因为拥有这种天才，公爵才从未输过一仗。

当他还是个陆军中尉的时候，就开始对自己的晋升太慢不满，曾两次从步兵转到骑兵，又都回来了，仍然没有晋升。爱尔兰大捷之后，他向卡姆登勋爵提出申请，希望到税务部或财政部工作。如果他成功了，毫无疑问会成为一位首屈一指的部门领导，因为他本就是一个首屈一指的贸易商和制造商。不过，这份申请没有得到批准，他继续留在军队，成了最伟大的英国将领之一。

公爵最初是在约克公爵和沃尔摩登将军手下开始他积极活跃的戎马生涯，当时是在佛兰德和荷兰。在不幸和失败中，他认识到了糟糕的事务安排和糟糕的指挥能力如何毁掉一支大军的士气。从军10年之后，我们发现他成了印度的一名陆军上校，据他的上司报告，威灵顿是一个有着不知疲倦的精力的勤奋的指挥官。他深入到军队工作最微小的细节中，力求把士兵的纪律提高到最高的标准。1799年，哈里斯将军写道："韦尔兹利上校的步兵团是一个模范团，因为英勇的行为、纪律、命令和整齐划一的举止是高于所有赞扬的。"这使得他有资格担当大任，不久之后，他被任命为麦索尔首府的地方长官。在与马拉他人的战争中，他锋芒初试，在34岁那年赢得了著名的阿萨叶战役，他率领一支由1500名英国人和5000名印度兵所组成大军，战胜了马拉他人20000名步兵和30000名骑兵。但是，一场如此辉煌的胜利丝毫没有扰乱他的沉着镇定，也没有影响到他正直诚实的品格。

这次战役过后不久，展示他作为一个行政官的杰出实践能力的机会来了。在攻陷塞林伽巴丹之后，他被任命为一个重要地区的司令官，他的首要目标，就是在自己的人当中建立严格的秩序和纪律。被胜利冲昏了头脑的军队，变得无法无天，到处撒野。"把宪兵司令给我叫来，"他说，"传我的命令：除非吊死几个劫掠者，否则就别指望有秩序和安全。"威灵顿在战场上的这种严厉，尽管令人望而生畏，却在许多场战役中拯救了他的军队。他的下一步，就是重建市场，重新开辟供应的来源。哈里斯将军写信给总督，热烈称赞韦尔兹利上校所建立的完美纪律，以及他"在补给安排上的深谋远虑和富有技巧，他开辟了一个产品丰富的自由市场,在各个行当的经销商中注入了信心"。对细节的密切关注和全面掌控,也是他在印度整个戎马生涯的显著特征。他写给克莱夫勋爵的一份急件最能显示其能力,也特别值得注意,其中充满了关于战斗行动的实用信息。当时,他所指挥的纵队正在横渡图姆布德拉河,面对驻守在河对岸的杜恩迪阿的强大军队,无以数计的利害攸关的事情全都压在指挥官的心头。不过,他有一个最显著的特点就是:能够临时从手头上的事务中抽出身来,投入全部力量来考量全局事件,甚至最困难的环境(像眼下这样的场合)也不能困住他或吓倒他。

带着将才的名声回到英国后,亚瑟·韦尔兹利爵士立即有了用武之地。1808 年,由他负责率领一个由 1 万人组成的军团去解放葡萄牙。他登陆、战斗,并打赢了两场战役,签订了《辛特拉协议》(*Convention of Cintra*)。在约翰·摩尔爵士去世以后,他被任命为新的葡萄牙远征军司令。但在整个半岛战争期间,威灵顿一直处于可怕的劣势。从 1809 年至 1813 年,他所指挥的英国军队从未超过 3 万人,而在伊比利亚半岛与他针锋相对的是大约 30000 名法国人,其中大多数是身经百战的老兵,率领这支部队的,是拿破仑最能干的将领之一。他如何一边祈盼着胜利的美好前景一边与这样一支强大的军队兵戎相见呢?他敏锐的洞察力和强大的判断力很快就让他认识到:自己所采取的策略,必须与西班牙的将军们截然不同,这些将军们只要胆敢冒险在开阔的平原上挑起战斗,就总是会被打得落花流水、四散奔逃。他认识到,眼下他不得不再创造一支军队,才能带着些许获胜的可能性与法国大军抗衡。因此,在 1809 年的塔拉韦拉战役之后,当他发现自己被法国人的优势兵力四面包围的时候,他撤退到了葡萄牙,打算在那里执行自己的既定方针,这个方针也只是到这时候才定下来的。这就是:组织一支由英国军官指挥的葡萄牙大军,教会他们与英军联合行动,与此同时,为了避免失败而高挂免战牌,拒绝所有交战。他设想,这样可以摧毁法国人的士气——如果没有胜利的鼓舞,这样的士气必将荡然无存;而当自己的军队做好了战斗准备的时候，敌人却士气低落，那么他就可以尽全军之力向他们发动攻击。

在这些伟大的军事战役中，威灵顿勋爵显示出的非凡品质，只能在细读他所写的报告公文之后，才能得到充分的认识。这些报告中，包含了对各种手段的质朴叙述，而他就是通过这些手段奠定了自己成功的基础。他所经受的困难和阻挠的考验，无人能比，这些，既源自当时英国政府的低能、虚妄和阴谋，也源自他准备解救的人民的自私、怯懦和虚荣，二者不相上下。我们确实可以说，在西班牙的那场战争中，他之所以能够坚持下来，凭借的是个人的坚定和自信，这些品质从未辜负过他，即使在他最灰心丧气的时候。他不仅要与拿破仑的老兵们血战沙场，而且要约束西班牙的军政府和葡萄牙的摄政王朝。为了给部队筹集补给和衣物，他遭遇了极大的困难。简直难以置信，在塔拉韦拉战役中，就在他与敌人打得热火朝天的时候，那些早已溜之乎也的西班牙人竟开始袭击英军的辎重车队，而且，这帮恶棍居然把它洗劫一空！诸如此类的烦恼，公爵都以非凡的耐心和自制承受着，坚持自己的行动路线，用自己不屈不挠的坚定面对忘恩、背叛和敌对。他不疏忽任何事情，亲自垂问战争事务中的每一个重要细节。当他发现无法从英国得到食物而必须依靠自己的资源养活军队的时候，他立刻像个粮食批发商一样，与英国驻里斯本公使合伙，着手做起大宗生意来。军需部门的账目建起来了，从地中海沿岸港口和南美洲买来了粮食。装满军需仓库之后，剩余的就卖给了供应匮乏的葡萄牙人。他决不把任何事情交给运气，而是为每一种可能性做好准备。他关注军队工作中最细小的细节。有时候，他习惯于把自己的全部精力集中到一些显然不怎么冠冕堂皇的事情上：士兵的鞋子、营地里的锅碗瓢盆、饼干和马的草料。他出类拔萃的商业能力到处都能感觉到，毋庸置疑，他正是通过这样的悉心周到和事必躬亲，奠定了自己巨大成功的基础。就是通过这样一些手段，他把一些初出茅庐的新兵，转变成了欧洲最优秀的军人，他声称，有了他们，去任何地方，做任何事情，都是可能的。

我们已经提到过威灵顿的一种非同寻常的能力，那就是：及时从正在进行的工作中抽身出来（不管有多么投入），再把精力集中到一些完全不同的事情的细枝末节上。据纳皮尔说，正是在准备萨拉曼卡战役的同时，他不得不揭露国内的大臣们对一笔贷款的依赖毫无意义；正是在圣克里斯托沃尔高地的战斗现场，他论证了试图建立一家葡萄牙银行的荒谬；正是在布尔戈斯的战壕里，他仔细分析了丰沙尔的财政方案，并揭露了企图卖掉教堂财产的愚蠢。在各种场合，他都表现得既熟悉这些问题又熟悉军队结构的细枝末节。

他性格中的另一个特点，就是绝对诚实，显得像个诚实的生意人。当苏尔特洗劫并运走西班牙许多价值连城的名画时，他却没有窃取分文。所到之处他都花钱吃饭，即使在敌人的国家。当他率领4万名西班牙人越过法国边境时，那些西班牙人试图通过抢掠"发点小财"，他首先斥责了他们的指挥官，然后，在发现制止无效之后，他把这些西班牙人打发回了自己的国家。还有一件不同寻常的事情也是发生在法国，由于战乱，当地农民纷纷携带贵重物品逃离家园，一路上为他们保驾护航的，竟然是英国军队！也正是在这个时候，威灵顿写信给英国政府："我被债务淹没了，几乎无法走出房门，因为公共债权人正等着向我讨债。"朱尔斯·梅里尔在评价威灵顿公爵的性格时说："没有什么比这份招供更堂皇、更高贵的了。这位从军30年的老兵，这位铁人和常胜将军，率领一支强大的军队驻扎在一个敌对国家，居然害怕他的债主！这种害怕很少出现在征服者和侵略者的脑海里。我怀疑，一部战争编年史，能否拿得出与这种崇高的诚实差堪媲美的事例。"[1]

---

[1] 原注：最近出版的拿破仑和他弟弟约瑟夫之间的通信以及拉古萨公爵的回忆录，充分进一步证实了这个观点。威灵顿公爵以他在日常琐事上的卓越，打败了拿破仑的将军们。他常说，如果说我还懂点什么东西的话，我懂得怎样养活一支军队。

8

　　有一句老格言说得不错："诚实乃是上策"，这个真理得到了生活中日常经验的支持。商业上的成功，与其他每件事情的成功一样，都会找到诚实和正直的因素。正如休·米勒那位令人尊敬的叔叔常常告诫他的："在你所有的交易行为当中，让你的生意伙伴瞧一眼你的库存：'足量、堆起来、溢出'，这样，到最后你就不会被他们抛弃。"一位著名的啤酒制造商，把自己的成功归因于他在使用麦芽时非常慷慨。他会说，到大酒桶那儿去，品尝品尝，"还不错吧，小伙子；再瞧瞧我的麦芽。"这位啤酒商把自己的品格注入到了他的啤酒里，并以此证明了自己的慷慨，从而在英国、印度和各殖民地赢得了名声，也为自己的巨额财富奠定了基础。诚实的言行，应该是所有商业事务的基础。诚实，对零售商、批发商和制造商的意义，就像荣誉之于士兵、慈善之于基督徒。在最卑微的行当里，也总会找到这种诚实品格发挥作用的空间。休·米勒谈到自己当砖瓦匠学徒时的师父，说他"把自己的良心注入了他砌下的每一块石头中"。因此，真正的机械工，会为他们工作的一丝不苟和稳妥可靠而感到自豪；高尚的承包商，会为自己在每一个细节上严格履行合同而感到骄傲。诚实的制造商在他生产的正宗产品中，不仅可以找到荣誉和名声，而且能找到实实在在的成功；而销售商，则能在他诚实地出售的名副其实的商品中找到这一切。

　　杜宾男爵在说到英国人普遍的诚实正直时，坚持认为这是他们成功的主要原因，他说："我们或许可以通过欺骗、意外、暴力而获得一时的成功，但只有通过与此完全相反的手段才能获得永久的成功。销售商和制造商要想维护其产品的优越和国家的品格，靠的不光是勇气、智力和积极性，更多的是要靠他们的智慧，他们的节俭，尤其是，他们的诚实正直。不列颠诸岛上那些可敬的市民一旦丧失了这些美德，那么我们可以肯定，对英国，正像对其他每个国家一样，堕落的商业之船，就会遭到每一片海岸的拒绝，就会迅速地从大海上消失，那些海面上如今覆盖着用三个王国的工业财富交换来的世界财富。"

必须承认，生意场上对品格的考验，或许比生活中任何其他的事务都更加严厉。它把诚实、克己、公正和率直置于最严厉的考验之下。清清白白地通过了这样考验的商人，就像在战斗的烈火烽烟中证明了其勇气的士兵一样，值得我们给予最高的尊敬。那些受到大多数人信任的、从事各个不同生意行当的人，我认为必须承认，他们基本上都高贵地通过了这样的考验。只要我们稍稍想一下，每天有那样巨额的财富委托给一些无足轻重的人（他们自己的收入或许仅够糊口）——那些散币不断地经过银行里的店员、代理人、经纪人和职员之手，在所有这样的诱惑中却甚少发生违约的事情，注意到了这一点，我们大概就会承认：这种日常行为中坚定不移的诚实，对人性而言，是最值得尊敬的，如果我们自己也能够经受住这样的诱惑，那我们应该为之自豪。商人们互相之间所给予的同样一种信任，比如信用体系中所包含的那种信任（这一体系主要建立在荣誉原则的基础之上），在商业事务中，如果不是一种常规惯例的话，那将是不可思议的。查默斯博士说得好，商人们习惯于把他们的业务委托给相隔遥远的代理人，他们或许隔着半个地球，或许从未谋面，凭借的仅仅是对方的品格，就经常把巨额的财富委托给他们，这样一种绝对的信任，大概是人们对他人表示敬意时所能做出的最美好的行动。

9

尽管普遍诚实依然幸运地在平民百姓中占有支配地位，英国的整个工商业界也依然在内心里坚守着这种诚实，他们把自己诚实的品格注入了各自的行业中；然而不幸的是，就像古往今来的情形一样，也存在太多不诚实和欺骗的实例，在他们急于致富的过程中，通过不择手段、过度投机和强烈自私的形式表现出来。掺假的销售商，"敷衍了事"的承包商，以再生毛代替羊毛、以粗棉代替精棉、以铸铁代替钢的制造商，没有孔的针，只能"卖"不能"用"的剃须刀，以及形形色色五花八门的假货，大量存在。不过我还是坚持认为，这些都是例外情况。那些卑鄙而贪婪的人，尽管或许能够获得他们多半无法享用的财富，但他们决不会获得诚实的品格，也不会获得一颗平静的心——没有它，财富就什么也不是。一位刀匠以两便士的价格卖给拉蒂默主教一把值不了一便士的刀子，主教说："这个无赖欺骗的不是我，是他自己的良心。"

通过勒索、欺骗和诈取挣来的钱，或许可以在浅薄者的眼前炫目一时；但是，通过寡廉鲜耻的无赖行径所吹起的泡沫，吹到最满的时候，通常只能爆炸。在很大程度上，萨德莱尔们、迪安·保罗们和雷德帕斯们[①]，都走向了可悲的结局，甚至是在生前。尽管其他人的成功欺骗或许没有被"发现"，他们通过无赖行径所获得的财富或许依然属于他们，但这些财富，将会是诅咒，而不是祝福。

谨慎而诚实的人，其财富的增长或许没有那些不择手段、奸猾欺诈之徒那么快，这是有可能的；他们的成功却更加真实，是在没有欺骗和不公的情况下挣来的。即使一个人暂时不成功，但他依然必须诚实：宁愿丧失一切，也要保全品格。因为品格本身就是财富。节操高尚的人，只要勇敢地坚持走自己的路，成功肯定会到来，也一定会赢得最高的奖赏。华兹华斯对"快乐的勇士"有过很好的描写：

他理解自己的责任，

同样保持对单一目标的忠诚；

因此他既不弯腰屈膝，也不坐等

---

① 这几个人都是当时臭名昭著的靠诈骗起家的英国实业家，其中银行家迪安·保罗还拥有爵士头衔。

财富、荣誉或世俗地位的降临；

这些必尾随而至，像天赐的甘霖，

必定会洒向他的头顶。①

10

广为人知的戴维·巴克利②，是著名的《为贵格会教徒辩护》（*Apology for the Quakers*）的作者罗伯特·巴克利的孙子，他以处理所有事情都公正、坦率和诚实而著称，他的事业生涯，作为一个品格高尚的商人树立的诚实正直的商业习惯的榜样，或许值得在这里简单介绍一下。多年以来，他一直是齐普赛街一家业务广泛的大机构的领头人，主要从事美洲贸易。但像格兰维尔·沙普一样，他对英国与美洲殖民地之间的战争持反对意见，这种反对是如此强烈，以至于独立战争爆发时，他决定完全退出这个行当。做商人的时候，他以自己的才华、知识、诚实和能力而著称，正如他后来以自己的爱国精神和慷慨仁慈而著称一样。他是坦率和诚实的一面镜子，而且，当他成了善良的基督徒和真正的绅士的时候，他像信守自己的合同一样始终信守自己的诺言。他的社会地位，以及他高尚的品格，使得当时的大臣们在许多场合都征求他的建议。当下院就美洲争端问题进行调查的时候，他明确提出了自己的观点，而且拿出了充分的理由证明这一观点是正确的，以至于诺斯勋爵不得不公开承认，他从戴维·巴克利那里得到的信息，比从圣殿街东区所有其他人那里得到的都要多。

退出商界之后，他并没有安享清闲，而是着手从事其他对社会有益

---

① 这节诗出自华兹华斯《快乐勇士的品格》（*Character of the Happy Warrior*）。
② 戴维·巴克利（1729—1809），英国商人。

的新的劳动。有了充足的财富，他觉得自己还欠社会一个恪尽义务的良好榜样。他在自己位于沃尔瑟姆斯托附近的住处创办了一所"勤劳之家"，养活这样一个慈善机构需要一笔沉重的开支，他独自承担了好几年，直到最后成功地使得这个机构成了邻近地区那些穷苦善良的家庭得到帮助、走向独立的一个源泉。当他继承了牙买加一个种植园的时候，他决定，立即给那里所有的奴隶以自由，尽管这要付出大约 1 万英镑的代价。他派出的代理人租来了一艘船，把一个不大的奴隶居民区搬到了三个美国自由州中的一个州，让他们在那里安居乐业，生息繁衍。曾经有人向巴克利先生宣称：黑人太无知、太野蛮了，不能给他们自由。他之所以决心要这么做，就是为了证明这个论断是错误的。

在处理自己的积蓄时，他充当了自己的遗嘱执行人，而不是死后留下大笔财富在亲属当中分配，在生前，他已经给予了亲属们以慷慨的帮助，照看并扶助他们走上各自的生活道路，因而不但给他们打下了基础，而且在有生之年看到了他们在伦敦的相关事业繁荣昌盛、兴旺发达。我相信，时至今日，英国一些最杰出的商人（比如格尼家族、汉伯里家族和巴克斯顿家族），也会为他们能够怀着感激的心情报答戴维·巴克利给予他们的恩惠而感到自豪，因为是他首先把他们赖以成功的手段引入到了生活中，因为在他们事业生涯的早期阶段他的忠告和支持使他们受益匪浅。这样一个人，永远是他的国家里商人们的诚实和正直的标志，也是未来所有时期商人的典范和楷模。

第10章

金钱：善用与滥用

不是为把它藏在树篱后面，不是为了讨好追随者，而是为了做一个独立的人所带来的光荣显赫的特权。

——罗伯特·彭斯

既不要借债，也不要放债，放债常常既丢朋友又丢钱，借债能使节俭的刀锋变钝。

——莎士比亚

决不要用轻浮的态度对待金钱事务——金钱就是品格。

——布尔沃·利顿爵士

1

　　一个人如何对待金钱——挣钱、存钱、花钱——或许是对实践智慧最好的考验。尽管决不应该把金钱视为人生的主要目标，但考虑到它的作用既大且广，考虑到它是身体舒适和社会福利所凭借的手段，因此，金钱也并不是一件无足轻重的事，不能以一种哲学式的轻蔑对待它。人性中一些最美好的品质，的确与正确地对待金钱密切相关，比如慷慨、诚实、公正和奉献；还有勤俭节约和未雨绸缪的实用美德。另一方面，也有与上述美德正好相反的东西：贪婪、欺诈、不公和自私，正如那些过于热心盈利的人所表现出来的；还有铺张浪费和不顾将来的恶行，这属于那些滥用财富的人。正如亨利·泰勒在他那本颇有见地的《生活札记》(*Notes from Life*)中所精辟论述的："一个人如果能以恰当的分寸和合理的方法去获取、储存、花费、给与、接受、贷出、借入、遗赠金钱，那他几乎就是一个完美的人。"

　　舒适安逸的世俗环境，是每个人都有权通过正当手段去努力获取的一种生存境遇。它确保了身体的满足，这对于培养他天性中更美好的部分是必要的，并使得他能够为自己的家人提供同样的生存条件；如果没有这些，就像使徒说的："比不信的人还不好。"[①] 对我们而言，这样的职责绝不是无足轻重的，我们的同胞对我们是否尊敬，在很大程度上取决于我们如何利用生活中出现的每一次改进机会的方式。为了成功地实现这一目标而必须做出的这种努力，本身就是一种训练，它能够不断激励一个人的自尊，磨练他的耐性、坚定以及诸如此类的美德。富有远见而

---

① 语出《新约·提摩太前书》5：8。

又谨慎细致的人，必定是一个深思熟虑的人，因为他不仅仅为现在而活着，还会为将来而未雨绸缪。他必定也是一个有节制的人，具有克己的美德，没有什么比这更能给他以品格力量。约翰·斯特林[①]所言不虚："教人克己的教育，即使是最糟糕的那种，也比最好的教人不克己的教育更好。"罗马人正确地使用同一个词（美德）来描述勇气，一种是身体意义上的，另一种是道德意义上的。一切美德中，最高的美德是战胜自己。

因此，"克己"（为了未来而牺牲现在）这门功课，是我们所学习的最后一门功课。那些工作最刻苦的社会阶层，自然可以指望挣得最多的金钱。然而有那么多人总是乐于将他们挣得的钱吃光用光，这使得他们变得非常无助，只能依赖那些节俭的人。我们当中有大量这样的人：尽管他们享有足够的财富，可以让他们过上舒适而独立的生活，但人们常常发现，当困窘产生的时候，他们几乎不能提前准备一天的实际需求。这是社会上的无助和困苦的一个重要原因。有一次，一个代表团拜访约翰·罗素勋爵，谈到向本国的劳动阶级征税的问题，此时，这位高贵的爵士乘机评论道："你们可以放心，本国政府绝不敢向劳动阶级征收与他们的喝酒开支大致相当的任何东西。"所有重大的公共问题中，或许没有比这更重大的了；在所有为劳动者所发出的改革呼声中，也没有比这更响亮的了。但必须承认，"克己和自助"会被当作竞选演说的一句乏味的战斗口号；令人担心的是，如今的爱国主义，并不太看重诸如个人节俭之类的平凡小事，尽管只有发扬这样的美德才能够使产业阶级的独立得到确保。那位鞋匠哲学家塞缪尔·德鲁说："审慎、节俭和良好的管理，是改善不景气的杰出艺术家：它们在任何地方都只占据很少的空间，但它们为生活不幸所提供的疗救，比国会大厦所通过的任何改革法案都更有效。"正如古老的歌谣所吟唱的：

　　如果每个人都

[①] 约翰·斯特林（1806—1844），英国诗人、作家。

留心改善自己，

那要改进国家，

将是多么容易。

2

然而，人们通常觉得，改革教会和政府要比改掉自己的坏习惯容易得多；而且，在这样的事情上，我们通常发现：从身边的人开始总比从自己开始更合我们的口味，这确实成了一种共同的习惯。

任何一个只能勉强糊口的阶层，永远是一个低劣的阶层。他们必将一直无力而无助，完全依赖于社会，是时间和季节的挥霍者。他们不尊重自己，因而也得不到他人的尊重。在商业萧条时期，他们不可避免要失败。缺少一笔积蓄赋予他们的那种男子汉般的力量，他们不得不怀着恐惧和颤栗，看待妻儿们未来可能遭受的厄运。科布登先生曾对赫德斯菲尔德的工人们说："世界一直被分为两个阶层：存钱的和花钱的，节约的和浪费的。所有房屋、工厂、桥梁和轮船的建造，以及所有给人类带来文明和幸福的其他工作，都是由那些勤俭节约的人完成的；而那些浪费自己资源财力的人，总是他们的奴隶。这是自然和上帝的法则。如果我向任何阶层保证：即使他们不顾将来、缺乏远虑、游手好闲也会提升自己的话，那我就是个骗子。"

1847年，在一次工人聚会上，布赖特先生表达了自己的信念："在所有的社会阶层中都能找到同样多的诚实。"然后，他给出了同样的忠告："对任何人（或许多人）而言，他们的社会地位要想得到维持（如果它已经很好的话）或提高（如果它眼下还很糟的话），稳妥可靠的道路只有一条，那就是，养成勤奋、节俭、自制和诚实的习惯。除了我们在那些不断改进自己、完善自己的人身上所发现的美德，要想提升那些在精神和身体上都感觉到不如人意的人的社会地位，没有其他的捷径可循。"

没有理由认为，普通工人的境遇不应该是有益、光荣、可敬和幸福的。整个工人阶级（除了少数例外），都可以像他们中的许多人已经做到的一样节俭、善良、博识和优裕。一些人做到了的事情，其他人也可以毫不费力地做到。同样的手段会带来同样的结果。应该有这样一个阶层，他们无论处在什么样的境遇中，都要靠他们每天的劳动为生，这是上帝的法令，无疑也是一条明智而正当的法令。但如果这个阶层不节俭、不知足、不聪明、不幸福，这并非是天意的安排，而只是来自人自身的软弱、放纵和邪恶。在工人当中，健康的自助精神，比其他用来提升这一阶层的任何手段，能够创造出更多的东西。而这，并不是通过降低他人，而是通过把他们自己的宗教、智力和道德提高到一个更高的标准。蒙田说："一切道德哲学，都适用于平凡普通的私人生活，就像适用于最华丽辉煌的生活一样。每个人的自身之内都具备人类境遇的完整形态。"

当一个人向未来投去匆匆一瞥的时候，就会认识到：他必须为失业、生病和死亡这三件事准备三笔临时性意外费用。前二者他或许可以逃过，死亡却不可避免。无论如何，在上述任何一件事情发生的时候，一个审慎之人，都有责任使自己的生活和安排能够尽量减轻困苦的压力，不仅仅是为了自己，也是为了那些仰赖他帮助、依靠他为生的人。认识到这一点，诚实地挣钱和节俭地用钱就是至关重要的事情了。正当地挣钱，是坚忍不拔的勤奋、不知疲倦的努力、抵制诱惑、回报希望的典型特点；而正当地用钱，则显示出审慎、远虑和克己，这是高尚品格的真正基础。尽管就金钱本身而言，不过是一堆没有任何实际价值或效用的物品，但它也代表着许许多多具有重大价值的事情；不仅是衣食和家庭的满足，还有个人的自尊和自立。因此，对于一个劳动者而言，一笔存款就是一道抵御匮乏的屏障；确保他有一个坚实的立足点，使得他能够等待（或许还是在愉快和希望中等待）更美好的日子来临。正是这种在世界上获得一个更坚实位置的努力，使一个人拥有了某种尊严，并往往使他变得更强大、更优秀。无论如何，金钱给了他更大的行动自由，使他未来的努力能够更省力。

3

　　始终徘徊于贫困边缘的人，总是处在与奴隶身份相去不远的状态。他绝对不是自己的主人，而总是面临着沦为他人奴役、听任他人摆布的危险。在某种程度上，他不得不奴颜婢膝，因为他不敢大胆地面对世界。在困难时期，他不得不指望别人的施舍或者紧巴巴地过日子。如果彻底丢掉了工作，他也没有转移到其他职场的本钱，他被固定在自己的教区里，就像帽贝固定在礁石上一样，既不能迁徙，也无法移居。

　　要获得自立，简单的节约习惯就是所需要的全部。而节约，既不需要过人的勇气，也不需要出众的美德，只需要平常的精力和普通的智力也就足矣。实际上，节约只不过是秩序精神在家庭事务管理中的应用：它意味着经营、规律、审慎和避免浪费。节约的精神，被我们神圣的主表述为："收拾起来，免得有糟蹋。"① 就连万能的主也不轻视这样的生活小事，甚至在向芸芸众生展示他的无边力量时，也在教诲意味深长的生活课程：审慎，这正是所有人都非常需要的。

　　节约，也意味着这样一种力量：为了确保未来的美好而抵制现在的满足，在这个意义上，它表现了理性对动物本能的支配地位。它完全不同于吝啬，因为最有资格当得了"慷慨"二字的，正是节约。它并不把金钱当作偶像，而是把它视为一种有用的媒介。正如迪安·斯威夫特所说："我们必须把钱带在手头，而不是心头。"节约，可以称为审慎的女儿、节制的姐妹以及自由的母亲。它显然是稳健的——个人性格的稳健、

---

① 语出《新约·约翰福音》6：12。

家庭幸福的稳健和社会福祉的稳健。简言之，它是自助精神最好的表现形式之一。

弗朗西斯·霍纳走上社会的时候，他母亲给了他这样的忠告："我希望你在各方面都舒适安逸，同时要反复告诫你节约，怎么强调都不过分。这对所有人来说都是一种必不可少的美德，尽管那些浅薄的人或许会轻视它，但它确实会带来自立，对任何一个具有高尚精神的人而言，这都是重要的人生目标。"本章开头所引用的彭斯的诗行，包含了正确的观念。但不幸的是，彭斯唱的比做的好，他的理想比他的习惯更好。弥留之际他写信给一位朋友："唉！克拉克，我开始感觉到了最糟糕的结果。彭斯可怜的寡妻，还有他半打孤苦无助的儿女。我像女人的眼泪一样缺乏力量。这就足够了——我的病有一半就在于此。"

每个人都应该像量入为出地生活那样量入为出地持家。这种习惯正是诚实的本质之所在。因为如果一个人不能诚实地、量入为出地生活，那他必定要不诚实地靠别人的接济为生。那些对个人开支毫不留心，只考虑自己满足、不在乎他人安乐的人，通常只有等到太迟的时候才会发现金钱的真正用途。那些挥霍浪费的人，尽管天生慷慨大方，但到头来常常不得不去做一些非常卑贱之事。他们像浪费时间一样浪费他们的金钱，他们透支未来，寅吃卯粮，因此不得不在负债累累的道路上艰难跋涉，这严重影响了他们作为自由独立者的行动。

培根勋爵的名言是：必须节约的时候，试图存上一笔小钱比屈尊去挣一笔小钱更好。许多人徒然浪掷的零钱，常常会形成生活中财富和独立的基础。浪费者最坏的敌人正是他们自己，尽管他们通常是一些抱怨"世界"不公的人。但是，一个人如果不能成为自己的朋友，又怎么能指望别人会成为你的朋友呢？循规蹈矩的中产之人总是会在口袋里留下一些东西以帮助他人，然而他们那些浪费而粗心的同伴却总是花光一切，他们找不到机会帮助任何人。但是，凡事矮人三分也是一种可怜的节约措施。生活和交往中的小肚鸡肠，通常是目光短浅的表现，只会导致失败。据说，志小成不了大器。慷慨大方，就像诚实一样，归根到底乃是上策。在《韦克菲尔德教区牧师》(*Vicar of Wakefield*)中，尽管那位詹金森每年都要以这样那样的方式欺骗他好心的邻居弗兰伯勒，但他说："弗兰伯勒的财富稳步增长，而我却一贫如洗、身陷囹圄。"实际生活中存在大量这样的事例：辉煌的结果来自慷慨、诚实的策略。

4

俗谚云："空袋子不能直立。"负债在身的人，也不能挺直腰杆。一个债务缠身的人，也很难做到诚实，因此人们常说：谎言就骑在债务的背上。为了拖延还债，债务人不得不向债权人制造借口，或许还不得不挖空心思编造谎言。对于一个愿意将健康的决心付诸行动的人来说，要想避免欠下第一笔债务足够容易；但它一旦轻而易举地欠下了，常常就会成为第二次借债的诱惑，这位不幸的借钱人很快就会债务缠身，以至于迟来的勤奋努力也无法让他自由。欠债的第一步就像谎言的第一步一样，几乎不可避免地要在同一条道路上越走越远，债务紧接着债务，就像谎言紧接着谎言。画家海登①把自己走下坡路的起始时间定在他第一次借钱的那一天。他认识到了那句谚语的真理："向人借债即是自找不幸。"他的日记中有这样重要的一条："一旦开始欠债，在我活着的时候就休想得到解脱。"他的自传只不过在痛苦地表明：金钱事务上的困窘，是如何导致了心灵的剧痛、工作的无力以及不断出现的羞辱。他对一位刚加入海军的年轻人写下了这样的忠告："决不购买任何享乐，如果不向他人借钱就不能够买的话。决不要借钱，借钱是可耻的。我不是说决不借钱给别人，但是，如果放债使得你自己不能偿还欠款的话，那就决不借出。

---

① 本杰明·罗伯特·海登（1786—1846），英国历史画家和作家。

但在任何情况下都决不借债。"穷学生费希特甚至拒绝接受更穷的父母给他的馈赠。

约翰逊博士坚持认为，早期背上的债务就是毁灭。他的话说得很重，值得我们铭记在心。他说："别让自己习惯于认为债务仅仅是一件麻烦事，你会发现它是一场灾难。贫穷夺走了许多做好事的手段，导致了抵抗罪恶（自然的和道德的）时的软弱无力，以至于要想避免它，必须动用所有高尚的手段。……那么，让'不欠任何人的债'成为你关注的头等大事吧。无论你花费得多么少，都要下定决心不使自己陷入穷困。贫穷是人类幸福的大敌，它确实摧毁了自由，使得某些美德成为不可能，而另一些美德也很难实现。节俭不仅是安定平和的基础，也是善行的基础。不能帮助自己的人，没有人帮得了他。在我们不得不节省之前，我们必须拥有足够多。"

注意自己外在的事务，记录自己金钱的收支，是每个人的职责。在这方面运用微不足道的简单算术，会产生巨大的价值。节俭要求我们把自己的生活标准定得低于我们的收入，而不是高于它们，但这只有通过忠实地执行一项能使二者相适应的生活计划才能实现。约翰·洛克强烈建议这一策略："最能够让一个人不逾矩的做法，就是以一套正规账目的形式把他个人事务的状况不断摆到他的眼前。"威灵顿公爵对自己所有的金钱收支都保留了一份精确的明细账。格莱格先生说："我很重视支付自己的账单，我建议每个人都这么做。从前我习惯于委托一位心腹仆人去做这事，直到有一天早晨，我吃惊地收到了为期一两年的催债通知，才改掉了这种愚蠢的做法。这家伙把我的钱拿去做投机生意了，而让我的账单拖欠未付。"谈到债务时，他认为："这使一个人成为奴隶。我常常领教缺钱的滋味，但我从不陷身债务。"在商业事务的细节上，华盛顿和威灵顿一样独特。一个最显著的事实是，他从不轻视仔细审查最微小的家庭开支——他决心诚实而量入为出地生活，甚至贵为美国总统时也是如此。

海军上将杰维斯（圣文森特伯爵）曾经讲述过自己早年奋斗的故事，说到他如何决心置身于债务之外："我父亲以有限的财力养活了一个很大的家庭。在我开始走上社会的时候他给了我20英镑。等我走上工作岗位（在海上）相当长的一段时间之后，我开出的支票超出了20英镑，支票遭到了拒付，被退了回来。这次非难使我很丢脸，也使得我做出承诺：如果不能肯定自己能够支付就决不开出一张支票，我一直恪守着这一诺言。我立即改变了自己的生活方式，告别了自己的杂乱无章，离群索居，只靠船上的津贴过日子，我发现这是完全足够的。洗涤、缝补自己的衣服，用褥套做了一条裤子。用这些方法存下了一些钱，足够挽回我的荣誉，我付清了我的账单，并且从那时起就一直小心翼翼地量入为出。"杰维斯忍受了6年捉襟见肘的拮据之苦，却保护了他的诚实，成功地钻研了自己的业务，凭借业绩和勇敢，逐步而稳定地登上了事业的巅峰。

5

　　休谟有一次在下院发言，可谓切中肯綮——尽管引来了人们的大笑，他说：在英国，生活的格调实在是太高了。中产阶级太过倾向于让他们的生活标准向他们的收入看齐——即便不是超过的话：他们假装出某种"时尚"派头，而这对于整个社会的影响是不健康的。人们都野心勃勃地要把孩子培养成绅士，更有甚者要培养成"上流社会"人士，尽管其结果通常只能是制造出一些"假绅士"。他们获得的趣味不过是着装、风度、奢侈和消遣方面的，这些，绝不可能形成丈夫气概或绅士品格的坚实基础。结果是，我们有大量华而不实的纨绔子弟抛向这个世界，他们让人想到我们时不时地从海面上捡拾到的那些被人抛弃的果皮，只能拿去喂甲板上的猴子。

　　到处都有可怕的野心：想要成为"上流人士"。我们要装点门面，常常就要付出牺牲诚实的代价；尽管我们可能并不富有，但必须看上去富有。我们必须"体面"，尽管只是在最低劣的意义上——纯粹的外表展示。我们没有勇气去富有耐心地提升自己的生存境遇（这是上帝很高兴让我们去做的事），而偏偏要生活在某种"时髦"的状态（这是我们很高兴让自己去做的事，而且很可笑），所有人都满足于这样的虚荣：我们成了那个虚无缥缈的上流社会的一员。为了能够在社会这座圆形剧场的前排就座，人们不断奋斗，承受压力；这当中，所有高贵的克己精神都被踩踏在地，许多美好的天性都不可避免地被碾得粉碎。企图以外在的世俗成功夺人耳目，这样的野心，带来了多少浪费、多少不幸、多少破产，我们无需细述。其有害的结果以千奇百怪的方式显现出来——显现在那些胆敢不诚实却不敢显穷相的人所进行的欺骗中；显现在对财富的拼命猛扑中，而那些失败者，不会得到人们的同情，他们更愿意同情许许多多常常陷于破产的清白家庭。

查尔斯·纳皮尔爵士从印度司令官的职位上离任的时候，做了一件勇敢而诚实的事，那就是：在给印度军队指挥官们的最后一篇"将军令"中，他对许许多多在役年轻军官们所过的那种"放荡不羁"的生活公开提出了强烈反对，这种生活使他们陷身于可耻的债务中。在那份著名的文件中（它几乎已经被人们遗忘了），查尔斯爵士极力主张："诚实与一个纯正绅士的品格密不可分"；而且，"喝不花钱的葡萄酒和不花钱的啤酒，骑不花钱的马，那是骗子，而不是绅士"。那些入不敷出的人，那些因为花天酒地欠下债务而被传唤（常常是由他们自己的仆人去叫）到"小额债务法庭"的人，可能是由于他们的军衔而成为军官，但他们不是绅士。这位司令官坚持认为，经常欠债的习惯，使得一个人对做绅士的感觉越来越麻木。一个指挥官光能打仗是不够的：那任何一匹斗牛犬都能做到。但他能做到言而有信吗？他能做到欠债还钱吗？他强调，在关乎荣誉的事情当中，是这些照亮了真正的绅士和军人的人生道路。查尔斯爵士希望所有的英国军官都能成为拜亚尔[①]那样的人。他知道他们"无所畏惧"，但他还希望他们"无可责备"。然而，有许多英勇的年轻人（无论是在印度还是在国内），能够在烈火硝烟的危急关头冲锋陷阵，能够表现出他们最拼命的英勇行为，却不能或者不愿拿出那种让他们能够抵抗诱惑所必需的道德勇气。对于享乐的邀请，他们不能发出勇敢的声音"不"，或者"我买不起"。他们宁愿欣然赴死，却不愿忍受同伴的奚落。

6

一个年轻人，当他从生活的道路上走过，穿过排列在道路两侧的诱惑物奋力向前的时候，其所受到的不可避免的影响，或多或少是一种堕落。与这些诱惑物的接触，会不知不觉地从他的身上带走他的天性赖以充电的神圣电源；他抵抗诱惑的唯一方式，就是用语言或行动，英勇而坚决地做出他的回答："不"。他必须当机立断，而不是等待、思量和权衡，因为青春，就像"左思右想的女人，转瞬即逝"。许多人反复思量，却不做决定，但"不做决定，即是决定"。祈祷文中的一句话表达了对人性的深刻认识："让我们远离诱惑。"但诱惑总是会来考验年轻人的力量。一旦屈服，抵抗诱惑的力量就会越来越弱。屈服一次，美德就会流失一分。勇敢地抵抗，最初的决心就会终身给人以力量；反复抵抗，就会成为一种习惯。正是早年生活中形成的这种习惯的堡垒，奠定了真正的防御力量。因为道德存在的机器，注定是主要借助于习惯的媒介继续运转，这样才能避免伟大原则的内部磨损。真正构成人的道德行为主要部分的，是良好的习惯，它润物无声地渗入生活中的琐细行为当中。

---

① 拜亚尔，法国战斗英雄，以其英勇无畏和骑士精神而闻名于世。

休·米勒曾讲到他如何通过年轻时的一次果断行动，面对一次强大的诱惑拯救了自己，对于艰辛劳苦的生活来说，这样的诱惑是如此不同寻常。当时，他还是个泥瓦匠，对他的工友而言，偶然请人喝酒是稀松平常的事情。一天，有两杯威士忌归他享有，他吞下了这两杯酒。当他回到家里打开他特别喜爱的书《培根随笔》(Bacon's Essays)时，他发现书中的字在眼前活蹦乱跳，他再也无法控制自己的理智了。他说："我感觉到，自己所陷入的这种情境就是一种堕落。这一次，我因为自己的行为而使自己的智力水准大为下降，在这方面，我本来有权被置于更高水平上的。尽管这种状态并不十分有利于形成一个决定，但我还是在那一刻下定决心：我将决不再为了喝酒的好处而牺牲自己享受智力乐趣的能力。老天帮我，我能够坚持这个决心。"正是诸如此类的决心，常常构成了人生的转折点，并奠定了未来品格的基础。这块礁石，如果休·米勒没有及时拿出他的道德力量避开它的话，很可能就被它撞得粉身碎骨，这是一块青少年和成年人都同样必须提防的礁石。它大约是横亘在年轻人生活道路上的最糟糕、最致命也是最奢侈的诱惑。沃尔特·司各特爵士常说："所有恶行中，酗酒与伟大是最为格格不入的。"不仅如此，它也是和节俭、庄重、健康、诚实的生活格格不入的。当年轻人不能克制的时候，他就必须戒绝。约翰逊博士的情形也是许多人的情形，他在谈到自己的习惯时常说："先生，我能戒绝，但我不能适可而止。"

不过，要想与任何恶习作坚定有力的斗争并取得胜利，我们必定不能只满足于在处世审慎这种低级层面上的斗争（尽管也很有用），而要站在一个更高的道德层面上。一些技巧性的帮助，比如发誓，对有些事情可能有用，但对大事则必须设置更高的思想、行动标准，尽力巩固和净化我们的道德原则，同时改变我们的习惯。为此，一个年轻人必须研究自身，注意自己的步调，将自己的思想和行为与自己的原则进行比较。对自己认识得越深，他就会越谦卑，或许对自己的力量也越少自信。但人们总是会发现，戒律最有价值，这种价值体现在通过抵抗微不足道的眼前满足从而确保了未来的更大、更高的满足。因为：

真正的荣耀

来自对自己的无声征服，

否则，征服者就只是奴隶，

除此之外什么也不是。

7

　　为了告诉公众挣钱的重要秘诀，人们写了许多深受欢迎的书。但是关于如何挣钱，其实什么秘诀也没有，正如各个国家的谚语都充分证明过的那样。"照料好了便士，英镑就会照料它们自己。""勤奋是幸运之母。""不劳则无获。""吃得苦中苦，方得甜中甜。""付出总有回报。""世界属于那些坚韧和勤奋的人。""与其负债起身，不如空腹上床。"这些都是谚语哲理的范例，蕴含了许多代人的丰富经验，告诉我们在这个世界上获得成功的最佳方法。在书籍发明很久之前，这些谚语就在人民中间口耳相传。像其他的民间谚语一样，它们也是民间道德的最早准则。除此之外，它们还经受了时间的考验，每天的日常经验依然在见证着它们的准确、力量和公正。关于勤奋的力量，关于金钱的使用和滥用，所罗门的箴言集中充满了这样的智慧："作工懈怠的，与浪费人为弟兄。""懒惰人哪，你去察看蚂蚁的动作，就可得智慧。"这位布道者说，"贫穷将如行路人般悄然而至懒惰者，匮乏则如武装之人般猛烈袭来"；但对勤勉而诚实的人，"手勤的却要富足"。"因为好酒贪食的，必至贫穷；好睡觉的，必穿破烂衣服。""你看见办事殷勤的人吗？他必站在君王面前。"不过尤其重要的是："得智慧胜似得金子；因为智慧比珍珠更美，一切可喜爱的，都不足与比较。"①

　　简简单单的勤奋和节俭，大大有助于任何一个能力平平的人在经济上获得相当的独立。即使是一个工人，倘若他能够谨慎地节省自己的资源，堵住无益开支的细小漏洞，也能做到这一点。一个便士是微不足道的，然而，无数家庭的幸福，却依赖于这一个个便士是否花销得当、是否节省有方。一个人如果听任这些微不足道的便士（它们是艰苦劳动的成果）从自己的指间滑落（有些去了啤酒店，有些去了不同的地方），他就会发现，自己的生活比纯粹的牲口苦力好不了多少。另一方面，如果他小心对待这些便士——每个礼拜放一些到互助会或保险基金，再存一些到银行里，剩下的就全部交给妻子，让她去为家庭的舒适生活和孩子们的教育而精打细算，这样，他很快就会发现，这种对小事的关注将给他丰厚的回报：钱越来越多，生活越来越舒适，同时大可不必为未来而忧心忡忡。如果一个工人有更高远的雄心壮志并且拥有精神上的财富（这种财富远胜过一切纯粹的物质拥有），他就不但可以帮助自己，而且在生活的道路上还可以成为他人的得力帮手。

　　即使对工场里的普通劳工来说，这也并非不可能的事情，曼彻斯特的托马斯·莱特非同寻常的事业生涯就是一个显著例证，他在一家铸造厂里为周薪而工作的同时，努力从事罪犯的改造工作，而且很成功。最初，是一次偶然事件使得托马斯·莱特关注起了刑满释放罪犯在恢复诚实的勤奋习惯时所遇到的困难。他很快就对这个问题着了迷，帮助这些人改邪归正，成了他毕生追求的目标。尽管他要从早晨6点一直工作到晚上6点，但还是有一些空闲时间（尤其是礼拜日）可供自己支配，他把这些时间全都用来为那些已经判决的罪犯提供服务，这个阶层在当时受到人们的忽视，情况远甚于今天。不过，一天的时间尽管很少，但如果善加利用，也能产生可观的效果。几乎令人难以置信，在10年时间

---

① 以上所引所罗门箴言均出自《旧约·箴言》。

里，这个普普通通的工人，就是通过矢志不渝地坚持自己的目标，成功地挽救了不下于300名重罪犯，使他们脱离了邪恶的生活。他被人们视为曼彻斯特刑事法庭的道德医师；在监狱以及其他种种手段失败的地方，托马斯·莱特却常常获得了成功。孩子们就这样洗心革面，回到了父母身边，迷失歧途的儿女们回到了各自的家里；对于许多回归社会的罪犯，他都想方设法让他们安心于诚实、勤勉的工作。这项任务丝毫也不轻松。它需要金钱、时间、精力、审慎，尤其是需要品格，以及由品格所激发出来的信心。尤其值得注意的是，莱特接济许多这些可怜的被抛弃者，用的都是他干铸造工所挣得的微薄收入。他在做所有这一切的时候，每年的平均收入不到100磅。但他能够给这些罪犯以实质性的帮助，他并不欠这些人的任何情，他还维持了家庭的舒适生活，并通过节俭和审慎，能够存下一笔积蓄以防老之将至。每周他都精打细算地分配自己的收入：多少用于生活必需品，多少给房东，多少给学校的老师，多少用于接济穷人；分配方案必须坚决遵守。这个身份卑微的工人，就是通过这样的方法，追寻着自己伟大的事业，而且取得了我们前面已经简要描述过的那样的成果。的确，他的一生提供了一个最不同寻常、最引人注目的例证，证明了一个人目标坚定、省吃俭用，尤其是积极正直的品格，对于他人的生活和行为能够发挥怎样的力量。

在每一条勤奋的正确道路上，没有什么不光彩的事，相反只有荣誉，无论是耕田种地、制造工具、纺纱织布，还是在柜台后面售卖商品。一个年轻人可以操持一把码尺，或者丈量一段丝带，他这样做的时候不会有丝毫的不光彩，除非他承认自己的头脑仅仅局限在码尺和丝带之内，像前者一样短，像后者一样窄。富勒说："一项遵纪守法的职业，拥有的人不必脸红，没有的人才应该羞愧。"霍尔主教说："美妙愉快是所有职业的天命，无论是体力劳动，还是脑力劳动。"从卑微职业发迹的人，非但不必感到羞愧，相反更应该为自己曾经战胜过的困难而感到自豪。一位美国总统，当被人问起其家族的盾形纹章是什么的时候，他回想起自己年轻时曾经是个伐木工人，于是回答："一对衬衣袖子。"弗莱彻主教年轻时是个卖蜡烛的，有一次，一位法国医生奚落他的卑微出身，他回答道："如果您出生在我那样的环境，您会一直只是个卖蜡烛的。"

8

没有比赚钱能力更稀松平常的事了，它所依赖的仅仅是积累，完全不需要更高的目标。一个全身心地投入这项事业的人，几乎不可能不变得富有。不需要太多的智力，只需花出的比挣得的少，一个几尼一个几尼地增加，不断积攒，不断储蓄，金山银山就会逐渐升高。巴黎银行家奥斯特沃尔德刚开始是个穷光蛋。他习惯于每天晚上到他常去的一家小酒馆里喝上一品脱啤酒，一边喝着酒，一边把手边能捡到的木塞收集起来，揣进兜里。就这样8年过去，他收集的木塞多到足以卖到8个金路易。他就是用这笔钱奠定了自己财富的基础——主要是通过股票投机，到离开人世的时候，他留下了大约300万法郎。

约翰·福斯特曾经引用过一个引人注目的例证，说明了这样一种决心在挣钱的事情上能够发挥什么样的作用。一个年轻人因为骄奢淫逸而将祖传的遗产挥霍一空，最后堕入了绝对的穷困和绝望。他奔出家门，打算结束自己的生命，在一块高地上他止住了脚步，俯瞰着曾经属于自己的庄园。他坐了下来，沉思了一会儿，然后怀着重新恢复家族产业的决心站起身来。他回到了大街上，看见一堆煤刚从大车上卸到一幢房子前面的人行道上，于是提出让自己把这堆煤搬运到屋内去，他被雇用了。就这样挣到了几个便士，他又请求给点吃喝作为小费，雇主同意了，这几个便士也就省了下来。通过从事这种卑贱的苦工，他挣到了更多的便士，并积存了下来。积攒起来的钱足够让他购买一些家畜，他熟悉家畜的价格，这笔买卖他狠赚了一笔。逐渐地，他开始着手更大的买卖，直到最后他变得非常富有。结果，他的财产已经超过了从前所拥有的，死的时候，他成了一个积习已深的守财奴，最后裸身而葬。如果有着更高贵的精神，同样的决心可以让这样一个人成为一个既有益于自己也有益于他人的人。但在这个例子中，此人的生命及其终结，都是同样可耻的。

为了他人和自己在垂暮之年的安逸和自立而早作准备，是可敬的，也是非常值得称颂的。但纯粹为了财富而聚敛金钱，则是心胸狭隘者和吝啬贪婪者的典型特征。这种过分节省的习惯，是智者必须小心提防的；否则，年轻时的简朴节俭，老来可能变成贪婪吝啬。一种情形下的责任，在另一种情形下则可能变成坏毛病。所谓"罪恶的根源"，乃是对金钱的"热爱"，而不是金钱本身——这种爱，使心灵变得狭隘、变得封闭，因为它距离慷慨大方的生活和行为相去甚远。因此，沃尔特·司各特爵士声称："金钱残害心灵，甚于刀剑残害肉体。"过分排外地追求商业利益，往往在不知不觉间成为品格的组成部分，这正是商业的缺点之一。商业中人一旦开始墨守成规，就常常看不到更远。如果他仅仅是为自己而活着，就会变得很容易把他人的存在仅仅视为自己的催命鬼。从这种人的账簿上撕下一页，简直会要了他的命。

按照聚敛金钱的标准来衡量，世俗的成功，无疑是一件非常光彩的事情，每个人天生都或多或少欣羡这种世俗的成功。不过，一个坚韧、精明、灵巧、惯于不择手段、时刻注意机会的人，尽管可能（甚至确实已经）在世俗社会中"飞黄腾达"，但他也完全有可能既不具备丝毫高贵的品格，也不具备一丁点真正的善良。将金钱奉为最高原则的人，可能会成为一个非常有钱的人，但他始终依然是个极度贫穷的人。因为财富并不能证明道德价值的多少，金钱的炫目光芒，常常只能让人们注意到其拥有者的毫无价值，就像萤火虫的光亮只能暴露自己是个可怜的幼虫一样。

许多人心甘情愿地把他们的热爱奉献给财富，这种作派让人联想起猴子的贪婪——这是对人类的滑稽模仿。在阿尔及尔，卡拜尔[①]农民总是把一只葫芦牢牢地绑在一棵树上，葫芦内放上一些稻米。葫芦上开了一个小口，仅容猴爪伸入。夜里，猴子爬到树上，伸进爪子，紧紧抓住它的战利品。它试图拔出拳头，但被牢牢卡住了，它不知道明智地松开手。就这样一直在那里待到天亮，当它被抓住的时候，手里还抓着它的战利品，看上去一副呆头呆脑的样子。这个小故事的道德教训，可以应用于生活中的方方面面。

9

总的说来，金钱的力量被过高地估计了。世界上最伟大的事情，既不是由富人们也不是由捐献名单完成的，而是由那些在金钱上通常并不富裕的人完成的。基督教被最贫穷阶层的人们传播到大半个世界，最伟大的思想家、发现家、发明家和艺术家，都是一些家境平常的人，就物质环境而言，其中许多人甚至不比体力劳动者的境遇好多少。而且，事情恐怕会一直如此。在更多的情况下，财富经常是一种障碍，而不是刺激行动的因素；在许多情形中，财富是福祸相当。继承了大笔财富的年轻人，容易让生活过得太舒适，他很快就会对这种生活感到餍足，因为他没什么可渴求的。没有什么特殊的目标可以为之奋斗，他发现时间在自己的手里过得很慢。在道德和精神上，他一直保持昏睡不醒的状态。他在社会上的位置，常常并不比那些在潮汐中随波逐浪的水螅好多少。

　　他唯一的劳动就是消磨时光，
　　这可怕的工作令人疲倦悲伤。

然而，在正确精神的激励下，富人也会弃闲散懒惰如敝屣。如果他

[①] 卡拜尔人，北非阿尔及利亚或突尼斯的柏柏尔族之一。

想起了与财富伴随而来的责任的话,他甚至会比那些时运不济的人能感觉到更高的工作召唤。但必须承认,这绝不是生活中的惯例。亚古珥那篇完美祈祷文中的中庸之道,或许是最好的:"使我也不贫穷,也不富足,赐给我需用的饮食。"[1] 已故的下院议员约瑟夫·布拉泽顿[2],在曼彻斯特的皮尔公园里,他的墓碑留下了一句很好的格言:"我的富裕,不在于我拥有很多,而在于我需求很少。"他从最卑微的社会地位(工厂学徒)开始,通过简朴的诚实、勤奋、守时和克己,登上了有益于社会的显赫位置。直到生命的尽头,当他不再参与议会工作的时候,还在曼彻斯特一家他常去的小礼拜堂里担任了牧师的职责。在做所有事情的时候,他都要让那些熟悉他私人生活的人感觉到,他所寻求的光荣,既不是要"引人注目",也不是要引起人们的赞颂,而是要赢得人们(哪怕是最渺小、最卑微的人)以诚实、正直、率真和爱的精神履行日常生活职责的自觉。

10

"名望",就其最好的意义而言,是善的。有名望的人值得尊敬,实实在在的价值总是引人注目。但那种仅仅用来装点门面的名望,则在任何意义上都不值得一瞧。善良的穷人远胜于卑劣的富翁,也更值得尊敬——卑微的无名之辈,胜过冠冕堂皇、端坐在轻便马车里的恶棍无赖。一副意志稳健、储藏丰富的头脑,一种充满有益目标的生活,无论所处的社会地位怎样,都远比普普通通的世俗声望重要得多。我们所追求的最高生活目标,就是要养成男子汉的品格,创造最好的发展可能,这种发展既是身体的,也是精神的——头脑、良知、心灵和灵魂。这就是

---

[1] 语出《旧约·箴言》30:8。文中所说的亚古珥,《圣经》中称作"雅基的儿子",有人认为是阿拉伯人。

[2] 约瑟夫·布拉泽顿(1783—1857),英国政治家、议会改革家。

目的，所有别的东西都应该仅仅被视为手段。因此，一个人最成功的生活，并不在于获得最大的享乐、最多的金钱、最高的权力或位置、荣誉或声望，而是在于获得最大的男儿气概、完成最多的有益工作和人生职责。在某种意义上，金钱就是力量，这倒是真的；但聪明才智、公共精神、道德操守也是力量，而且是更高贵的力量。科林伍德勋爵[①]写信给朋友说："让别人去恳求养老金吧，努力傲视所有卑劣的事情，没有钱我照样能富有。我对国家的服务没有被任何私利所玷污，老斯科特[②]和我一起到菜园去干活，花销并不比从前大多少。"另一次他又说："我行为的动机是100份养老金也换不来的。"

发家致富无疑可以让一些人能够"进入主流社会"（正如人们通常所说的），但要想在社会上赢得尊敬，他们还必须具备头脑、举止和心灵的品质，否则他们只能算是有钱人，仅此而已。如今的"主流社会中"，有些人像克洛索斯[③]一样富有，他们不思进取，得不到人们的尊敬。为什么会这样呢？因为他们只不过是些钱袋子，唯一的力量就在他们的钱柜里。社会上的显要名流——那些意见领袖和舆论操纵者，真正的成功人士——未必就是阔人，而是品格纯正、阅历丰富、道德卓越的人。即便是穷人，像托马斯·莱特，尽管他拥有的世俗财产很少，但他拥有颇有教养的天性，拥有得以善用而不是滥用的机遇，拥有用来消耗钱财、发挥能力的最好的生活方式，在这些享受方面，他可以毫不羡慕地傲视那些仅仅在世俗上成功的人，那些只拥有钱袋子和大片田地的人。

---

① 卡斯伯特·科林伍德（1750—1810），英国著名海军将领，特拉法加战役中，纳尔逊受伤后由他担任总指挥。
② 原注：他的园丁。科林伍德最喜爱的消遣就是园艺。特拉法加战役之后不久，一位海军将领兄弟来拜访他，找遍整个园子也不见爵爷的踪影，最后发现他与老斯科特一起，正在一条深壕的底部忙着掘沟。
③ 克洛索斯（？—546），小亚细亚古国吕底亚王国的末代国王（560—546），以富有著称。

第11章

自我修养：易与难

每个人都要接受两种教育，一种是来自他人的教育，另一种更重要，就是自我教育。

——吉本

有被困难挫败、向风暴低头的人吗？他将一事无成。有勇于战胜困难的人吗？这种人永不失败。

——约翰·亨特

聪明而积极的人，通过大胆的努力，战胜困难；而一看见艰苦和危险就怠惰愚蠢、颤抖退缩的人，自己创造了他们所惧怕的不可能。

——尼古拉斯·罗

1

沃尔特·司各特爵士说："每个人所接受的教育，其中最好的部分都是自我教育。"已故的本杰明·布罗迪爵士很喜欢这句话，常常庆幸自己能够很专业地进行自我教育。不过，这对于所有在文学、科学或艺术方面获得了显赫声望的人来说，都是必然的。学校教育仅仅是个起点，其价值主要在于对头脑的训练，并使之习惯于持续不断的勤奋钻研。由别人灌输给我们的东西，总是远不如我们通过自己勤勉而坚韧的努力所获得的东西，后者更多地属于我们自己。通过劳动所赢得的知识，成为一份完全属于自己的财产。更鲜明、更持久的印象被牢牢记住了，这样获得的事实真相，以一种特殊的方式记录在我们的脑海里，这种方式，是那种纯粹得自传授的信息所无法实现的。一个问题的解决，有助于我们对另一个问题的掌握，就这样，知识被带入了能力当中。自己的积极努力，是最本质的东西，没有它，任何设备、书本、老师以及靠死记硬背而学到的课程，再多都无济于事。

最好的老师，总是最乐意承认自学的重要性，承认激发学生通过积极发挥自己的才能去获取知识的重要性。他们更多的是依靠"训练"，而不是依靠"讲授"，他们总是设法让学生们积极参与到他们所从事的工作中。这样教给学生的东西，远远高于纯粹被动接受的零零碎碎的知识。这正是伟大的阿诺德博士在工作中所贯彻的精神，他努力教会他的学生们依靠自己，通过自己的积极努力来发展自己的能力，而他本人，则仅仅是在引领、指导、激发和鼓励他们。他说："我宁愿把孩子送到他不得不为谋生而工作的范迪门岛① 去，也不愿意把他送到牛津去过花天酒

---

① 范迪门岛，澳大利亚东南角的海岛殖民区，现为塔斯马尼亚州。

地的生活，那样，他的脑子里就没有任何渴求来发挥他的优势。"在另一个场合，他说："假如世界上有一件真正值得赞美的事情的话，那就是：当低下的天赋能力得到真诚、正确和热心的培养的时候，人们能认识到，这是上帝的智慧在赐福给他们。"在谈到一个具有这种品格的学生时，他说："在这样的人面前，我会肃然起敬。"在拉勒翰的时候，有一次，阿诺德在教一个比较迟钝的孩子时，语气有些严厉，这孩子仰脸看着他，说："您说话为什么这样气哼哼的呢，先生？我确确实实在尽我所能做到最好。"许多年之后，阿诺德还常常对孩子们讲起这个故事，并补充道："我一生中从未有过那样的感触——那神情、那语气，我从来没有忘记过。"

2

从我们已经引用过的那些地位卑微者在科学和文学上获得显赫声望的众多实例中，明显可以看出，劳动与最高级的智力培养并不矛盾。适度的劳动有益于健康，也令人身心愉悦。劳动锻炼身体，正如研究锻炼头脑一样。每个人安闲时有工作可干，每个人工作时有安闲可享，这是一种最好的社会状态。即便是有闲阶级，在某种程度上也不得不去工作，有时候是为了免于无聊，但大多数情况下是为了满足他们无法抵抗的本能。有些人去英格兰的乡间猎狐，有些人去苏格兰的山上打松鸡，还有许多人每年夏天都大老远地跑到瑞士去爬山。公立学校的划船、跑步、板球等各项体育运动也是如此，在学校中，我们的年轻人就这样同时在身心两方面健康地锻炼他们的力量。据说，有一次威灵顿公爵正兴致勃勃地观看孩子们在伊顿公学（他曾在这里度过了自己的青春时光）的操场上从事各种运动，不由得大发感慨："滑铁卢战役就是在这里打赢的！"

丹尼尔·马尔萨斯鼓励他当时正在上大学的儿子，在学习知识上要做到最勤奋，同时还嘱咐他勇敢地从事各种运动，以作为维持饱满的精神力量、充分享受智力快乐的最佳手段。他说："每一种知识，对自然和艺术的每一种认识，都会愉悦你的心灵、增强你的智慧，我非常高兴板球运动能够通过你的四肢产生同样的作用，我愿意看到你在身体锻炼方面也出类拔萃，我自认为，心灵愉悦的另一半（也是最令人愉快的一半），就是能同时从四肢上享受到最大的快乐。"不过，积极娱乐的一个更加重要的用途，是伟大的牧师杰里米·泰勒提出来的。他说："要避免懒惰，要让剧烈而有益的消遣填满所有的空闲时间，因为肉欲总是容易悄悄溜进那些心灵失业、身体闲置的空虚当中。如果经受不住诱惑，任何一个安逸、健全而又无所事事的人，都不会永远是纯洁的。不过，所有消遣活动中，体力劳动是最有益的，其最大的好处，就是能够赶走魔鬼。"

生活中的实际成功，其对身体健康的依赖要超过人们通常的想象。霍德森给英国国内的一位朋友写信时说："我相信，如果说我在印度过得还不错的话，从身体上说，那要归功于我强大的消化能力。"在任何行业中，连续工作的能力在很大程度上都必定依赖于此。因此，照顾好身体，即使是作为智力劳动的资本，也是必要的。或许，正是因为忽视了身体锻炼，学生当中才如此频繁地出现消极不满、愁闷苦恼、懒散怠惰和耽于幻想的倾向——表现为蔑视现实生活、憎恶墨守成规——这种倾向，在英国被称为"拜伦症"，在德国被称为"维特病"。钱宁博士注意到同样的倾向在美国的生长蔓延，不由得大发感慨："我们有太多的年轻人在'绝望学校'长大成人。"年轻人身体中存在的这种"绿病"，其唯一的疗治之道就是：行动、工作、不让身体空闲。

这种自愿承担的体力劳动，在一个人早期成长中的作用，艾萨克·牛顿爵士的童年时代做出了生动的说明。他尽管是一个比较迟钝的学生，但在使用锯、锤和短柄斧上却非常刻苦，他时常"在他的住处敲敲打打"制作风车、马车以及各种各样的机械模型。随着年龄的增长，他又以帮朋友们制作小桌子和碗碟橱为乐。斯米顿、瓦特和斯蒂芬森在小时候使用这些工具也同样身手不凡。如果没有小时候的这种自我磨砺，他们在成年以后能否取得那么大的成就，恐怕是很可怀疑的。我们在前面所描述过的那些伟大的发明家和技工，也有这样的早期训练，他们的创造能力和聪明才智，实际上就是通过早年持续不断的动手训练所磨砺出来的。即使是从手工劳动阶层跻身纯粹智力劳动者行列的那些人，在他们后来的事业中，也能发现早年训练所带来的有利因素。伊莱休·伯里特说，他发现，要让一个人能够进行富有成效的研究，艰苦的劳动是必不可少的；不止一次，他丢下了学校的教学和研究工作，再次穿起他的皮革围裙，为了身体和心灵的健康，重操他的铁匠行当。

3

年轻人在工具使用上的训练，同时培养了他们处理"平凡事情"的能力，教会了他们使用自己的双手和双臂，使他们熟悉了有益于健康的劳动，锻炼了他们应对实际事务的能力，使得他们对机械制造有了实际的认识，传授给他们实用的能力，培养了他们不屈不挠地身体力行的习惯。在这方面，劳动阶级比起有闲阶级来，的确拥有更大的优势，在早期生活中，他们不得不勤勉不懈地致力于这样那样的体力劳动，就这样不断获得手工的灵巧和身体力量的运用自如。

那些有闲阶级的年轻人，早就学会了把劳动与奴隶状态联系在一起，避之唯恐不及，任由他们在对实践的无知中长大成人；与此同时，那些更贫穷阶层的年轻人，被限制在他们艰苦职业的圈子内，任由他们绝大多数人在目不识丁中长大成人。然而，通过把身体锻炼或体力劳动和智力教育结合起来，似乎有可能避免这两种情形的出现，而且，有各种各样的广泛迹象表明：这种更加健康的教育体系正在被逐步采用。

即使是专业人士,他们的成功在不小的程度上也依赖于身体健康。一位公共写作者甚至说:"我们的伟人们,在身体上和在精神上一样伟大。"① 对于成功的律师或政治家来说,一套健康的呼吸器官,就像良好的智力一样不可或缺。通过肺部的自由呼吸,保持血液的彻底通畅,对于维持饱满的生命力是必不可少的,而头脑的旺盛工作在很大程度上就依赖于这种生命力。律师不得不经由封闭而激烈的法庭,去攀登他职业的巅峰;而政治领袖则不得不在拥挤不堪的议会大厅里,承受长时间的激烈辩论所带来的疲乏和兴奋。因此,全速运转的律师和开足马力的议会领袖,都要求他们在身体的忍耐力和行动上表现出甚至比他们的智力更加非凡的力量——这样的力量,在有些人的身上得到了非凡的展示:布鲁厄姆、林德赫斯特和坎贝尔,还有皮尔、格雷厄姆——全都是一些胸腔饱满的家伙。

尽管沃尔特·司各特爵士在爱丁堡艺术学院读书的时候被称为"希腊木脑袋",但他是个非常健壮的年轻人(虽说腿有点瘸)。他能和特威德最好的渔夫一起去叉大马哈鱼,与雅罗任何一名猎人一起去骑野马。在他后来投身文学事业的时候,司各特爵士从没有放弃过对野外运动的兴趣,早晨在写《威弗利》(*Waverley*),下午他会去追猎野兔。威尔逊总统是个很棒的运动员,在掷铁锤的时候,就像在雄辩滔滔和诗兴勃勃时一样英武。彭斯年轻的时候,主要是因为他的跳跃、投掷和摔跤而引人注目。

我们国家有一些最伟大的牧师,年轻的时候也是因为他们的身体活力而名噪一时。艾萨克·巴罗在查特豪斯公学读书的时候,因为他的那些拳击战而声名狼藉,在这些遭遇战中,他让许多人鼻青脸肿。安德鲁·富勒还是索汉姆镇上一个农民小伙子的时候,主要因为他拳头上的功夫而名闻乡里。亚当·克拉克小时候仅仅因为"把巨大的石头滚得到

---

① 原注:出自《泰晤士报》上的文章。

处乱转"而显得非同凡响——或许，这正是他成年以后推动思想的巨石滚滚向前时所表现出的某种力量的奥秘之所在。

4

首先必须获得这种身体健康的坚实基础，这是必要的，但同时还应该看到，培养聚精会神的习惯，对于学生教育来说，也是绝对必要的。"劳动战胜一切"的格言，在"战胜"知识的情况下尤其适用。通往知识的道路，对于所有愿意付出劳动和钻研来积累知识的人来说，都是同样开放的。再大的困难，目标坚定的学习者都能够战胜它们、克服它们。查特顿有一个很典型的说法：上帝把他的创造物打发到这个世界上来，就带着长长的双臂，长到足以摸得着任何东西——如果他们打定主意不怕麻烦的话。在学习中，就像在商业中一样，干劲是头等大事。必定有"工作沸点"[①]：我们不仅要趁热打铁，而且还要一直打下去，直到把它重新打热。精力充沛者和坚忍不拔者，在自我教育上可以完成多少事业，实在令人惊讶，他们留心抓住每一次机会，充分利用那些零零碎碎的、懒惰者会任其白白溜走的空余时间。弗格森就是这样裹着羊皮在山顶上向天空学习天文学；斯通就是这样一边干着园丁的工作一边学习数学；德鲁就是这样在修鞋补靴的间隙钻研最高深的哲学；米勒就是这样在采石场干着日工的同时自学地质学。

正如我们在前面已经引述过的，约书亚·雷诺兹爵士十分真诚地相信勤奋的力量，甚至认为：任何人都可以达到卓越，只要他能发挥勤勉、坚韧的工作干劲。他认为，艰苦的劳动铺平了通向天才的道路，除了吃苦耐劳的限制之外，没有什么能限制一个艺术家技艺精湛的程度。他不

---

① 语出维吉尔的《埃涅伊德》(*Aeneid*) 第一卷，原文为拉丁文。

相信所谓的灵感，只相信钻研和劳动。他说："卓越，除非作为劳动的奖赏，否则绝不会授予任何人。""如果你天才卓绝，勤奋会锦上添花；如果你才能平平，勤奋会弥补不足。对于正确引导下的劳动，没有什么事情是不可能的；倘若缺少这个，你将一事无成。"福韦尔·巴克斯顿爵士同样相信刻苦钻研的力量，他抱有一种谦逊的观念：如果自己能投入双倍的时间和劳动去做一件事情，就能和别人做得一样好。他把自己巨大的自信，寄托在平凡的手段和非凡的勤奋上。

罗斯博士说："我一生中认识过这么几个人，将来人们或许会承认他们是天才，但他们全都是一些埋头苦干、工作努力、目标坚定的人。天才是通过其作品而为人们所认识的，如果没有作品，天才就是盲目的信念、哑口的神谕。而有价值的作品，是时间和劳动的成果，仅靠意图或愿望是无法完成的。……每一件伟大的作品，都是大量准备训练的结果。技巧来自劳动。似乎没有什么事情容易到一开始就毫无困难，哪怕是散步这样的事。那些目光如电、口若悬河、语惊四座、智慧过人的演说家，也是通过富有耐心的反复磨练、经过许许多多痛苦的失败之后，才参透了其中的奥秘。"[1]

5

在学习中，透彻和准确，是必须瞄准的两个主要靶点。弗朗西斯·霍纳在为自己制定智力培养的原则时，将着重点放在了持续地专注于一个科目的习惯上，为的就是透彻地掌握它。带着这个目的，他将自己局限于很少的几本书上，以最大的坚定，抵制"每一种近似于散漫的阅读习

---

[1] 原注：参见乔治·罗斯博士《自我发展：一篇致学生们的演说》(Self-Development: an Address to Students)。我承认从这篇演说中获益良多，其中包含了许多关于自我修养的令人钦佩的思想，值得扩充、再版。

惯"。对任何人来说，知识的价值，并不在于它的量，而主要在于是否能够为他所用。因此，少量准确而精通的知识，就实际应用而言，总是比任何广泛而肤浅的知识更有价值。

依纳爵·罗耀拉有一句名言："一次做好一件事情的人，能比所有人做得更多。"把我们的努力分布在太大的表面上，就不可避免地要削弱我们的力量，阻碍我们的前进，并养成断断续续、效率低下的工作习惯。圣伦纳兹勋爵曾经把自己的学习方法透露给福韦尔·巴克斯顿爵士，并这样解释自己成功的秘诀："当我开始学习法律的时候，我决定，要让被我透彻掌握了的每一件事情都成为我自己的，在彻底完成第一件事情之前，决不转向第二件事情。我的许多竞争对手，一天所读的书与我一个礼拜所读的书不相上下。但是，12个月过去，我的知识还像当初获取的时候一样新鲜，而他们的知识，却早已忘得一干二净。"

要造就一个智者，并不在于他完成学业的数量，也不在于他读的书有多少，而在于这种学习对其所追求的目标是否适用，在于精力是否暂时集中到了正在研究的课题上，在于是否有整个智力应用系统赖以调控的习惯性训练。阿伯内西甚至持有这样的观点：他自己的头脑里有一个饱和点，如果装进去的东西多得超过了它的承受能力，结果只能是把别的东西挤出去。谈到医学研究，他说："如果一个人对自己想要做什么有一个清晰的想法，那么在选择实现它的恰当手段上就几乎不会失败。"

最有益的学习，是带着明确的目标和对象所进行的学习。通过透彻掌握任何特定的学科分支，我们就可以让它随时为我们所用。因此，仅仅拥有书本或者当需要时知道在哪里可以读到相关书籍，这是不够的。为了生活的目的，我们必须随身携带实践的智慧，要做到召之即来，来之能用。家有万贯、身无分文，也是不够的，我们必须随身携带一大笔知识的现钞，准备在所有场合下随时进行交易，否则，书到用时方恨少。

约翰·阿伯内西（1764—1831），英国著名的外科医生、解剖学家。

6

　　果断和敏捷，在自学中像在生意中一样必不可少。通过让年轻人习惯于依靠自己、让他们在早年尽可能享受行动的自由，可以促进这两种能力的增长。太多的指导和约束，会阻碍自助习惯的养成。它们就像绑缚在一个尚未学会游泳者的手臂上的气囊。缺乏自信，对个人进步的妨碍，或许比人们通常想象的要大得多。有人曾说，生活中的失败有一半来自一个人正当飞身上马时所遇到的拉力。约翰逊博士总是把自己的成功归功于他对自身力量的自信。真正的谦逊，与正确评价自己的优点并不矛盾，更不会要求你把所有的优点一笔勾销。尽管有那么一些人，他们总是装出一副虚假的外表自欺欺人，但他们缺乏信心，缺乏对自己的信任，因此也就缺乏行动的敏捷，这是横亘在个人进步的道路上一个巨大的性格缺陷。为什么做成的事情如此之少，只因付出的努力如此之小。

　　大多数人并不缺乏达到自我教育之目标的愿望，但他们非常讨厌付出必要的代价和艰苦的劳动。约翰逊博士认为："在学习上的急躁心理，是现代人的一种精神疾患。"这种意见，在今天依然适用。我们或许不相信有通向知识的坦途，但我们似乎坚信有一条"便道"。在教育上，我们一直在发明种种"省力"的办法，寻找通向科学的捷径，诸如"十二节课"或"无师自通"学习法语和拉丁文之类。我们就像那位时髦的夫人，她请了一位老师，教她如何不必麻烦就能学习动词和分词。我们以同样的方式，得到一点点肤浅的科学知识；我们学习化学的方式是：听几堂因为实验而显得生动活泼的讲座，当我们吸入了几口一氧化二氮、看到了绿水变红以及磷在氧气中燃烧时，于是似乎就有了一知半解，对其中大多数人而言，可以说，尽管这点知识比一无所知要强，但依然毫无价值。因此，当我们只不过是在寻开心的时候，却常常把它想象成在接受教育。

　　年轻人被诱使用这样简便易行的手段，而不是通过钻研和劳动，去获取知识，这并不是教育。它塞满头脑，而不是丰富头脑。它所给予的是暂时的刺激，产生短时间智力上的敏锐和机灵。但是，如果没有牢固的决心，以及比纯粹享乐更高级的目标，它就不会带来坚实的优势。在这样的情况下，知识只能产生一种转瞬即逝的印象、一种触动，仅此而已；事实上，它纯粹是一种智力上的享乐主义，是一种官能享受，而肯定不是一种知性。因此，许多人头脑中最好的品质，那些由积极努力和独立行动所激发出来的品质，沉睡得很深很深，常常永远不会醒来，除非被突如其来的灾难或痛苦粗暴地唤醒，在这种情形下，灾难或痛苦如果能唤醒一种勇敢的精神，那倒是一桩天大的幸事，否则，它会继续沉睡下去。

年轻人如果习惯了打着娱乐消遣的幌子去获取知识，很快就会拒绝那些看上去要付出钻研和劳动才能得来的知识。在嬉戏中获取知识和学问，他们就很容易把知识和学问当作儿戏。而智力消遣的习惯，也就这样形成了，总有一天，难免要对他们的头脑和品格产生阉割般的影响。布赖顿的罗伯逊[①]说："杂七杂八的阅读，就像吸烟一样使人头脑衰弱，它是头脑休眠状态的一个缘由。在所有懒惰习性中，它是最懒的一种，给人造成的智力无能也更大。"

这种恶习是一种不断增长的恶习，表现形式也是五花八门。论其危害，最小者是浅薄，最大者是导致对扎实劳动的厌恶，助长精神品质的消沉和虚弱。如果我们想成为真正的智者，就必须投入全部身心，面对我们的前辈曾经从事过的持续不懈的劳动；因为，要赢取有价值的东西，劳动，至今依然是、并将永远是必须付出的代价。我们必须乐于从事带有坚定目标的工作，拿出非凡的耐心去等待结果。所有最好的进步，都是缓慢的，但毋庸置疑，对那些积极踏实地工作的人来说，总是会及时地得到回报。体现在一个人日常生活中的勤奋精神，会逐渐导致他对自

---

① 即弗雷德里克·威廉·罗伯逊（1816—1853），英国牧师。

身之外的对象发挥自己的力量，赋予它们更伟大的光荣和更广泛的效用。我们必须一直不断地劳动，因为自我修养是永无止境的。诗人格雷说："工作就是幸福。"坎伯兰主教说："用坏总比锈坏好。"阿尔诺喊道："我们不是有整个来生可以休息吗？""别处可休息"是马尼克斯·德·圣阿尔德贡的格言，他是沉默者威廉的朋友，是一个精力充沛、永不停息的人。

7

正是我们对自身力量的运用，使得我们有权要求得到人们尊重。正确运用其一项才能的人，所受到的尊重，并不比被赋予十项才能的人逊色。拥有出众的智力所带来的个人利益，实际上并不比继承一大笔遗产更少。如何运用这些智力——如何使用这笔遗产呢？头脑可以积累大量毫无实际用途的知识，但知识必须与善良和智慧相关，必须体现为诚实正直的品格，否则就等于零。佩斯特拉齐甚至认为，单独的智力训练是有害的，他强调，一切知识，必须扎根于正确支配的意志的土壤之中。知识的获取，的确可以保护一个人，以防他犯下更卑劣的生活重罪；但是，如果不能获得坚实可靠的原则、增强良好的习惯，则不能在任何程度上防止它本身的恶行。因此，在日常生活中，我们才会发现有那么多的人，在智力上博闻强识，而在品格上却残缺不全。他们满腹经纶，却缺乏实践智慧，与其说是仿效的榜样，不如说是警世的例证。有一句名言，在今天常常被人们引用："知识就是力量"；但这也是一种盲信、专制和妄念。如果不加以明智的引导，知识本身只能让坏人更加危险，而那个将知识视为至善的社会，离混乱也就相去不远了。

在今天，我们很可能夸大了人文修养的重要性。我们往往想当然地认为，因为我们拥有了许许多多的图书馆、学会和博物馆，所以我们正在取得巨大的进步。但这样一些方便的手段，对于帮助最高级的个人自修来说，常常是一种妨碍。图书馆的占有，或者对它的自由利用，不见得就等于知识学问，就像拥有财富未必就意味着慷慨大方一样。尽管我们毋庸置疑地拥有了很大的便利，然而就像过去一样，实际情况依然是：智慧和理解力，只能通过观察、专注、坚毅和勤奋这些老路，才能被个体的人所拥有。占有纯粹知识素材，与拥有智慧和理解力完全不同，这需要通过比阅读更为高级的训练才能到达；而阅读，常常不过是被动地接受他人的思想，在这样的交流中，只有很少的或者不积极的心智努力。那么，我们的阅读中，有不少只不过是一种智力上的贪杯，暂时给人以愉悦的刺激，对于头脑的丰富、品格的形成，其实并无丝毫的影响。因此，许多人总是沉迷这样的幻想之中：当他们只不过是在打发时光的时候，却自认为是在培养自己的心智。或许可以说，这样做，其最好的结果，不过是防止了他们去做更坏的事情罢了。

还有一点必须牢记在心：从书本中积累起来的经验，尽管经常也很有价值，但也只不过是一种"知识"；反之，从实际生活中得来的经验，却是一种"智慧"。一丁点智慧，要远比一箩筐知识有价值得多。博林布鲁克勋爵所言不虚："无论什么样的学习，如果它既不能直接也不能间接地把我们造就成更好的人和更好的公民，那它顶多是一种华而不实、聪明灵巧的游手好闲，这样得来的知识，不过是一种冠冕堂皇的无知，仅此而已。"

好的阅读，尽管有用而且有益，但也不过是一种培养心智的方式，对于品格的形成，远不如实际经验和良好榜样的影响更大。早在公众阅读存在的很久之前，英国就养育出了许多聪明、勇敢而心地纯真的人。《大宪章》（*Magna Charta*）是由那些以画押方式签订这份协定书的人所赢来的。对于那些白纸黑字地记录着宪章原则的文字符号，尽管他们完全是门外汉，但他们理解并欣赏这些原则，并且勇敢地为之奋斗。英国自由的基础，就是这样由那些虽然目不识丁却有着高尚品格的人所奠定的。必须承认，文明的主要目标，并不是仅仅用他人的思想填充我们的头脑，也不是被动接受他们对事物的印象，而是要增强我们的个人智力，使得我们在生活的方方面面成为更有用、更高效的劳动者。

我们当中许多最积极、最有用的劳动者，读的书并不多。布林德利和斯蒂芬森在他们成年之前，一直没有学会读书写字，但他们做出了大事，活出男子汉的气概。约翰·亨特在20岁的时候还几乎不能读写，尽管他做的桌椅板凳能够和这个行当里的任何木匠一较高低。"我从不读书，"这位伟大的生理学家在给班上的学生上课时说，"这，"他指着面前的解剖尸体说，"这就是你们必须研究的作品，如果你们希望在这个行当里出类拔萃的话。"说到他的一位同时代人曾经指责他对"死语言"无知的时候，他说："我敢担保，我可以就死人体教给他一些在任何语言中都绝对学不到的东西，无论是死语言，还是活语言。"

8

因而，重要的并不在于你懂多少，而在于你的目的和意图：为什么要弄懂它。知识的目标，应该是使智慧得以成熟，使品格得以改进，使我们更优秀、更快乐、更有益于社会，使得我们在追求每一个更高的生活目标时，更仁慈善良、更精力充沛、更富有效率。"人们一旦染上了不管道德品格（宗教和政治观点是道德品格的具体形式）而只赞佩和欣赏才能本身的时候，他们也就走上了一条通向各种堕落退化的大路。"[1]我们必须亲力亲为，而不能仅仅满足于阅读和思考别人的所作所为。我们最好的光必须把它点亮，我们最好的想法必须付诸行动。至少，我们可以像里克特那样说："我已尽我所能地造就了自己，这已经足够了。"因

---

[1] 原注：见《星期六评论》(Saturday Review)。

为每个人的责任，就是要在上帝的帮助下，根据他的职责以及赋予他的才能，进行自我训练和自我引导。

自我训练和自我控制，是实践智慧的起点，这二者必须以自尊为其根基。希望来自自尊，而希望，则是力量之友、成功之母。因为不管是谁，强烈的希望会让他自身拥有创造奇迹的才能。最卑微者也可以说："要尊重自己，要发展自己，这是我生活中的忠实职责。作为伟大社会体系中一个负责可靠的组成部分，我要把这归功于社会和它的创造者，而不是归功于我的身体、头脑或本能的堕落和毁灭。相反，我一定要把我最好的力量赋予我体格中那些最完美的部分。我不仅要抑制恶行，而且要唤醒我天性中善的因素。当我尊重自己的时候，我一定要同样地尊重他人，就像他人也一定要尊重我一样。"因此，正是在人们互相之间的尊重、公正和秩序之中，法律变成了形成文字的记录和担保。

自尊，是一个人可以为自己披上的一件最高贵的外衣，是一种能使头脑得到鼓舞的最振奋的感觉。毕达哥拉斯在他的《金言》(*Golden Verses*)中有一句睿智的名言，就是那句他告诫学生要"尊重自己"的话。在这种高贵理念的鼓舞下，他就不会让淫欲玷污自己的身体，不会让奴隶思想玷污自己的头脑。这种情操，一旦被带入日常生活中，就会成为所有美德的根基——洁净、节制、纯贞、高尚和虔诚。弥尔顿说："虔诚而公正地尊重自己，可以被认为是一个根本源泉，每一种值得称赞和尊敬的进取精神都由此奔涌而出。"看不起自己就是自我贬低，也会被他人小瞧。既有所思，必有所行。向下看的人不可能立志高远，要想上升，必须向上看。适当地沉迷于这样的感觉，能够让最卑微者获得支撑。贫困本身，也可以被自尊所提升和点燃。看到贫寒之士在诱惑中持身正直、拒绝用卑劣的行为自贬身价，实在是高贵的一幕。

过于势利地把自我修养看成是"飞黄腾达"的手段，这只能贬低自我修养的价值。着眼于这一点，教育毫无疑问是最有价值的投资之一。在生活中的任何行当里，智力总是使得一个人能够更容易地适应环境，提醒他改进工作方法，使他在方方面面表现得更敏捷、更熟练、更富有效率。手脑并用的劳动者，会以更清楚敏锐的眼光看待自己的事务，会意识到自身力量的不断增长——这或许是人类头脑中最令人鼓舞的一种意识。如果一个人能抵制低级嗜好的诱惑，自助的力量，就会随着自尊的增长而逐渐增长。以一种全新的兴趣关注社会及社会行为，他的同情心就会更加宽广博大，因此会很乐意既为他人也为自己而工作。

9

然而，自我修养并非以出人头地而告终，像我们上面所引用的诸多实例那样。古往今来，绝大部分人必然要从事平凡普通的职业。社会共同体所能普遍拥有的文明，不管其程度如何——即使是令人满意的（事实上当然不是），也不可能使得这一共同体中的人们永远摆脱掉必须做的日常社会工作。不过，我们认为，这个目标也是可以实现的。我们可以通过与高贵的思想结盟，从而提升劳动者的社会地位，无论是最低的还是最高的社会阶层，这些高贵的思想都能够赋予他们以优雅的品质。因为，一个人不管有多么贫寒、多么卑微，古往今来的伟大思想家都可以走进他的家门、坐在他的身旁，暂时成为他的伙伴，尽管他的住处是最简陋的棚屋。正是这样，正确引导下的阅读习惯，就成了最大的赏心乐事和自我改进的一个源泉，并对一个人的品格和行为的整体趋向发挥一种温和的强制作用，带来最有益的结果。通过自我修养，尽管或许并不能带来财富，但不管怎样都可以让一个人与高尚的思想结下友谊。一位贵族曾经轻蔑地询问一位智者："你通过自己所有的哲学思想得到了什么呢？"这位智者答道："至少我得到了社会。"

不过在自我修养这件事上，许多人往往容易感到沮丧，变得垂头丧气，因为他们并没有像他们想象中那么迅速地在这个世界上"飞黄腾达"。播下了橡籽，他们巴望着马上长成橡树。他们或许把知识看成了一种销路不错的日用品，从而因为并没有像他们指望的那样卖个好价钱而深感丢脸。特里曼赫尔先生在他的一份《教育报告》(Education Reports)（1840年第1号）中讲，诺福克的一位校长发现自己的学校正迅速衰落，于是着手调查原因，结果查明，大多数让孩子退学的家长给出的理由是：他们本指望"教育能够让他们的生活比从前更宽裕"，却发现它"没给他们带来什么好处"，所以他们纷纷把孩子带走，不再为教育的事劳神费力了。

关于自我教育，在其他社会阶层中也普遍存在着同样的低俗观念，并得到了社会上或多或少一直在流行的错误生活观的鼓励。但是，如果把自我教育完全视为在世俗社会中出人头地或智力消遣的手段，而不是视为提升品格、拓展精神世界的一种力量，那就是要把它置于一个很低的层面上。培根告诉我们："知识，并不是一家用来牟利或销售货品的店铺，而是一间为了上帝的荣耀、为了凸现人的社会价值而修筑的丰富仓库。"努力提升自己、改善自己的社会地位，无疑是最值得尊敬的，但这不应该以牺牲自身为代价。让心灵成为身体纯粹的苦工，是在把它当作奴隶使唤；如果因为我们在生活中没能实现成功（这更多地是依靠勤奋专注的习惯而不是知识），从而到处哀叹抱怨自己时运不济，这是心胸狭小，而且常常也是脾气乖戾的标志。对这种脾气，最好的责备，莫过于罗伯特·骚塞的话了，他这样写信给一位征求他的忠告的朋友："我愿意给你忠告，如果它有用的话；不过，那些铁了心要染上疾病的人是无药可治的。一个善良的人，一个明智的人，可能偶尔也会对世界生气，偶尔也会为它伤心；但任何人，只要他在这个世界上履行了自己的职责，就肯定不会永远对世界不满。如果一个受过教育的人，拥有健康、双眼、双手和闲暇，却没有目标，那只不过是因为全能的上帝把所有这些福祉赐予了一个不值得拥有它们的人。"

10

  另外还有一种方式，就是把教育当作纯粹的智力消遣和智力娱乐的手段来利用，这使得教育沦为娼妓。在当今这个时代，许多人都是这种趣味的仆从。他们对轻佻和刺激的行为，有着一种近乎癫狂的爱好，这一点，在我们的流行文学作品中有过形形色色的展现。为了迎合公众趣味，我们的书籍和杂志如今必须加进一些"猛料"，逗乐、滑稽，不避粗言俚语，不惜违背所有律法，无论是人的律法还是神的律法。道格拉斯·杰罗尔德曾经评述过这种趋向："我确信，世界会对这种没完没了地对所有事情都哄堂大笑的做法感到厌烦（至少我希望如此）。毕竟，生活中总是有一些严肃的东西。一部人类的滑稽史不可能是全部。我相信，有些人会写一部滑稽版的《山上宝训》（Comic Sermon on the Mount）。想想一部《英国滑稽史》（Comic History of England）吧，阿尔弗雷德的笑话，托马斯·莫尔爵士的玩笑，还有他女儿的闹剧（她恳求那颗死者的头颅，在她的棺材里把它紧抱在胸前）。世界必定会厌恶这种亵渎行为。"约翰·斯特林以同样的态度说："对于整个这一代人，尤其是那些心智尚未成型或者正在形成的年轻人来说，杂志和小说，是埃及瘟疫的一种新的、更加有效的替代品，是腐蚀卫生水源、侵扰我们胸腔的寄生虫。"

  就像辛苦劳累之后的休息、繁重工作之后的放松一样，细细品读一篇出自一位天才作家之手、写得很棒的故事，的确是一种高级的智力消遣，正是文学作品中的精彩描写，让所有阶层的人（无论老幼）都如醉如痴，我们也不会要求他们任何人戒绝这种合情合理的享受。但是，如果像有些人所做的那样，对塞满流动图书馆书架的垃圾狼吞虎咽，让文学成为菜谱上的唯一食物，大部分空闲时间都用来研究人类生活的荒谬图景（他们当中有很多人一直在上演着一幕幕这样的图景），那将比浪费时间更糟（浪费时间无疑也是有害的）。习惯于阅读小说的人，总是太多地沉湎于虚幻的感觉中，以至于有着巨大的风险：可靠而健康的感觉可能会变得反常或麻木。一个浪荡公子有一次对约克郡的大主教说："我从未去听过一场悲剧，它会让我的心疲惫不堪。"虚构故事所唤起的怜悯，不会导致相应的行动，它所刺激起来的感情，既不会带来麻烦，也不会使人献身。这样一来，经常被虚构故事触动的心灵，最终可能会变得对现实麻木不仁。钢逐渐被磨损掉了它的特质，不知不觉间失去了它生命的活力。巴特勒[①]主教说："总是在一个人的头脑中描画美好的道德图景，非但未必有利于在致力于培养美德的人身上养成美德的习惯，反而会让他对美德越来越冷漠，越来越麻木。"

适度的消遣是有益的，也值得推荐。但过度的消遣会损害整个天性，是一件必须小心提防的事情。人们常常引用一句格言："只会用功不会玩，聪明孩子变笨蛋。"但如果只会玩耍不用功，恐怕只能让他成为某种比笨蛋还要糟糕的东西。对年轻人来说，最有害的事情，莫过于让他的心灵浸泡在享乐中。他智性中最优秀的品质被削弱了；平凡的享乐，使他变得趣味低下，从而对更高级的享受完全没有胃口；当他开始面对生活中的工作和责任的时候，结果多半是厌恶和反感。"放荡不羁"的人，总是浪费生命的力量，直至消耗殆尽，真正的幸福源泉因此干涸。生命之源提前干涸了，他们的品格和智力就不能健康成长。一个不朴实的孩子，一个不纯真的少女，一个不率直的男孩，也不会比一个在自我放纵中浪掷了青春年华的成年人更可怜。

米拉博在谈到自己的时候这样说："我早年的生活已经在很大程度上剥夺了我后来的生活，挥霍掉了我大部分的生命力。"正如今天对别人干下的坏事明天会回报在自己身上一样，我们年轻时的罪过也会在我们老年时起来鞭笞我们自己。培根勋爵说："年轻时的生命力总是被过度消磨，直到他年华老去。"他揭示了一个在生活中无法完美权衡身体和精神的事实。尤斯蒂写信给一位意大利朋友说："我向你保证，我为生存付出了沉

[①] 约瑟夫·巴特勒（1692—1752），英国神学家、作家，是圣公会主教。

重的代价。说实话，我们的生命并不能由自己支配。起初，大自然假装免费赋予我们以生命，然后又送来了账单。"在年轻人的鲁莽之举中，最糟糕的，并不是他们毁掉了健康，而是玷污了他们的成年。放荡不羁的年轻人，到头来成了一个被玷污的人，常常无法再变得纯洁，哪怕他愿意。即使有疗救之道，那也只有在注入了强烈责任精神的头脑中，在对有益工作的积极勤勉中，才能找到。

11

就智力天赋而言，邦雅曼·贡斯当[①]可以说是最具天才的法国人之一。但是，由于他在20岁的时候耽于享乐，所以，他的一生只不过是一声拖得很长的哀哭，而不是收获伟大行为的丰硕成果，而这样的成果，只需要他付出平常的勤奋和自制，就完全有能力实现。他决心要做的事情多不胜数（事实上从来没做），以至于人们谈到他的时候总是称他为"多变的贡斯当"。他是一个文思泉涌、才华横溢的作家，抱有写出"传世之作"的雄心壮志。但是，贡斯当尽管有最高级的思考能力，不幸却实践着最低级的生活，其著作中的超凡脱俗，弥补不了他生活中的低劣粗鄙。当他忙着准备关于宗教的著作的时候，常常在赌博桌上一掷胜负；在他撰写《阿道夫》的同时，却在继续策划一个声名狼藉的阴谋诡计。他拥有所有的智慧力量，却因为缺乏对美德的信念，从而显得无力。"呸！"他说，"荣誉和尊严是什么东西？我活的时间越长，就越清楚地看出：这些玩意儿里面啥也没有。"这是一个可怜虫的嚎叫。他把自己描述为"灰烬和尘土"。他说："我像一个从地面上飘忽而过的影子，痛苦和倦怠陪

[①] 邦雅曼·贡斯当（1767—1830），法国作家、政治家和思想家，18世纪启蒙运动的杰出代表、自由主义的奠基人，与卢梭一起被视为法国大革命的理论导师。

伴着我。"他很希望有伏尔泰的那股劲头,甚至宁愿不要自己的天才,也更愿意拥有这样的劲头。但他没有毅力——除了愿望,他什么也没有:他的生命过早地耗尽了,仅仅成了一堆支离破碎的链条。他把自己描述为一只脚踩在空中的人。他承认自己没有原则,没有道德上的一致性。因此,尽管他拥有超凡出众的天才,但他还是一事无成。在痛苦地生活了许多年之后,他在筋疲力尽中悲惨地死去。

奥古斯汀·梯叶里[①]是《诺曼底征服史》(*History of the Norman Conquest*)的作者,他的生涯提供了一个令人敬佩的、与贡斯当截然相反的例证。他的整个一生,贡献了一个坚毅勤奋、自强不息、不知疲倦地献身知识的引人注目的榜样。在毕生的追求中,他失去了视力,失去了健康,但从未失去过对真理的热爱。当他虚弱得像个无助的婴儿,只能在护士的搀扶下在房间之间走动的时候,他的勇敢精神却从未辜负过他。尽管双目失明、不能自理,但他还是用下面这段高贵的话对自己的文学生涯作了总结:

如果学术带来的利益能换算成国家利益的话(我认为是可以的),那么,我就把我的国家在战场上伤亡的所有士兵全部还给了她。无论我的辛苦劳动会拥有什么样的命运,我都希望,这个榜样不会被人们遗忘。我还希望,它能够用来与当代人身上的道德软弱症作斗争,能够把那些抱怨缺少信念的灵魂,那些不知道该做什么、到处摸索却找不到路的灵魂,重新带回到诚实正直的生活道路上,给他们一个崇拜和钦佩的目标。为什么要带着这么多的辛酸苦楚,说在这个世界上注定没有可以让所有肺脏都能自由呼吸的空气、没有可以让所有的才智之士都能投身其中的职业呢?不是有平静而严肃的研究工作吗?在我们所有人都伸手可及的范围之内,不是有庇护、有希望、有战场吗?有了这些,黑暗的日子就会悄悄过去,而感觉不到它们的沉重。每个人都能创造自己的命运,每

---

① 奥古斯汀·梯叶里(1795—1856),法国历史学家、作家,曾在巴黎高等师范学校任教。

个人都能高贵地利用自己的生命。这就是我已经做到的，倘若我不得不重新开始自己的一生，我还会再做一遍，还会选择那条路，正是那条路，把我带到了我眼下所在的地方。尽管双目失明，尽管承受着毫无希望而且几乎是连续不断的痛苦，我还是能发表这篇陈述，它毫无疑问出自我之手。这个世界上有一样东西，比感官享乐更好，比财富更好，也比健康本身更好，那就是献身给知识。

12

柯勒律治在许多方面都与贡斯当堪有一比。他拥有同样的才华，但也同样意志薄弱。尽管具备所有伟大的智力天赋，却独独缺乏勤奋的天赋，不喜欢持续不断的劳动。他同样缺乏自立的意识，他自己隐居到海格特墓地[①]向弟子们大谈玄妙哲学，轻蔑地俯瞰那些诚实的劳动者在伦敦的喧嚣和烟尘中奋力前行，与此同时，却让那位心灵高尚的骚塞用自己的智力劳动来帮自己养活老婆孩子，还认为这并不是什么堕落。他尽管有能力去从事报酬丰厚的工作，但还是卑躬屈膝地接受朋友们的施舍；而且，他尽管有高深玄妙的哲学思想，却甘愿屈尊俯就地蒙受一个日常劳工也避之唯恐不及的羞辱。

在精神勇气上，骚塞是多么不同啊！他不仅操劳自己所选择的职业、操劳那些常常是单调乏味、令人生厌的计件工作，而且还以极大的热情坚持不懈地探求知识、积累知识，其动机纯粹是出于对知识的热爱。他的时间安排得满满的：与出版商的约会必须准时履约，一大家子的近期开支必须提供——因为骚塞的笔一旦停歇，便失去了生计来源。他总是说："我的路就像皇家大道一样宽广，我的财富就储藏在一只墨水瓶里。"

---

① 海格特墓地，位于伦敦北郊的一家公共墓地，马克思及其家人即安葬于此。

罗伯特·尼科尔①在读完《柯勒律治回忆录》(Recollections of Coleridge)后，写信给一位朋友说："非凡的智力，在那样一个缺乏干劲、缺乏决心的人身上，是多么大的浪费啊！"尼科尔本人是一个真实而勇敢的人，他死的时候尽管很年轻，但还是遭遇并战胜了生活中的许多困难。起初他是个书商，在做小本生意的时候，他发现，一笔只有20英镑的债务就把自己压得喘不过气来，他说自己感觉到"就像一块石磨挂在脖子上"，并且说："如果偿还了这笔债务，我决不会再向任何人借钱了。"当时，他写信给母亲说："亲爱的妈妈，别为我担心，因为我觉得自己正在成长，在精神上越来越坚强，越来越有希望。我思考和反省得越多（我现在的职业就是思考，而不是阅读），我就越发觉得，无论我是否会越来越富有，但肯定正在越来越聪明，这当然要好得多。痛苦、穷困以及生活中所有其他的野兽，它们是那样让其他人感到恐惧，而我却大胆到认为自己可以勇敢面对它们，没有退缩，不失自尊，相信人的最高命运，或者，相信上帝。有一个制高点，必须付出大量的智力劳动、不断努力奋斗，才能到达，而一旦到达这个制高点，就可以从那里俯视整个世界，就像一个旅行者从巍峨的高山之巅俯瞰山下的狂风暴雨，他却在阳光中闲庭信步。我不敢说自己已经到达了这个生命的制高点，但我感觉到自己正在日益接近它。"

造就人的，不是安逸，而是努力；不是轻松，而是困难。或许，生活中并不存在这样的阵地：在取得任何成功之前，没有困难必须遭遇、必须战胜。但那些困难是我们最好的老师，就像我们的错误成为我们最好的经验一样。查尔斯·詹姆斯·福克斯总是说，他从那些尽管失败却依然继续前行的失败者身上，比从那些一帆风顺的成功者身上，看到了更多的希望。他说："听人说起一个年轻人因为他的第一次才华横溢的演说而名声大噪，当然是件好事。他或许会继续走下去，或许会为自己最

---

① 罗伯特·尼科尔（1814—1837），苏格兰诗人。

初的成功而心满意足。但是，当我看到一个初战失利的年轻人依然在继续向前的时候，我敢打赌，这个年轻人肯定会比大多数首战告捷的人做得更好。"

13

我们从失败中学到的智慧，比从成功中学到的更多，我们常常通过找出什么是不该做的，从而发现什么是该做的。从不犯错的人，多半不会得出什么发现。在尝试制造吸水泵时，当正在工作的提桶要升到高出水面33英尺以上的时候，正是努力过程中的失败派上了用场，这导致那些循规蹈矩的人去研究大气压的规律，同时也为伽利略、托里切利和波义耳的天才开拓了新的研究领域。约翰·亨特常说，在专业人士有勇气公布他们的失败和成功之前，外科技术将不会有什么长进。工程师瓦特说，在机械工程学方面，所有事情当中最缺乏的是一部失败的历史，他说："我们缺少一本污点之书。"有一次，当汉弗莱·戴维爵士展示一个操作步骤复杂精巧的实验时，他说："多亏上帝没有把我造就成一个灵巧的操作工，因为我最重要的发现都是从失败中得到启发的。"另一位著名的自然科学研究者留下了这样的记录：每当他在研究中遇到不可克服的障碍时，通常是正处在某个发现的边缘。最伟大的东西——伟大的思想、发现和发明，常常在悲痛中孕育，最后在困难中确立。

贝多芬在谈到罗西尼时说，他是块好材料，如果在小时候曾被狠狠鞭挞过的话，完全可以造就成一个优秀的音乐家，但他被自己从事创作时的驾轻就熟给惯坏了。认识到自身力量的人，必定不会惧怕遇到反对意见，他们更惧怕的是惧怕过度的赞扬和过分友好的批评。门德尔松的《以利亚》(*Elijah*)首演时，当他正准备走进伯明翰管弦乐队的时候，笑着对一位朋友和批评者说："用你的爪子狠狠戳我。不要告诉我你喜欢什么，而要告诉我你不喜欢什么。"

老实说，打败仗比打胜仗更能考验一个将军。华盛顿打仗输多赢少，但他最后成功了。罗马人的大多数胜仗几乎都是以失败开场。莫罗总是把他的伙伴们比作鼓，只有敲敲打打才能听到声音。华盛顿遭遇的那些困难，使得他的军事天才臻于完美，这些困难显然是最难克服的，但也只能用来激励他的决心，更显著地展示出他作为一个男人和一个将军的伟大品质。熟练的水手，也是这样在暴风骤雨中获得他们最好的经验，风暴锻炼了他们的自信、勇气和铁一般的纪律。我们或许应该把英国水手（他们确实是世界上最棒的）最好的训练归功于狂暴的大海和寒冷的黑夜。

14

困难，是一位最严厉的女校长，但你会发现，她也是最好的一位。灾难所带来的严酷考验，是我们自然而然地避之唯恐不及的一种考验，然而，它一旦来临，我们就必须勇敢而果断地迎面而上。拜伦所言不虚：

尽管失败和磨难

是公正而严厉的教训，

但只要有智慧在，

你就只会成功，不会失败。

常言道：苦尽甘来。苦难，展示了我们的力量，激发了我们的干劲。倘若品格中有真正的价值，苦难就会像香草一样，在受到挤压的时候散发出醉人的芳香。古谚云："磨难是通向天堂的梯子。"里克特问道："贫困本身是个什么东西，凭什么一个男人要在它的压迫下低声抱怨？它不过是少女穿耳的那点疼痛，你将把贵重的宝石悬挂在伤口上。"在生活经验中你会发现，强大自然中的灾难所带来的有益磨练，通常能起到一种自我保护的作用。我们发现，许多人能够在贫困的重压下振作起来，高高兴兴地迎难而上，然而后来却经受不住成功所带来的影响（这更加危险）。只有软弱无能之辈，才会让大风吹走自己的斗篷；而一个中等力量的人，当过于友好的太阳用它温暖的光束对他发起攻击的时候，他失去斗篷的危险就更大了。在吉星高照的时候振作精神，常常比在逆境下需要更严格的纪律训练和更强大的品格力量。有些人的慷慨天性，会被繁荣兴旺所点燃、升温，但也有许多人，财富对他们并没有这样的影响。财富，只会让卑鄙的心灵变得冷酷无情，只会让那些吝啬而奴颜婢膝的人变得吝啬而狂妄自大。但是，当成功易于让心灵变得坚强而自豪的时候，那么，在一个坚毅果敢的人那里，灾难就可以让心灵成熟而变得坚韧。

　　伯克告诉我们："困难是一位严厉的老师，用父母和教师的至高法令来管理我们，他比我们自己更了解我们，正如他也更爱我们一样。他与我们扭打在一起，以此增强我们的勇气，磨砺我们的技巧。因此，我们的对手，也是我们的帮手。"如果没有遭遇困难的危急时刻，生活可能更安逸悠闲，但人的价值也就会更小。因为考验，如果明智地加以利用，就会磨练我们的品格，教会我们自强不息。因此，艰难困苦本身，常常可以为我们提供有益的磨练，尽管我们不承认。当英勇而年轻的霍德森未经批准从印度司令官的职位上挂冠而去，从而被言过其实的诽谤和谴责压倒而感到伤心痛苦的时候，仍然有勇气对一位朋友说："我努力勇敢地面对最坏的处境，因为我在战场上还有敌人，还要坚决地去做我指定的工作，并尽我的能力做到最好，有理由要让所有人都感到满意。即使是令人厌恶的职责，干得好的话也会带来回报，而且，即使没有回报，它们依然是你的职责。"

15

在大多数情形中，生活的战斗是一场向上进攻的战斗，要想不经过拼搏奋斗而打赢它，多半就是想不光彩地打赢它。如果没有困难，也就不会有成功。如果没有什么东西需要为之奋斗，也就没什么东西可以实现。困难可以吓倒弱者，但对于坚定而英勇的人来说，它们只能充当一种有益的刺激。全部的生活经验可以证明，横亘在人类前进道路上的障碍，之所以能够被征服，绝大部分靠的是坚定的良好行为、真诚的热情、积极的行动和百折不挠的意志，尤其是依靠坚决战胜困难、勇敢面对灾难的坚定决心。

困难学校是最好的精神训练学校，对于民族是如此，对于个人也是如此。诚然，困难的历史，不过是迄今为止已经由人类完成了的所有伟大而有益的事情的历史。很难说北方民族的强悍究竟在多大程度上要归功于他们所遭遇的狂暴多变的气候和原本贫瘠的土壤，这是他们生存条件的困难之一，使他们常年陷入与困难的搏斗中，那些气候更和煦的地方的人民，对这样的困难一无所知。因此，尽管我们最好的成果都是外来的，而培植它们所必需的技能和勤奋，却有可能是在本地人的生产活动中涌现出来的。

无论什么地方有困难，个人都必须挺身而出，不论结果是好是坏。遭遇困难，会培养你的力量，训练你的技能。通过不断训练你朝山顶上奔跑（就像参赛者一样）来激励你为了未来而努力，最后，你就会轻而易举地奔越而过。通向成功的道路，或许是必须攀登的峭壁，它考验着希望到达顶点者的精神能量。但凭着经验，一个人很快就会认识到，要克服困难就必须牢牢地抓住它们（荨麻在被牢牢抓住的时候就像丝绸一样柔软），而且，对于实现既定目标最有效的帮助，就是在精神上确信：我们能够并且愿意实现它。这样一来，困难常常会在坚定的决心战胜它们之前就消失得无踪无影。

许多事情，只要我们努力尝试，就能够做到。在尝试之前，没人知道自己能做什么；在他们被迫去做之前，也很少有人尝试着做到最好。意志消沉的年轻人总是这样唉声叹气："如果我能做某件事情则如何如何。"然而，如果仅仅有愿望，他什么事也做不成。必须让愿望逐渐成熟，最后下定决心、付诸努力。一次积极的努力，抵得上一千个愿望。正是这些荆棘丛生的"如果"（软弱而绝望的低声抱怨），常常在可能性的宽阔原野上圈起了重重樊篱，阻止了人们去做，甚至去尝试任何事情。林德赫斯特说："一重困难，就是一件必须战胜的事情。"要立刻揪住它展开格斗。驾轻就熟来自不断的实践，力量和坚毅来自反反复复的努力。因此，头脑和品格可以通过训练臻于完美，能够优雅、热情、自由地付诸行动，这对那些没有类似经历的人来说，几乎是无法理解的。

　　我们每学会一件事情，都是一次对困难的征服；一次征服可以帮助另一次征服。乍一看在教育上似乎毫无价值的事情（比如学习"死语言"，以及我们称之为"数学"的直线与平面的关系之类），却真正具有最大的实用价值，这更多的是因为它们所带来的发展，而不是因为它们所生产的知识。对这些学问的掌握，会唤醒人们的努力，培养勤勉专注的力量，否则的话，它们就可能一直处于休眠状态。就这样，一件事情带来另一件事情，工作于是终生在继续。我们与困难之间的遭遇战，只有当生命和文明终止的时候才会结束。但是，沉湎于灰心丧气的感觉中，从来不曾（以后也决不会）帮助任何人越过一次困难。一个学生向达朗贝尔抱怨在掌握数学的最初原理上他毫无所成，达朗贝尔的忠告所言不虚："继续吧，先生，信念和力量就会来到你的身上。"

16

　　用脚尖旋转的芭蕾舞演员，演奏奏鸣曲的小提琴手，都是通过富有耐心的反复训练，并且在经过许许多多的失败之后，才获得了他们高超的技艺。卡里西米①在听到人们称赞他的旋律轻松、优雅的时候，叫了起来："噢！你不知道这种轻松来得多么不容易。"有人问约书亚·雷诺兹爵士，他画一幅画需要多长时间，他答道："一辈子。"美国演说家亨利·克莱在给年轻人忠告的时候，这样向他们描述自己成功的秘诀："我把自己在生活中的成功主要归功于这样一个情境——那是我27岁那年开始的，而且持续多年，那时，我每天都阅读、讲授历史或科学书籍中的内容。这些即兴的努力，有时是在一片玉米地里进行的，有时是在森林里，不少的时候甚至是在某间偏僻的畜棚，让猪马牛羊做我的听众。我要感激早期的这种训练，它是最早的主要动力，激励我向前，并塑造了我毕生的命运。"

爱尔兰演说家柯伦年轻的时候在口头表达方面有严重缺陷，上学的时候被人称为"结巴杰克"。②在从事法律研究的同时，他一直努力克服自己的缺陷。一家辩论俱乐部的某位成员曾讽刺挖苦他，正是这件事刺激他锻炼雄辩的口才。那个人把柯伦形容为"哑巴演说家"，因为他像库柏一样，当他在同样的场合站起来准备发言的时候，总是张口结舌，一句话也说不出来。这样的奚落嘲弄刺痛了他，对此，他以一场成功的演说做出了回答。意外地发现自己的口才激励他以更大的热情继续投身于自己的学习。每天他都要花上几个小时，有力而清晰地朗读文学作品中最优美的段落，就这样纠正了自己的发音。他不断对着镜子研究自己的面部表情，采用恰当的姿势以适应自己略显笨拙难看的体形。他还向自己提起诉讼，就好像面对陪审团发表演说一样，争论得非常认真。

柯伦带着律师资格执照开始了自己的职业生涯，艾尔敦勋爵声称，要想取得显赫的声望，这个执照只不过是最初的必需品，换句话说，就

---

① 吉亚柯莫·卡里西米（1605—1674），意大利作曲家，被称为清唱剧之父。
② 约翰·菲尔波特·柯伦（1750—1817），爱尔兰政治家、演说家和律师，杰克是约翰的昵称。

是"一钱不值"。在法庭的律师席上勤勉刻苦地工作的时候,他依然被曾经在辩论俱乐部里战胜过自己的那种缺乏自信所压抑着。有一次,他被法官(罗宾逊)给激怒了,进行了非常猛烈的反驳。在一个正在辩论的案子中,柯伦说"在他的藏书室里,任何书中都从未见过法官大人所引用的那条法律"。法官以轻蔑的口吻说道:"或许是吧,先生,但我怀疑您的藏书室是不是太小了。"众所周知,法官大人是一位暴躁的政治党徒,写过几本匿名小册子,其特点就是异乎寻常的猛烈和武断。这种说法无疑是在暗示柯伦的经济拮据,他被激怒了,回答道:"千真万确,阁下,我的确很穷,这种境况使得我的藏书相当寒薄。我的书并不多,但它们都经过精挑细选,我希望带着恰当的趣味去细细品读它们。为了从事这份高尚的职业,我认真钻研过不多的几部优秀著作,这总比编撰一大堆糟糕的书要强得多。我并不以自己的贫困为耻,相反,倘若我通过奴颜婢膝、腐败堕落而屈尊获取财富的话,我倒是应该为自己的财富而感到羞愧。即使我不能飞黄腾达,至少我是诚实的。一旦我不再诚实,许多通过恶劣手段爬上高位的例子就摆在我的面前,愈是引人注目,只会愈加普遍地、愈加声名狼藉地被人们所不齿。"

17

对于那些献身于自我教育职责的人而言,极度贫困并不是他们前进道路上的障碍。语言学家亚历山大·默里[①]教授,学习写字的方式就是用一根烧焦的石南茎在一架旧梳毛机上涂鸦。唯一的书本是他父亲的(他是一个贫穷的牧羊人),那是一本价值一个便士的《要理问答》(*Shorter Catechism*)。但就是这样一本书,也被认为是太贵重的东西,不能用于

[①] 亚历山大·默里(1775—1813),苏格兰古典学者、语言学家,曾任爱丁堡大学东方语言学教授。

平常的用途，因此被小心翼翼地保存在碗橱里，供礼拜日做教义问答之用。摩尔教授年轻时穷得买不起牛顿的《基本原理》(Principia)，只能借来一本，完完整整地亲手抄写了一份。许多穷学者，在每天为生计而操劳的同时，只能利用休息的间歇，从这里那里攫取一点零碎的知识，就像冬天里的小鸟们在大雪覆盖原野的时候觅食一样。他们就这样不断奋斗着，心中充满信念，充满希望。

一位著名的作家和出版商，爱丁堡的威廉·钱伯斯，在本市举行的一次青年集会上发表演说，他这样向年轻人简要描述了自己卑微的起点，作为对他们的鼓励："我就站在你们面前，一个自学成材的人。我所接受的教育，是简陋的苏格兰教区学校所提供的。那还只是当我作为一个穷孩子来到爱丁堡的时候，才得以在白天的艰苦劳动之后，投入晚上的时间，去培养上帝所赋予我的才智。从早晨7、8点直到夜里9、10点，我都在干着书商学徒的活，只有这之后的时间（从睡眠中偷来的），我才能专心致志地投入学习。我不读小说，我的注意力全部投入到了自然科学及其他实用的事情上。我还自学了法语。回首往昔，我甚觉快慰，我几乎要为自己不能再次经历相同的体验而深感遗憾。因为，当我身无分文、在爱丁堡的阁楼上潜心钻研的时候，比起如今坐在优雅舒适的客厅里，所得到的快乐更多。"

威廉·柯贝特关于自己如何学习英文文法的报道，充满了引人入胜的趣味以及给所有在困难中刻苦钻研的学生们的指示。"我学习文法的时候，"他说，"是个每天挣6便士的普通士兵。卧铺或者行军床的边沿，就是我学习时的座位；背包就是我的书柜；一小块放在膝盖上的木板，就是我的写字台；这项工作并不要求我付出像一年寿命那样的东西。我没钱买蜡烛或灯油。冬天的夜晚，除了火光之外很少能得到其他的光亮，而且就连这个也要轮到我值班的时候才有。在这样的环境下，而且没有父母或朋友给我忠告或鼓励，如果我完成了这项任务，那么，任何年轻人，还能有什么样的借口呢？无论他多么贫穷，有多大的工作压力，也无论房间或其他生活条件如何。为了买一支笔或一张纸，尽管饿得半死，我也不得不勒紧裤带。我没有片刻的时间能够由自己支配；我不得不在至少有 10 个最粗心大意的家伙正在谈话、大笑、唱歌、吹笛、争吵当中读书写字，而且，在他们完全自由的时间里，我也在读书写字。想到偶尔要拿出四分之一个便士去购买墨水、笔或纸，我的心情一点也不轻松。四分之一便士，我的老天！对我可是一笔大钱呀！我那时候的个子像现在一样高，身体很健康，运动量也很大。所有钱加在一起，就是每人每周两个便士，我没有在自由市场上花过一分半毫。我记得有一次，那是个星期五，在花去所有必要的开支之后，我还是尽量留下了半个便士备用，我打算第二天早晨用它买一条熏青鱼。但是，当我夜里脱下衣服、饿得几乎无法忍受的时候，我发现，我那半个便士竟然不见了！我把头埋在破烂的床单和毛毯底下，像个孩子一样哭了起来！我要再说一遍，在那样的环境下，如果我能够勇敢面对困难、胜利完成这项艰苦的学习任务，那么，全世界有哪个年轻人、又能有哪个年轻人，可以为了不完成学业而去找借口呢？"

18

关于学习中的百折不挠和勤奋专注，我还听说过一个同样惊人的事例，那是发生在伦敦一个法国政治流亡者身上的故事。此人最初的职业是泥瓦匠，他在这个行当里找到了一份工作，干了一段时间，但因为工作马虎最终丢掉了饭碗，穷困就摆在眼前。在走投无路的情况下，他拜访了一位流亡者同伴，想同他商量该干点什么挣钱谋生，此人正在从事教授法语的工作，收入还不错。他得到的回答是："当教授！""教授？"泥瓦匠大吃一惊，"我？不过是个工匠而已，也只会说一些个方言俚语。你莫不是在开玩笑吧？""正相反，我相当严肃，"另一个人说，"我再一次建议你：当教授。你先投到我的门下，我会教你如何去教别人。""不，不！"泥瓦匠回答，"这是不可能的，当学生我太老了，做学者我又太小了。我成不了一个教授。"说完他走了。

他重新尝试着在自己的老本行里找份工作。他离开伦敦去了外省，白白跑了几百英里的路，也没能找到一个雇主。回到伦敦后，他径直去找他从前的顾问，说："我试着到处去找工作，结果白费力气。事到如今，我还是试着当教授吧。"于是立即乖乖地当起了学生。他非常用功，理解问题很快，而且聪明过人，因此迅速掌握了文法原理、遣词造句的规则以及正宗法语的准确发音（这方面他还有很多东西要学）。当他的朋友和老师把他教得完全胜任去教别人的时候，他根据广告上的招聘去申请一个空缺的教席，居然被录用了。瞧，我们的泥瓦匠终于成了教授！凑巧的是，他所任教的那所学院正好坐落在他从前做泥瓦匠的那片郊区，每天早晨睁开眼睛，透过起居室的窗口所看到的第一件东西，就是从前他亲手建造的那些烟囱。他一度很担心被村子里的人认出来，原来他就是从前的那个泥瓦匠，并因此有损学院的名声，这所学院在当地有很高的声望。但他大可不必担心这个，因为事实证明他是一位非常优秀的老师，他的学生们多次因为他们的法语成绩而受到奖励。与此同时，他也获得了所有认识他的人的尊敬和友谊，既有教授同行也有学生。当他们了解了他的奋斗历程、他经历过的困难以及他卑微的过去的时候，他们比以前更加敬佩他了。

塞缪尔·罗米利[①]爵士作为一个自学成才者，其孜孜不倦的精神也毫不逊色。他是一个珠宝匠的儿子，父亲是一位法国难民的后裔，他早年只受过很少一点教育，但他通过自己不知疲倦的勤奋和对同一目标的坚持不懈地努力，克服了自身所有的不利条件。他在自传中说："十五六岁的时候，我决定认真地致力于学习拉丁文，当时我对这门语言所知甚

---

① 塞缪尔·罗米利（1757—1818），英国法律改革家。

少。我就这样全身心地投入学习，阅读了正宗拉丁文鼎盛时期几乎每个散文作家的作品，除了那些讨论纯粹技术问题的人之外，比如瓦罗、科卢米拉和塞尔苏。李维、萨卢斯特和塔西佗我都通读了三遍，我研究了西塞罗最著名的演说，翻译了大量的荷马史诗。泰伦斯、维吉尔、贺拉斯、奥维德和尤维纳利斯，我都是读了一遍又一遍。"他还研究了地理学、博物学和自然哲学，获得了大量的综合知识。16岁的时候他被雇为大法官法庭的书记员，工作很刻苦，获准当律师。他凭借自己的勤奋和坚毅，终于获得了成功。1806年，他成了福克斯手下的副检察长，稳步地走上了通往他这个职业的最高声望之路。然而他却一直被自觉不合格的痛苦所纠缠着，几乎到了无法忍受的地步，而且从未停止过通过艰苦的劳动来疗救这种痛苦。他的自传是富有教益的一课，是有价值的真情之作，很值得仔细阅读。

沃尔特·司各特爵士总是引用他年轻的朋友约翰·莱顿[①]的例子，认为他是自己所知道的在毅力方面最卓越的例证之一。莱顿的父亲是一个牧羊人，在罗克斯巴勒郡一条宽阔的河谷里放羊。他几乎完全是自学成材的。就像许许多多苏格兰牧羊人的儿子一样——比如诗人霍格，他在山脚下看守羊群时通过抄书而学会了写字；比如凯恩斯，他从看护羊群开始，凭借自己的勤奋刻苦，一步步走向了他如今当之无愧的教授席位；比如默里、弗格森，等等——莱顿也是在很小的时候就激发起了对知识的渴望。当他还是一个光着脚丫的穷孩子时，就每天步行6至8英里，穿过茫茫荒野，去科克顿的一家很小的乡村学校念书，这就是他所获得的全部教育，其余的都是靠自学。

他设法去了爱丁堡，在那里上了大学，压根没把极度贫困的处境放在眼里。他首先成了阿奇博尔德·康斯特布尔[②]（后来成了著名的出版商）

---

① 约翰·莱顿（1775—1811），苏格兰作家、东方学者。
② 阿奇博尔德·康斯特布尔（1774—1827），苏格兰出版商。

所开设的一家小书店的常客。他总是一小时又一小时地攀在一架高高的梯子上,手拿一本又大又厚的对开本书,完全忘了他简陋的住处内正厨下乏米。他一心想的事情就是书和讲课。他就这样在科学的大门前艰苦搏斗,直到他不可战胜的毅力所向披靡,大获全胜。还不到 19 岁,他就以自己渊博的希腊语和拉丁语知识,以及他所获得的大量而全面的学识,让爱丁堡所有的教授大吃一惊。他把自己的注意力转向了印度,试图在那里谋得一个文职人员的职位,但没有成功。然而有人告诉他,有一个外科医生助手的职位向他开放。但他不是外科医生,对这个行当不会比一个小毛孩知道更多。不过他可以学。他被告知,必须准备在 6 个月内通过考试。任何事情也不能让他气馁,他开始着手学习,争取用 6 个月时间,获得人们通常需要 3 年才能获得的知识。6 个月结束,他光荣地取得了学位。司各特和另外几个朋友为他准备了行装,动身去印度的时候,他发表了那首优美的诗歌《儿时的场景》(*The Scenes of Infancy*)。在印度,他发誓要成为最伟大的东方学者,但不幸因为暴露在恶劣的气候下而染上了热病,很年轻就去世了。

19

已故的剑桥大学希伯来语教授李[①]博士的一生,以其值得敬佩的学术生涯,提供了一个百折不挠的毅力和坚定不移的决心在当代的实例。他在什鲁斯伯里附近朗格诺的一所慈善学校接受教育,在学校他很不出名,以至于他的老师断言,他是自己所教过的最迟钝的孩子之一。他被送去跟一位木匠当学徒,在这个行当里一直干到了成年。为了打发空闲时间,他开始读书,有些书中包含拉丁文引语,他很想知道这些拉丁文的意思。

---

① 塞缪尔·李(1783—1852),英国东方学者。

他买来了一本拉丁文文法，着手学习拉丁文。正如阿盖尔公爵的园丁斯通在很早以前所说过的："一个人希望学点什么，认识26个字母难道还不够吗？"李起早摸黑，终于在学徒期满之前成功掌握了拉丁文。有一天，在一座教堂里干活的时候，他偶然看到了一本希腊文《圣经》，于是立即一门心思想学希腊语。他因此卖掉了自己的一些拉丁文书籍，购买了希腊文文法和词典。他学得兴致勃勃，很快就掌握了希腊语。他又卖掉了希腊文书籍，买来了一些希伯来文书籍，学起了希伯来语。没有老师，也不指望出名或者得到回报，仅仅是顺着其天才的志趣。接下来，他又学了阿拉马方言①、古叙利亚语和撒马利亚方言。

但他忘我的学习影响到了他的健康，由于长时间的夜读，他患上了眼病。在暂时把书本丢到一边并逐渐恢复健康之后，他又继续从事自己的日常工作。作为一个工匠，他的技能也是出类拔萃的，生意很不错，挣到的钱终于让他能够娶妻成家，这一年他28岁。如今他决定放弃做学问的奢望，专心致志地养家糊口过日子，因此他把自己所有的书都卖掉了。要不是他赖以谋生的工具箱被大火所毁、穷困迫在眉睫的话，他可能还会在木匠这个行当继续干下去。如今他穷得置办不起一套新的家什，于是他想到自己可以教孩子们认字，这个行当所需要的本钱最少。然而，尽管他掌握了多门语言，但在普通学科方面他还是有很大的缺陷，以至于一开始根本没办法教孩子。抱着坚定的决心，他勤勉刻苦地埋头学了起来。他自学了算术和写作，达到了能够教孩子们的程度。

他自然、简朴、温和的性格，逐渐吸引了一些朋友，这位"有学问的木匠"的学识造诣开始传播到四面八方。邻近的一位牧师斯科特博士为他在什鲁斯伯里的一所慈善学校谋得了一个教席，并把他介绍给一位著名的东方学者。这些朋友给了他一些书，李木匠接二连三地又学会了

---

① 阿拉马方言，《圣经》某些部分的原始语言，在巴勒斯坦和巴比伦的犹太人中取代了希伯来语。

阿拉伯语、波斯语和印度斯坦语。他在本郡的民兵组织中履行自己的个人职责的同时，依然在继续自己的研究。他逐渐对各门语言更加精通。最后，他的恩人斯科特博士帮助他进入了剑桥大学的女王学院。一个学程过去（这期间，他以自己的数学造诣而名噪一时），学院的阿拉伯语和希伯来语的教授席位出现了空缺，他当之无愧地填补了这一光荣的职位。除了合格地履行自己作为一名教授的职责之外，他还自愿去教那些传教士，以便让他们在东方能够用当地的语言传教。他还把《圣经》翻译成了几种亚洲地方语言。掌握了新西兰语之后，他为当时正在英国的两位新西兰酋长编写了新西兰语的文法和词典，这些书如今在新西兰的学校里每天都在使用着。

简言之，这就是塞缪尔·李博士的非凡历程。关于自我修养上的毅力，这不过是众多富有教育意义的榜样中的一个，就像我们许许多多最著名的文学家和科学家的生平中所展示出来的那样。

常言道："活到老，学到老。"有很多其他杰出的名字可以证明这句话所言不虚。即使是年事已高的人，如果他们决心从头开始的话，也能学到很多。亨利·斯佩尔曼[1]爵士直到五六十岁的时候才开始学术研究。富兰克林完全着手自然哲学研究的时候已经 50 岁了。德莱顿和司各特都是到 40 岁以后才以作家的身份闻名于世。卜伽丘开始他的文学生涯的时候是 35 岁，而阿尔菲耶里[2]开始学习希腊语的时候是 46 岁。阿诺德博士在晚年的时候才开始学习德语，为的是阅读尼布尔[3]著作的原文；而詹姆斯·瓦特同样也是在 40 岁左右的年纪，在格拉斯哥从事机械制造的同时，学习了法语、德语和拉丁语，为的是让自己能够阅读以这些语言写成的机械理论方面一些很有价值的著作。托马斯·斯科特开始学习希伯来语

---

[1] 亨利·斯佩尔曼（1562—1641），英国古文物研究者，以收藏中世纪文献著称。
[2] 维托里奥·阿尔菲耶里（1749—1803），意大利剧作家。
[3] 巴托尔德·乔治·尼布尔（1776—1831），德国历史学家，其极具影响力的《罗马史》（*Römische Geschichte*）奠定了现代历史科学研究的基础。

的时候差不多是 56 岁。有一次，有人发现罗伯特·霍尔[1]躺在地板上，被痛苦折磨得死去活来，原来已届高年的他正在学习意大利语，为的是让自己能够判断麦考利对弥尔顿和但丁之间所作的比较。韩德尔 48 岁之前没有发表过什么重要作品。这样的实例确实数不胜数，他们在生命中的晚年走上了一条全新的道路，成功地开始了新的学习。只有那些轻浮或懒惰之辈才会说："对于学习来说我太老了。"[2]

20

在这里，我要重复前面说过的话，改变世界、引领潮流的人，很少是天才杰出之士，更多的是那些目标坚定、决心果断而又孜孜不倦的平常人。然而，不可否认也有许多天才早熟的实例，但事实上，早年的聪慧并不能代表一个人后来能够达到的高度。有时候，早熟与其说是精神活力的先兆，不如说是疾病的症候。所有"聪明过人的孩子"，其结局如何呢？那些成绩优异、受到奖赏的孩子们又在哪里呢？追踪他们的一生，人们常常会发现，那些迟钝的孩子，那些在学校落后于人的孩子，反而超过了他们。更聪明的孩子总是受到嘉奖，但他们轻而易举赢来的奖赏，并不总是对他们有益。更应该受到奖赏的是努力，是奋斗，是忍耐。因为，正是那些努力做到最好的年轻人（尽管他们的天赋才能要低人一等），才应该受到高于所有其他人的鼓励。

关于那些杰出的傻瓜（小时候迟钝愚笨，长大后才华横溢），可以写整整一章内容，保准引人入胜。但篇幅所限，我们只能举出几个例子。画家皮耶托·迪·科托纳[3]小时候非常迟钝，以至于人送绰号"驴脑袋"；

---

[1] 罗伯特·霍尔（1764—1831），英国神父，社会改革家和作家。
[2] 原注：参见《在困难中追求知识》(The Pursuit of Knowledge under Difficulties)。
[3] 皮耶托·迪·科托纳（1596—1669），意大利画家。

托马索·吉迪通常被称为"大块头汤姆",尽管他后来通过勤奋成为这个行当的佼佼者。牛顿在上学的时候总是位居倒数第一,比牛顿高出一等的学生总是踢他,而这个劣等生展示勇气的方式就是挑逗对方打架,并把他打得落花流水。后来他发奋努力,决心作为一个学者同样也要把竞争对手打得落花流水,这一点他做到了,逐步登上了他那个阶层的巅峰。我们许多最伟大的牧师也绝对算不上早慧。艾萨克·巴罗在查特豪斯公学读书的时候,主要以他火爆的脾气、好斗的习性以及臭名昭著的懒惰而闻名;他的父母为他伤透了心,以至于父亲总是说,如果上帝高兴带走他任何一个孩子的话,他希望这个孩子是艾萨克,因为在所有孩子当中,他是最没出息的。亚当·克拉克小时候被父亲评价为"一个令人伤心的笨蛋",尽管他能把巨大的石头滚得到处跑。迪安·斯威夫特在都柏林大学"名落孙山",去牛津仅仅获得了"娇生惯养"的推荐语。著名的钱伯斯博士和库克博士[①],小时候一起在圣安德鲁的教区学校念书,在那里,他们是如此愚笨、如此淘气,以至于怒不可遏的老师把他们作为不可救药的笨蛋给开除了。

才华横溢的谢里顿在小时候所显示出来的才能实在很有限,以至于妈妈把他带到家庭教师面前的时候,称他是个不可救药的笨蛋。沃尔特·司各特小时候几乎就是个劣等生,比起功课来,他更喜欢"打嘴仗"。在爱丁堡大学读书的时候,达尔泽尔教授断言他"现在是个笨蛋,以后还会是个笨蛋"。学校曾让查特顿退学回家,因为他是"一个什么事也干不了的白痴"。彭斯是个迟钝的孩子,仅仅在运动方面表现良好。戈德史密斯形容自己是一棵开花太迟的植物。阿尔菲耶里离开大学的时候丝毫也不比进大学时更聪明,而且在他跑遍半个欧洲之前也一直没有着手后来使自己名扬天下的研究。罗伯特·克莱夫[②]年轻的时候即便不是个恶棍

---

① 原注:圣安德鲁学院道德哲学教授。
② 罗伯特·克莱夫(1725—1774),英国军事将领,曾作为统帅赢得了普拉西战役,从而确立了英国在印度的支配地位。

的话，也无疑是个劣等生，不过他一直充满活力，即使在干坏事的时候也是如此。他的家人很高兴能摆脱他，把他送去了马德拉斯①，使他在有生之年奠定了英国在印度的势力基础。拿破仑和威灵顿都是笨孩子，上学的时候无论哪方面都不出众②。达布兰特夫人说拿破仑"身体很棒，别的方面则跟其他孩子一样"。

美军总司令尤利西斯·格兰特，小时候又蠢又笨，被他妈妈称为"废物格兰特"。李将军③最伟大的副官"石墙"杰克逊，小时候主要以迟钝著称，但在西点军校读书的时候，同样以不知疲倦的勤奋和百折不挠的毅力而著称。当一项学习任务交给他的时候，在彻底掌握之前他决不会罢手，而且对自己并没有完全掌握的知识从来不会不懂装懂。一位熟悉他的人写道："一次又一次，当他被叫起来背诵的时候，他总是回答：'这个我还没读，不过我会在明天或者之前掌握它的。'最后，他在这个 70 人的班级里以第 17 名的成绩毕业。刚开始，在知识学养方面，全班或许没有比杰克逊更差的了，但在赛跑结束的时候，仅有 16 个人跑在他前面，他赶上并超过了至少 53 个人。他的同龄人在谈到他的时候常说，如果整个学程是 10 年而不是 4 年的话，杰克逊肯定会以全班第一名的成绩毕业。"④

慈善家约翰·霍华德是另一个杰出的笨蛋，他在学校混了 7 年，却什么也没学到。斯蒂芬森年轻的时候主要以他的投掷和摔跤技巧以及对工作的专注而闻名。杰出的汉弗莱·戴维爵士小时候并不比其他孩子更

---

① 马德拉斯，印度东南部城市，位于孟加拉湾的科罗曼德尔海岸。
② 原注：一位作家在《爱丁堡评论》(Edinburgh Review)（1859 年 7 月号）说："威灵顿公爵的天才，在某个积极而实际的用武之地摆到他的面前之前，似乎一直没有得到发展。他的斯巴达式的母亲一直认为他是个蠢才，把他描述为只不过是'炮灰'。无论是在伊顿公学，还是在安格斯的'法兰西军事学院'，他都籍籍无名。"搁在今天，一场竞争激烈的考试很有可能会把他拒于军队的门外。
③ 罗伯特·爱德华·李（1807—1870），美国南北战争时期的南方军将领。
④ 原注：1863 年 6 月 11 日《泰晤士报》(The Times)的记者文章。

聪明，他的老师卡迪尤博士在谈到他的时候曾说："他在我身边的时候，我看不出他具有如今让他名满天下的那些才能。"的确，戴维本人后来也把自己在学校"享受了很多偷懒的乐趣"视为一种幸运。瓦特是一个迟钝的学生，尽管有很多故事说到了他的早慧，但更优秀的是，他富有耐心、能够坚持，正是凭借这样的品质，凭借对自己创造能力的精心培养，他才得以将蒸汽机改进得尽善尽美。

21

阿诺德博士关于孩子的说法同样适用于成人：一个孩子和另一个孩子的不同，更多的在于他的精神活力，而不是他的天赋才能。后天培养出来的毅力和活力，很快就会成为习惯。倘若笨孩子能够拥有坚毅和勤奋，他就会走在那些虽然更聪明却缺少这些品格的同伴的前面。慢而稳，赛必胜。正是坚定不移的毅力，解释了为什么孩子们在学校中的位置常常会与他们在社会上的位置刚好反过来。奇怪的是，从前那么聪明的孩子，为何后来变得那么平凡，而那些毫无指望的笨孩子（能力虽然迟缓，步子却很扎实），常常担负起了领头羊的角色。笔者小时候曾有幸与一位最笨的傻瓜同处一个班级。一位又一位老师在他的身上使出了浑身解数也无济于事。体罚、戴高帽子、哄骗和认真的恳求，也同样毫无用处。有时候人们尝试着把他置于班级里的最高位置，奇怪的是他又不可避免地迅速下滑到了最底部。老师们都认为这家伙朽木不可雕，断言他是个"大傻瓜"，只好对他放任自流。然而，尽管迟缓，这个笨蛋的身上，却有一种认准目标的傻劲头，这种劲头随着他的肌肉和年龄的增长而不断增长。而且，说来也怪，当他终于开始闯荡社会的时候，人们发现，他竟然领先于学校里的大多数同伴，最后把他们绝大多数人远远地甩在了后面。笔者最后一次听说他的时候，他是本镇的行政长官。

在正确道路上前进的乌龟，可以跑赢走上错误道路的兔子。对于一个年轻人来说，只要他勤勉，迟缓不是什么问题。对部分人而言，快甚至可能是一个缺陷，因为学得快的孩子常常也忘得快，还因为他会认为没有必要培养自己勤奋和坚毅的品质，而这正是那些更迟缓的年轻人不得不要加以发挥的。事实也证明，在构成品格的所有因素中，这都是极有价值的组成因素。戴维说："我所拥有的东西，造就了我自己。"这个道理放诸四海而皆准。

归根到底，最好的修养，较少是上学的时候从老师那里获得的，更多的是在我们成人之后通过勤勉刻苦的自我教育而获得的。因此，做父母的大可不必急于看到自己孩子的天才而拔苗助长。让他们耐心地关注、耐心地等待吧，让良好的榜样和从容的训练去完成它们的工作，剩下的就交给天意了。留心让孩子自由发挥自己的身体力量，从而为他储备下健康的体魄；堂堂正正地把他送上自我修养的大道，细心周到地培养他们勤奋和坚毅的习惯。当他年岁渐长，只要他有优良的素质在身，他就能够精力充沛、富有效率地培养自己。

第 12 章

榜样的力量

人在此生中的行为，都是一条因果之链的起点，而这根链条是如此之长，以至于任何人类远见都没有高明到足以让我们看清它的终点。

——马姆斯伯里的托马斯

孩子可以被扼杀，但行为决不可以；它们拥有不可毁灭的生命，无论是在我们的意识之中，还是之外。

——乔治·艾略特

1

榜样是最有说服力的老师之一,尽管它的教导是无声的。通过行动进行学习的"人类实践学校",总是比言词更有说服力。言传的教诲,或许可以给我们指路,但正是连续不断的无言榜样,让我们始终追随,它们通过行为向我们传达教诲,在现实生活中与我们相伴相随。良好的忠告自有其分量,但要是没有良好的榜样相伴相随,它也影响甚微。人们会发现,常言所说的"照我说的做,别照我做的做",在实际生活经验中,通常是反过来的。

所有人都或多或少倾向于通过眼睛而不是通过耳朵去学习。现实生活中的亲眼所见,留下的印象总远比纯粹读到的或听来的东西更深刻。小时候尤其如此,那时,眼睛是知识的主要入口。他们不知不觉间变得像他们周围的人,就像昆虫染上了它们所吃的树叶的颜色一样。因此,家庭教育极其重要。因为,无论学校的作用有多大,家里的榜样,对于我们未来成年男女品格的形成,总是有着更为重大的影响。家庭是社会的结晶体,是民族性格的核心。支配公众生活和私人生活的习惯、原则和箴言,都是从这个源泉中流淌出来的,它要么纯净,要么肮脏。民族来自于保育室。公众意见本身,在很大程度上是家庭的派生物。最好的博爱,来自家庭温暖的炉边。伯克说:"热爱我们所属于的社会小团体,就是公共友爱的起源。"从这个小小的中心点,人类的同情之心可以不断扩大至更宽广的圈子,直至包蕴整个世界。因为,真正的博爱,就像善行一样,尽管始于家庭,但肯定不会止于家庭。

因此,行为中的榜样,即使是那些看上去无足轻重的琐事,也并非微不足道、转瞬即逝,因为它经常与他人的生活交织在一起,并对他们性格的形成起到或好或坏的作用。父母的品格经常在孩子的身上再现，他们日常生活中作为榜样的友爱、守纪、勤奋、克己的行为，当孩子们通过耳朵学来的知识被长久遗忘的时候，它们还依然活着，还在发挥作用。因此，明智之士总是习惯于把孩子视为自己的"未来状态"。即使是一位母亲的无声行动和不自觉的一颦一笑，也会在孩子的品格中烙下永不磨灭的印迹。谁能说出有多少恶行被善良父母的思想所阻止，而他们留在孩子心目中的记忆不会被卑劣行为所玷污、不会被不良思想所放纵？极其琐碎的事情就这样对人的品格产生了极其重大的影响。韦斯特说："母亲轻轻的一吻，让我成了一个画家。"一个孩子在未来要成为一个快乐而成功的人，其主要依赖的，正是这样一些表面看来微不足道的琐碎小事的指引。

福韦尔·巴克斯顿，当他在生活中拥有了一个显赫而有影响力的位置时，写信给他妈妈说："我常常感觉到，尤其是在为他人而行动、而努力的时候，您早年灌输给我的原则在我头脑中所产生的影响。"巴克斯顿还总是怀着感激的心情回忆起自己对一个目不识丁的人所欠下的恩情，此人是个猎场看守人，名叫亚伯拉罕·普拉斯托，巴克斯顿小时候总是跟他一起玩耍、骑马、运动，他既不会读书也不会写字，却充满天生的良好判断力和与生俱来的智慧。"使得他特别有价值的，"巴克斯顿说，"是他的诚实和荣誉原则。我母亲不在场的时候，他从不说，也不做一件她所不赞成的事情。他总是恪守诚实正直的最高标准，用纯洁而慷慨的情感填充我年轻的头脑，这种纯洁和慷慨，只有在塞涅卡或西塞罗的著作中才能找到。这就是我最早的老师，我还要说，也是我最好的老师。"

兰代尔勋爵回想起母亲为他树立的榜样时，声称："如果把整个世界放在天平的一头，母亲放在另一头，世界就显得轻如鸿毛。"希梅尔彭宁克夫人[①]晚年的时候，总是回想起母亲对自己生活的那个社交圈子所发挥

[①] 希梅尔彭宁克夫人，即玛丽·安妮·高尔顿（1778—1856），英国作家，她丈夫希梅尔彭宁克是一位瑞典烟草商。

的个人影响。当她走进房间的时候，会让人们谈话的声音立即升高，就好像是净化了道德空气一样——所有人看上去都仿佛呼吸得更加自由，站得也更直。"她的到场，"这位女儿说，"使我一下子就变成了另一个人。"道德健康对其所呼吸的道德空气的依赖是如此之大，父母在日常生活中对孩子们所发挥的影响是如此之大，以至于最好的家庭教育体系或许可以概括为4个字："改进自己"。

2

有一种观点颇有几分庄重、几分威严，说的是：一个人的一言一行，无不带着一条长长的因果之链，这条长链的尽头，我们永远无法追踪。在某种程度上，任何一个人，都在给我们的生活带来一种色彩，都在不知不觉中影响着周围人的生活。良好的言行，即使我们可能看不到它开花结果，但它一直活着，不过，卑劣的言行也会这样。谁也不会无足轻重到可以肯定他既不会产生好的影响也不会产生坏的影响。人的精神是不死的：他们依然活着，依然在我们当中到处走动。理查德·科布登去世的时候，迪斯雷利先生在下院发表的一番讲话说得很好，也很真实："他是这样一些人当中的一员：尽管他们不在了，但他们依然是国会中的议员，他们不受国会的闭会解散、选民的反复无常甚至岁月推移的影响。"

在人的生命中，的确存在着不朽的因素，即使在这个世界上也是如此。天地间没有哪个个体是茕茕孑立的，他是一个互相依存体系的组成部分，通过他的个人行为，既可以增加也可以减少古往今来直至永远的人类善行的总量。现在乃是扎根于过去当中，我们祖先的生活和榜样，依然在极大程度上影响着我们，因此，我们正是通过自己的日常行为，对未来环境和品格的形成发挥着作用。人，就是在此前若干世纪所有人的培植下，生根发芽，开花结果。活着的一代，延续着行为和榜样的富有魅力的洪流，使最久远的过去和最遥远的未来紧密相连。没有哪个人的行为会彻底消亡，尽管他的肉体可能会化为尘土和空气，但他的良好或恶劣的行为，依然会依据其善恶而结出相应的果实，永远影响着未来的一代又一代人。人类的巨大危险和责任，正是存在于这个重大而严肃的事实当中。

巴比奇先生在他的一部著作中有力地表达了这个观点，我在这里斗胆引用他的这段话："每一个原子，都留有或善或恶的印记，同时保持着圣哲先贤赋予它的运动，以无数种方式，与所有毫无价值的基本物质相混合、相联结。空气本身就是一座巨大的图书馆，在它的书页上，写着人类不断在诉说、在念叨的那'永恒'的一切。在它们不可改变但正确无误的品格中，混合着最早的和最晚的对死亡宿命的叹息，它们代表永恒，记录下了那些没有践履的誓词和无法实现的诺言。在每个粒子的联合运动中，它们让人的易变意志的证词永远不会被遗忘。但是，如果空气就是我们所表达情感的忠实历史记录者的话，那么同样，土地、天空和海洋，就是我们行为的永恒的目击证人。作用力与反作用力相等的原理，同样适用于它们。任何由大自然的力量，或者由人类的中介而留下的运动痕迹，都不会永远湮没无闻。……倘若万能的上帝在第一个杀人犯的额头上烙下了不可磨灭而清晰可见的罪行标记的话，那么他也同样订立了这样的法律：每一个后来的罪犯也同样被枷锁在他罪行的证词上，这个证词是不可撤销的。因为他肉骨凡胎的每一个原子，无论它被分割的粒子会有怎样的移动改变，都会通过每一次联合，通过某种运动（这种运动正是源自那种用以犯下罪行的肌肉努力），依然牢牢地粘附着它。"

因此，我们所说所做的，以及我们所闻所见的，其所带来的影响，其所赋予的色彩，都无远弗届，不仅遍及我们整个的未来生活，而且也让它自身粘附在整个社会构架之上。我们或许没有可能（确实也不可能）追踪这种影响会在我们的孩子、朋友和同事中产生怎样的不同结果，但它确实一直在发生作用，永不停息。这当中，就蕴含着良好榜样的重大价值——这种无声的教诲，即使对最贫穷、最渺小的人而言，也能在他的日常生活中发挥作用。没有人会如此卑贱，除非他没有从别人那里得到这种简朴却宝贵的教诲。即使是最卑微的处境，也可以这样让它变得有益，放置在低处的明灯，与置于高山之巅的，一样忠实地发放光芒。在所有的地方，在几乎所有的环境下，无论表面上有多么不利——在牧羊人的沼泽小屋里，在棚屋茅舍的小村庄，在大城市的狭窄小巷中，真正的人都能够逐步成长。有的人，他所耕种的土地甚至不比其埋骨之地更大，但他也可以像万顷良田的继承人一样诚实地工作，朝着一样良好的目标努力。因此，最平凡的工场，一方面可以是勤奋、知识和美德的学校，另一方面也可能是懒惰、愚蠢和堕落的课堂。这全在于个人，在于他们对出现在自己面前的向善时机的利用。

3

过得很有意义的一生，持身正直的品格，是一笔不小的遗产，既是留给儿孙的，也是留给世界的。因为这是最有说服力的品德课程，是对恶行的严厉责难，同时也是最佳财富永不枯竭的源泉。蒲柏在回击赫维勋爵的讽刺挖苦时说："我认为，这足以让我的父母决不要我为之付出羞愧的代价，就像他们已经做到的那样；也足以让他们的儿子决不要他们付出流泪的代价，就像他也已经做到的那样。"那些能够说出这话的人，都是好样的。

告诉他人该做什么是不够的，而应该向他们展示"做"的实际榜样。奇泽姆夫人向斯托夫人介绍自己成功的秘诀时所说的话，适用于所有人的生活。"我认识到，"她说，"如果我们想要做成某件事情，就必须动手去做，夸夸其谈无济于事——什么用处也没有。"唯一显示一个人能说多少的，正是浅薄的口才。倘若奇泽姆夫人仅仅满足于夸夸其谈，她相信，自己的计划也就永远停留在她说的范围之内。但如果人们看到了她正在做什么以及实际上已经实现了什么，他们就会同意她的观点，并主动来帮助她。因此，对社会最有益的劳动者，既不是说得最漂亮的人，也不是想得最崇高的人，而是拿出最有说服力的行动的人。

诚实可靠的人，即便是处在最卑微的生活环境中，他也是精力充沛的实干家，因此也会极大地促进善良的行为，这和他们在社会中的实际地位完全不相称。托马斯·莱特当然也可以高谈罪犯的改造，约翰·庞兹①可以放论贫民学校的必要，而什么都不做，但他们并没有这样，而是着手行动，满脑子想的都是"做"，而不是"说"。就连最穷的人，也能对社会发挥很大的影响。这种影响有多大呢？就听听贫民学校运动的倡导者格思里博士是怎么说的吧，他谈到了朴次茅斯那位地位微贱的皮匠约翰·庞兹，谈到了他的榜样对自己的事业生涯所发挥的影响：

导致我走上这条道路的，是一个怎样的榜样所发挥的影响啊，冥冥之中，一个人的命运（他的生命历程就像一条江河）可以被非常卑微的环境所决定、所影响。更奇怪的是（对我而言回想起来至少是很有趣的），导致我最初对贫民学校产生兴趣的是一幅画，这幅画是在一个古老、阴暗、破败的小镇上见到的，小镇坐落在福思河口的岸边，那里是托马斯·查默斯的出生地。许多年前我去寻访这个地方，因为饥肠辘辘而走进了一家小酒馆，我发现屋子里挂满了许多画，有拿着曲柄杖的牧羊女，有穿着休闲服的水手，都不是特别有意思。但是，在灯罩的上方有一幅大画，比旁边的那些画更可观，画的是一个皮匠的小屋。皮匠本人也在画面上，鼻子上架着眼镜，一只旧鞋夹在两膝之间——宽敞的前额和坚定的嘴唇显示出目标坚定、决心果断的性格，他浓密的眉毛下面，闪烁着仁爱的光芒，洒向许多围绕在这位忙碌的皮匠身边听他讲课的衣衫褴褛的男孩女孩。我的好奇心被唤醒了，根据题款我知道了这个人的

---

① 约翰·庞兹（1766—1839），英国的一个瘸腿皮匠，曾发起创办了收留穷苦儿童的贫民学校。

名字：约翰·庞兹，朴次茅斯的一个皮匠，他对大量的穷苦孩子怀有深切的同情，这些孩子被牧师和地方长官们，被淑女和绅士们所弃置不顾，任由他们流落街头，自生自灭。他是怎样像个牧羊人那样聚拢这些悲惨不幸的流浪者，怎样训练他们面对上帝和世界啊，他又是怎样在辛苦流汗、挣钱糊口的同时从痛苦中救出了不下于500个孩子，并让他们回归社会。我为自己感到羞愧。我为自己做得太少而深感自责。我的感情被触动了。我对这个人所做出的成就深感震惊。我清楚地记得，在瞬间的狂热之中，我对同伴所说的话（即使在冷静的时候，我也看不出有什么理由收回我的话）："这个人是人类的荣耀，值得为他竖起一座英国最高的纪念碑。"我开始留心这个人的生平事迹，发现他在上帝"怜悯这众人"①的精神激励下而生气勃勃。约翰·庞兹还是个很聪明的人，像保罗一样，当他不能以任何别的方式赢得一个孩子的时候，就会用技巧去赢得他。你会看到，他正沿着码头追赶一个衣衫褴褛的孩子，强迫他去学校上课，所借助的，不是警察的力量，而是一只烤马铃薯的力量。他知道爱尔兰人都喜欢马铃薯，因此约翰·庞兹一边奔跑，一边像个爱尔兰人一样将一只马铃薯伸到那孩子的鼻子底下，热气腾腾，外表像他本人一样粗糙。总有一天，荣誉会降临到他的身上，这是他应得的，到那时，我可以设想，那些其名声被诗人们高声吟唱、其纪念丰碑已拔地而起的人群，正像波浪一样分崩离析，像这块土地上那些伟大、高贵而有力的人一样风流云散，而这个贫穷、微贱的老人，正迈步向前，接受上帝的特别宣告："这些事你既做在我这弟兄中一个最小的身上，就是做在我身上了。"②

---

① 语出《新约·马太福音》8：2。
② 语出《新约·马太福音》25：40。

4

品格教育在很大程度上是一个榜样问题,我们是那样不知不觉地按照周围人的品格、举止、习惯和看法塑造我们自己。好的规则可以发挥很大的作用,而好的榜样,其作用则还要大得多。因为我们是从榜样的身上获得行动的指导、工作的智慧。好的训诫加上坏的榜样,只能是一手建构而另一手推倒。因此,小心谨慎地选择同伴,有着至关重要的意义,尤其对年轻人而言。年轻人身上有一种独特的吸引力,它不知不觉地让他们彼此吸收、互相同化。

埃奇沃斯[①]先生深信,由于意气相投,年轻人总是不知不觉地模仿他们交往频繁的同伴,或者受其感染。因此他认为,教会他们选择最优秀的楷模是至关重要的。他的名言是:"要么没有同伴,要么是好同伴。"科林伍德勋爵写信给一位年轻朋友说:"记住这句至理名言:宁可独来独往,不要低劣同伴。要让你的同伴和你一样出色,或者比你更优秀。因为一个人的价值,总是取决于其同伴的价值。"著名的西德纳姆医生的看法是:每一个人,仅仅因为与好人或坏人说过话,而迟早会变得更好或更坏。彼得·莱利爵士的信条是:决不看一幅糟糕的画,即使你能补救它,要相信,无论什么时候只要你看了,你的画笔就会受它的感染。所以,无论是谁,只要他喜欢经常凝视一个品质恶劣的人类样本,并频繁地与他的社交圈子来往,他就不能不逐渐被这样的榜样所同化。

因此,寻找优秀的伙伴,并且总是瞄准比自己更高的标准,对年轻人来说是明智的做法。弗朗西斯·霍纳在谈到与品格高尚的才智之士之间的私人交往给自己带来的好处时,说:"我毫不犹豫地宣布,我在知识上的进步,从他们身上得到的,比从我翻阅过的所有书本上得到的还要多。"谢尔本勋爵(后来的兰斯多恩侯爵)年轻时拜访过德高望重的梅尔

---

① 玛丽亚·埃奇沃斯(1767—1849),英国作家,以现实主义小说著名。

歇布，这次拜访给他留下的印象太深刻了，以至于他后来说："我到过许多地方，但我从来没有通过跟任何人的私人交往而受到过如此大的影响。在我的生命历程中，如果说还曾做过什么好事的话，我敢肯定，那是因为对梅尔歇布先生的记忆在鼓舞着我的灵魂。"因此，福韦尔·巴克斯顿总是乐于承认，格尼家族的榜样，对自己早年性格的形成产生了深刻的影响，他总是说："这种影响赋予了我的生命以色彩。"谈到自己在都柏林大学的成功，他承认："我只能把这归功于我对厄尔翰家族的拜访。"正是从格尼家族的身上，他受到自我改进的"感染"。

近朱者赤，近墨者黑。正如旅行者的外衣上，总是保留着他们所经之处的鲜花和灌木的芬芳。那些非常了解约翰·斯特林的人，都曾说到过他对所有与他有私人交往的人所发挥的有益影响。许多人都把自己第一次对更高生命的觉醒归功于他，从他的身上，他们认识到了自己是什么样的人，应该成为什么样的人。特伦奇先生在谈到他的时候说："一旦接触到他高贵的天性，没觉得自身变得更加高贵、得到了更大的提升是不可能的。每当我离开他的时候，就感觉到进入了一种更高的境界，瞄准了比从前所习惯的更加高远的目标。"品格高尚的人总是起着这样的作用。我们不知不觉被他所提升，也不能不像他那样去感受，并获得以同样的眼光看待事情的习惯。这就是人们在精神上互相之间所发生的不可思议的作用与反作用。

艺术家们，也同样感受到了通过与比自己更伟大的艺术家的交往而使自己得到提升。海顿的艺术天才，最初就是这样被韩德尔点燃的。听了他的演奏，海顿的音乐创作热情就立刻被点燃了，不过在当时的环境下，他绝对不相信自己能够写出《创世纪》。谈到韩德尔，他说："一旦拿定主意，他就像霹雳一样点亮音符。"另一次他又说："他没有一个音符不使人热血沸腾。"斯卡拉蒂[①]是韩德尔的另一位热烈崇拜者，追随他

[①] 亚历山德罗·斯卡拉蒂（1660—1725），意大利作曲家，近代歌剧之父。

走遍了整个意大利。后来，每当他谈起这位大师的时候，总是在胸前画着十字，由衷地表示钦佩。

真正的艺术家，决不吝于认可他人的伟大。贝多芬对凯鲁比尼的钦佩是庄重的，他也为舒伯特的天才而欢呼喝彩，他说："千真万确，舒伯特的身上蕴藏着一簇圣火。"诺斯科特①还是个孩子的时候，就对雷诺兹钦佩得五体投地，有一次，这位伟大的画家因出席一次公开会议而来到德文郡，这孩子竟挤过人群，来到雷诺兹身边，近到能够触摸他外套的下摆，诺斯科特说："我心中怀着极大的满足，去触摸他的外套。"这是年轻人的热情在对天才的钦佩中的一次真正触摸。

勇敢者的榜样，对怯懦者是一种感召，他们的到场，使周身的每一个毛孔都兴奋地战栗。因此，英勇的奇迹，常常是在英雄的领导下，由一些才能平平的人所完成的。正是对勇敢行为的记忆，像冲锋的号角声一样，使人热血沸腾。杰士卡②牺牲的时候把自己的皮留下来用作战鼓，以激励波希米亚人的勇气和斗志。伊庇鲁斯亲王斯坎德培③死的时候，土耳其人很想占有他的尸体，那样每个土耳其人就可以切下一块佩戴在自己心脏的附近，希望这样能够沾上一点他生前所表现出来的那种勇气，这样的勇气，他们在战斗中经常领教。当英勇的道格拉斯带着布鲁斯④的心脏去圣地的时候，看见他的一位骑士被撒拉逊人团团围住，正步步紧逼，他从脖子上取下装着英雄心脏的银匣子，掷向敌阵的最密集处，高喊道："在战斗中冲在前面吧，就像您从前习惯于做的那样，道格拉斯将追随您，直至战死。"说着，他向银匣子落下的地方冲了过去，在那里战斗至死。

---

① 詹姆斯·诺斯科特（1736—1841），英国画家，擅长肖像画和讽刺画。
② 约翰·杰士卡（1360—1424），波希米亚（今属捷克）胡斯教派领袖、捷克民族英雄。
③ 斯坎德培（1405—1468），阿尔巴尼亚军事将领，曾多次击败土耳其人的侵略。文中所说的伊庇鲁斯，是爱琴海上的一个古国，位于今阿尔巴尼亚南部。
④ 詹姆斯·道格拉斯（1286—1330），苏格兰军事将领，苏格兰独立战争时期的民族英雄。布鲁斯（1274—1329），即苏格兰国王罗伯特一世（1306至1329年在位）；后文提到的撒拉逊人，是阿拉伯的一支游牧民族。

5

　　传记作品的主要作用，在于其中包含大量高尚品格的楷模。通过记录他们的生平，我们伟大的祖先依然生活在我们当中，他们的高尚行为，也依然活着。他们依然坐在我们的身边，依然牵着我们的双手，为我们提供一直可以学习、钦佩和效仿的榜样。的确，无论谁，只要他留下了自己高贵一生的记录，也就给子孙后代留下了一个永不枯竭的善良之源，因为这给所有的后来人塑造自己提供了一个楷模，为人们注入新的生命，帮助他们获得新生，在自己身上融入他的品格。因此，一本书，如果包含一个真正的人的生平，它也就充满着珍贵的种子。它是一个依然活着的声音，是一种智力资源。用弥尔顿的话说："它是伟大心灵的宝贵血脉，珍藏并铭记着一个超越生命的生命。"这样一本书，将一直发挥着使人得到振奋和提高的影响力。尤其是，有这样一本内容包含最高榜样的书摆放在我们面前，指引我们在这个世界上养成自己的生活方式（最符合我们头脑和心灵的所有需要），是一个我们只能追随和探寻的榜样。

　　就像从未见过太阳的植物或藤蔓，
　　却梦想着它，猜测着它可能在的地方，
　　并尽其所能地攀向它、触摸它。①

　　另一方面，任何一个年轻人，即使把像巴克斯顿和阿诺德这样一些人的传记读得滚瓜烂熟，如果没有感觉到自己的头脑和心灵因此变得更好，没有感觉到自己最好的决心受到了激励，那么他也不可能得到提升。这样的传记可以增强一个人的自信，使他知道自己能够成为什么样的人，能够做什么样的事。有时候一个年轻人可以在一本传记中发现自我，正如科勒乔②在凝视米开朗基罗的作品时感觉到了自己身上的才能正在增

---

① 这节诗引自罗伯特·勃朗宁的《帕拉塞尔苏》（Paracelsus）。
② 科勒乔（1494—1534），文艺复兴高潮时期的意大利画家。

长,他叫了起来:"我也能成为一个画家!"塞缪尔·罗米利爵士在自传中承认,伟大而高尚的法国大法官达古西奥的传记曾经对自己产生了强烈的影响:"我刚刚拿到托马斯的作品集,就怀着敬佩的心情读完了他的《达古西奥的挽歌》(*Eloge of Daguesseau*),他所描绘的这位杰出法官所走过的光荣的生命历程,在极大程度上点燃了我的激情和雄心,在我的想象中打开了新的光荣之路。"

富兰克林总是把自己的优秀和杰出归功于他早年阅读了科顿·马瑟的《论行善》(*Essays to Do Good*),这本书来自于马瑟自己的生活。由此可以看出,好的榜样是如何吸引他人的效仿,并把自己传播到所有国家未来的一代又一代人当中。塞缪尔·德鲁声称,他是以本杰明·富兰克林为榜样,塑造了自己的生活方式,尤其是处事习惯。因此,无法说清一个良好的榜样能产生多远的影响,或影响的终点在哪里(假如它确实有终点的话)。因此,无论是文学作品还是生活本身,保持最好的交往,阅读最好的书籍,以及明智地钦佩并仿效我们在它们当中发现的最好的事情,是有益的。达德利勋爵说:"就文学作品而言,我喜欢只交往最好的伙伴,在我的老朋友当中,它们占主要部分,我渴望与它们更亲密一些。我觉得,重读旧书比初读新书更有益,即使不是更引人入胜的话。"

有时候,一本书中如果包含了一个高贵的生活榜样,随意地拿起它,纯粹是为了消遣而阅读它,也会唤起此前根本没有想到的精神活力。阿尔菲耶里最初是因为阅读普卢塔克的《传记集》(*Plutarch's Lives*)而燃起了对文学的热情。潘普洛纳围城战中,罗耀拉是个军人,当他身负重伤、卧床不起的时候,求人给他弄来一本书,以消愁解闷。有人给了他一部《圣徒传》(*Lives of the Saints*),细读之下,他兴奋不已,于是决定从此之后要投身于创立宗教团体的事业。同样,路德是在熟读《约翰·胡斯的生平与著作》(*Life and Writings of John Huss*)的激励之下,着手他毕生的伟大工作。沃尔夫博士是在阅读《弗朗西斯·沙勿略传》(*Life of*

Francis Xavier）的激发下，开始了他的传教士生涯，这本书在他年轻的胸膛中点燃了最诚挚、最热烈的激情，使他决心投身他毕生的事业。威廉·凯里也是通过阅读《库克船长航海记》（Voyages of Captain Cook），萌发了从事庄严的传教工作的念头。

弗朗西斯·霍纳习惯于在日记和书信中记下对自己的帮助和影响最大的书籍。这些书当中，有孔多塞《哈勒的挽歌》（Eloge of Haller）、约书亚·雷诺兹爵士的《演讲集》（Discourses）、培根的著作以及伯内特的《马修·黑尔爵士传》（Burnet's Account of Sir Matthew Hale）。霍纳说，熟读《马修·黑尔爵士传》（这是一个工作奇人的肖像）使自己的心中充满了热情。谈到《哈勒的挽歌》时，他说："每当我读到这样的人物传记，总是感受到一种兴奋的颤抖，我不知道该把这叫做钦佩、野心还是绝望。"谈到约书亚·雷诺兹爵士的《演讲集》，他说："它接近于培根的著作，没有哪本书比这更有力地激励了我刻苦自学。雷诺兹屈尊告诉这个世界通向成功的阶梯究竟在哪里，他是最早这样做的天才之一。他宣称，人类劳动的力量是无所不能的，这种信心，使得他的读者认识到了这样一种观念：天才更多是后天获得的，而不是先天赋予的。同时，它如此自然、如此雄辩地融合了对卓越的最振奋、最热烈的钦佩赞美，以至于对所有读者而言，没有哪本书能够产生比它更富煽动性的影响。"值得注意的是，雷诺兹本人也把最初激励自己从事艺术研究的动力，归功于阅读理查森对一位伟大画家的报道；同样，海登也是因为阅读雷诺兹的传记，从而燃起了追求同一事业的热情。就这样，一个人勇敢而积极的一生，在具有同样才能和动力的其他人心中点燃了一簇火焰。而且几乎可以肯定，只要付出了同样的积极努力，同样的卓越和成功就会随之而来。榜样的链条就这样一环扣一环，代代相承，无穷无尽。钦佩激发起仿效，使得真正的天才人物永远垂范后世。

6

  能够展现在年轻人面前的最有价值、最有感染力的榜样，就是愉快劳动的榜样。愉快，赋予精神以弹性。快乐的精灵从面前飞过，困难就不会带来绝望，因为心灵获得了欢乐的情趣，便可以去抓住那些很少失手的改进机会。炽热的情绪总是一种健康而快乐的情绪，兴高采烈地工作，会激励他人工作。它赋予最平凡的职业以尊严。最富效率的工作，通常也是热情饱满的工作——它通过心情愉快的人的双手或头脑完成。休谟常说，他宁愿拥有愉快的心情，也不愿愁眉苦脸地拥有一笔每年一万英镑的资产。格兰维尔·沙普在不知疲倦的劳动当中，为了放松自己，常常在夜里参加他弟弟家中举行的轻松愉快的音乐会，唱歌或者演奏长笛、黑管或单簧管，而在礼拜日晚上的清唱剧中（当时演出的是韩德尔的作品），他通常是敲定音鼓。他还沉迷于（尽管很有节制）漫画创作。福韦尔·巴克斯顿也是一个非常快乐的人，特别乐于从事野外运动，经常带着孩子们在乡村周围骑马，以及从事各种各样的家庭娱乐。

  在另一个行动范畴内，阿诺德博士是一个高贵而快乐的劳动者，积极投身于自己毕生的事业，全心全意地训练并教诲年轻人。据他那本值得敬佩的传记讲："在拉勒翰的那个圈子里，最引人注目的事情就是那里的气氛极其健康。在那个地方，每个新来者都立即感觉到，一件伟大而严肃的工作正在进行。他的快乐，以及他的职责，就在于把这件事情做好。由此，年轻人对生活的感觉，被注入了一种无法形容的热情。认识到自己有办法成为一个有用的人，从而也是一个快乐的人，一种奇特的喜悦就攫住了他，心中涌起对那个教导他珍视生活和自身，珍视自己在这个世界上的工作和使命的人的深沉敬意和热烈依恋。所有这一切，都是基于阿诺德品格的宽广和全面，及其惊人的忠诚和真实。他看重所有的工作，懂得其价值，不管这项工作是为了纷繁复杂的社会整体，还是为了个人的成长和保护。所有这一切，没有兴奋激动，没有因为一个工作阶层高于其他的工作阶层而有所偏爱，没有片面地热衷于某个目标；有的只是这样一种谦卑、深刻而虔诚的意识：工作是人在尘世中注定的召唤。为了这个目的，上帝赋予了他各种不同的才能；在这样的环境中，他的天性注定要发展自身，他通向天国的前进道路也将铺平。"在为了公共生活和有益社会而受到阿诺德的熏陶的重要人物当中，有英勇的霍德森，许多年之后，他从印度写信给家里，谈到了他的这位恩师："他所产生的影响在效果上一直是最持久、最显著的。甚至在印度，我还能感觉到这种影响；我无法说得更多。"

7

一个充满活力、勤奋刻苦、诚实正直的人，他在邻居和家人当中能发挥怎样有益的影响，他能为自己的国家完成怎样的业绩，或许没有比约翰·辛克莱[①]爵士的事业生涯更好的例证了，格雷戈尔神父说他是"欧洲最不知疲倦的人"。他原先是个乡村地主，出生于约翰奥格罗特附近一个相当大的庄园里，几乎远离文明的节拍，在一片空旷蛮荒的乡野之地，面对狂暴喧嚣的北海。父亲去世的时候，他还是个16岁的小伙子，家族财产的打理因此很早就移交到了他的手里。18岁的时候，他在凯思内斯郡进行一系列积极的改良工作，最后蔓延到了整个苏格兰。

当时，那里的农业尚处于最落后的状态，牧场没有围栏，土地没有灌溉，凯思内斯郡的小农们穷得几乎养不起一匹马或骡子。艰苦劳作和家庭重担主要由妇女承担，一个农夫如果丢失了一匹马，那么娶个老婆作为最廉价的替代品也不是什么稀罕事。那里的乡村，既没有大路，也没有桥梁。从南方来的牲口贩子们赶着他们的牲口，不得不和这些畜牲

---

① 约翰·辛克莱（1754—1835），英国政治家、作家。

们一起游水过河。进入凯思内斯郡的主要途径，是一条沿着山腰架设的栈道，距离大海的垂直高度大约是 100 英尺，脚下海浪汹涌，惊涛拍岸。约翰爵士虽然还只是个年轻人，但他决定修一条大路越过本凯尔特山，然而，那些事不关己高高挂起的老地主们却以怀疑和嘲笑的态度对待他的计划。他决定自己投资修这条路，一个夏日的清晨，他纠集了大约 1200 名工人，让他们同时开工。他亲自指挥他们劳动，亲临现场用自己的榜样激励他们。天黑之前，那条险象环生的羊肠小路（总长 6 英里，几乎无法让马匹通行）就像是变戏法一样，被弄成了一条可以通行四轮马车的康庄大道。这样一个鼓足干劲、指导有方的引人注目的榜样，不可能不对周围的人产生有益的影响。

接下来，他继续修筑道路，建造工厂，架设桥梁，围垦荒地。他引入了改良的栽培方法和定期轮作，发放小额奖金以鼓励勤奋。就这样，他很快在自己影响所及的范围之内加速了社会整体结构的改良，给当地的土地耕种者注入了全新的精神。作为北方最难进入的地区之一——文明的"死角"，凯思内斯郡因为它的大路、它的农业和渔业而成了模范郡。在辛克莱年轻的时候，邮件是靠信使每周一次徒步运送的。这位年轻的从男爵于是宣布，在每日一班的驿车通到瑟索[①]之前，他决不会罢手。周围的人怎么也不相信这样的事情，以至于在本郡，人们谈到一项绝对无法实现的计划时，习惯使用的口头禅就是："唉，等到约翰爵士在瑟索见到了每日邮件的时候，那事没准会实现吧。"但约翰爵士在有生之年看到了他的梦想实现，每日邮件送到了瑟索。

他的慈善事业的范围逐步扩大。注意到英国羊毛品质的严重退化后（羊毛是当地的主要产品），他立刻着手致力于羊毛品质的改进，尽管自己只不过是个没有官职、所知不多的乡绅。为这个目的，他通过个人的努力，创立了"不列颠羊毛协会"。他自己出资，从外国进口了 800 只绵

[①] 瑟索，凯思内斯郡的首府。

羊，从而带来了实际的改进。结果，著名的切维厄特绵羊被引入了苏格兰。羊农们不承认南方的羊群能在遥远的北方健康成长。但约翰爵士坚持了下来，短短几年之间，仅在四个北方郡内就遍布了不下于 30 万头切维厄特绵羊。所有牧场的价值因此大增，之前值不了几个钱的苏格兰庄园，开始产出丰厚的租金。

辛克莱被凯思内斯郡选入国会，他在这个位置上待了 30 年，很少缺席投票，他的位置给了他更多有用的机会，对此，他从不会粗心地放过。皮特先生注意到他在所有公益项目上不屈不挠的干劲，把他请到了唐宁街，主动提出要帮助实现他渴望的任何目标。换了别人，这时可能会想到自己的利益或晋升，但约翰爵士的答复很有自己的特点，他并不想为自己寻求什么好处，而是明确表示，最让他感到心满意足的奖赏，就是皮特先生能够帮助成立国家农业部。亚瑟·杨与约翰爵士打赌，说他的计划决不会实现，还补充道："你的农业部只能建在月亮上。"但他干劲十足地着手工作，努力唤起公众对这个问题的关注，争取国会中大多数人的支持，最后成立了农业部，他被任命为部长。这个部门的工作成果不必在此细述，但它对农业和畜牧业的促进，很快就被整个联合王国普遍感觉到了，通过它的运作，数万英亩的土地从荒芜贫瘠中恢复了生机。在促进渔业发展方面，他同样不遗余力；英国产业的这些伟大分支在瑟索和维克的成功奠立，主要应归功于他的努力。长期以来，他一直强烈呼吁并最终成功地在维克建立了海港围场，这或许是世界上最大、最繁荣的渔镇。

8

约翰爵士把自己的个人活力投入到了他从事的每一项工作中，唤醒毫无生气的人，激发游手好闲的人，奖励怀有希望的人，让所有人与他一起工作。当一次法国入侵迫在眉睫的时候，他向皮特先生提出，用自己的钱征募一支军队，他做的像说的一样好。他去了北方，征募了一支600人的队伍，后来增加到了1000人。人们承认，这是一支最优秀的志愿兵队伍，自始至终一直被他自己高贵的爱国精神所鼓舞。在担任阿伯丁营地指挥官的同时，他还担任着苏格兰银行董事、不列颠羊毛协会主席、维克市议会议长、不列颠渔业协会理事、财政部钞票发行委员、代表凯思内斯郡的国会议员以及农业部部长。

在从事所有这些五花八门、自愿承担的工作的同时，他甚至还能挤出时间写书，这些书就足以让他立名。美国大使拉什先生达到英国时，说他曾询问霍尔克姆的科克先生，农业方面最好的著作是什么，回答是约翰·辛克莱爵士的著作；当他进一步询问财政大臣范恩塔特先生关于英国财政最好的著作是什么时，回答还是约翰·辛克莱爵士的一部作品：《公共税收史》。不过，对于他不知疲倦的勤奋，有一座伟大的纪念碑，是一部能够把别人吓一大跳，但在他只不过是用来唤醒和维持自己的精神活力的作品，这就是21卷《苏格兰统计报告》，它是有史以来最具实用价值的著作之一。在一大堆其他工作当中，这部著作耗费了他将近8年的艰苦劳动，这期间，他接收并处理关于这一主题的信函多达20000封以上。这完全是一次无私的爱国行动，从中他没有得到任何超出荣誉之外的个人好处。由此带来的全部利益都被他让与了"苏格兰教士之子协会"。这部书的出版导致了公共事业几次大的改进；随之而来的，是几项压迫性的封建特权的废除，正是这部著作引起了人们对这个问题的关注；学校老师和神职人员的薪水在许多教区都得以增加；苏格兰各地的农业得到了很大的促进。接下来，约翰爵士公开提出要承担一项更为艰巨的劳动，就是搜集、出版一部类似的《英格兰统计报告》，但很不幸，坎特伯雷大主教生怕它妨碍了神职人员的什一税，于是拒绝批准这一计划，这个想法就这样泡了汤。

关于他的精力充沛和迅速果断，有一个引人注目的例证，就是他在非常时期为制造业发达地区扶危济困的方式。由战争带来的 1793 年的经济萧条，导致了非常多的企业倒闭破产，曼彻斯特和格拉斯哥的许多大商行都摇摇欲坠，这主要并不是因为缺少资产，而是因为常规贸易和信托的来源暂时中断了。在劳动阶层中，一个剧痛时期眼看着即将来临。约翰爵士在国会敦促财政部向这些濒临破产的商人提供贷款，以确保他们安全度过艰难时期。这个提议被采纳了，他还提议，由他和他所提名的几位议员共同来执行这项计划，这个提议也被接受了。投票在深夜通过，不过约翰爵士早就料到官场作风的拖沓和官样文章的繁琐，于是第二天一大早就亲自去找本城的银行家，以自己的个人担保向他们借贷了总额 7 万英镑的贷款，并在当天晚上分发给了那些急需援助的商人。皮特首相在议院会见了约翰爵士，为曼彻斯特和格拉斯哥的紧迫需求不能得到及时的满足而深表遗憾，并补充道："要在短短几天之内筹集到这笔钱几乎是不可能的。"约翰爵士颇为得意地回答道："这事已经过去了。它搭乘今晚的邮车离开了伦敦。"后来在谈到这则轶事的时候，他笑眯眯地补充道："皮特当时大吃了一惊，那神情就跟我捅了他一刀差不多。"

　　直到最后，这个伟大、善良的人依然在继续愉快而有效地工作着，为家庭和国家树立了一个伟大的榜样。在这样勤勉不懈地为他人谋利益的过程中，可以说他也得到了自己的利益——不是金钱（因为他的慷慨严重减少了他的私人财富），而是幸福，是自我满足，是传播知识时的平静。他是一个伟大的爱国者，有着非凡的工作能量，高贵地履行了自己对国家的责任。但他并没有忽视自己的家庭。他的儿女们都成长为受人尊敬、有益社会的人。行将 80 之年，约翰爵士自豪地说，自己在有生之年看到了 7 个儿子都长大成人，没有一个人惹上他无法偿还的债务，没有一个人给他带来本可以避免的悲痛。能够说出这样的话，应该是他一生中最值得骄傲的事情之一。

第13章

品格：真正的绅士

才能是在平静的地方发展起来的，而品格，则是在人类生活的汹涌潮流中磨练出来的。

——歌德

它使一个国家崛起、强大、尊贵——施展她的力量，创造她的影响力，让她受到尊敬和顺从，让数以百万的心灵折服于她，让各民族的骄傲屈从于她；它是使人服从的手段，是至高权威的源泉，是一个民族真正的王座、冠冕和权力；这样的精英，不是血统的精英，不是时尚的精英，也不仅仅是才能的精英；它是品格的精英。这才是真正的王者。

——《泰晤士报》

1

  品格，是生活中的王冠和荣耀。它是一个人所能拥有的最高贵的东西，它本身就构成一种社会地位，就普遍善意而言，它就是一笔财产。它使每一个岗位变得尊贵，提升每一个社会阶层的地位。它发挥着比财富更巨大的威力，它赢得所有的荣誉，而又没有招人嫉妒的名声。它携带着永远都在发挥作用的影响力，因为它是荣誉、正直和始终如一的结果。品格，或许比所有其他东西更能赢得人类的普遍信任和尊敬。

  就其最好的形态而言，品格是人类的天性。它是道德秩序在个体身上的具体体现。品格高尚的人，不仅仅是社会的良心，而且在每一个治理良好的国家，它都是社会最好的动力，因为就一般而言，统治世界的，正是道德品质。即使在战争中，拿破仑说，道德与肉体相比，就像 10 和 1 一样。民族的力量、勤劳和文明，全都取决于个人的品格，国家安全的基础也正是依赖于它。法律和制度只不过是它的派生物。在大自然公正的天平上，个人、民族和种族，将获得它们应得的分量，不会有更多。正如努力总会找到它的目标一样，人民身上的品格质量，也肯定会产生它恰如其分的结果。

  一个人即便没什么文化，能力很小，财富很少，但是，如果他的品格货真价实的话，他就会一直发挥着他的影响力，无论是在工场、账房、集市还是在议院。1801 年，坎宁[①] 很明智地写道："我的道路，必须是从品格通向权力，我不会尝试其他的途径。我足够乐观地相信，这条路径，尽管多半不是最快捷的，然而却是最稳妥的。"你可以钦佩人们的智力，

[①] 乔治·坎宁（1770—1827），英国政治家，曾担任外交大臣和首相。

但在你信任他们之前，某些东西更是必不可少的。因此，约翰·罗素爵士曾一语道破："寻求才智之士的帮助、听从品格之士的领导，正是英国政党的特点。"

已故的弗朗西斯·霍纳先生（西德尼·史密斯曾说《十诫》就烙在他的脸上），他的事业生涯显著证明了这一点。科伯恩勋爵说："使得他的经历注定要鼓舞每个正直青年的那种宝贵而奇特的光芒，正是这个。他死的时候只有38岁，却拥有比任何其他民间人士都要大的公众影响力。他受到所有人的钦佩、热爱和信任，每个人都为他的去世而感到悲痛，除非是冷酷无情之辈，或者卑鄙无耻之徒。议会还从未对任何去世的议员给予过比这更大的敬意。现在，让每个年轻人都来发问吧——这一切是如何实现的呢？是凭借社会地位吗？他是爱丁堡一位店主的儿子。是凭借财富吗？无论是他本人，还是他的亲属，都身无余钱。是凭借职务吗？他只担任过一个公职，为期不过几年，没什么权力，而且薪水也很微薄。是凭借才能吗？他的才能并不超凡出众，也不是什么天才。他谨慎而迟缓，唯一的野心就是要做一个正直的人。是凭借口才吗？他说话平静沉着，品味得体，没有任何语惊四座、蛊惑听众的演讲技巧。是凭借迷倒众生的翩翩风度吗？他仅仅是合乎礼仪、令人愉快而已。那么，到底是凭借什么呢？他所凭借的，只不过是判断力、勤奋、正确的原则和善良的心——这些品质是任何健全心灵都能通过努力获得的。正是他的品格力量使他崛起。这样的品格，并不是天生带来的印记，而是通过自己的努力逐渐形成的，并不需要特别好的基础。在议会下院中，有许多能力和才干都要优秀得多的人。但说到把足够多的这些素质与道德价值结合在一起，没有一个人超过他。天生霍纳，就是要向我们表明：平平常常的能力，哪怕这些能力是在公共生活的竞争和妒嫉中表现出来的，只要借助修养和善良的力量，就能够达到怎样的高度。"

作为一个公众人物，富兰克林也并没有把自己的成功归功于能力和口才——因为他这些方面的能力也不过平平而已——而是归功于他众所周知的诚实品格。因此，他说，正是这种品格，"才使得我能够对我的同胞发挥如此大的影响。我不过是个糟糕的演说者，绝对谈不上口才，演讲时我不得不斟词酌句、大费踌躇，几近语无伦次，但我的观点通常能得到听众的赞同"。品格带来信任，无论身处高位，还是处境卑微。有人谈到俄国的第一位皇帝亚历山大，说他的个人品格就相当于一部宪法。投石党战争①期间，蒙田是唯一守住了城堡大门的法国贵族，有人说他的个人品格抵得过一个团的骑兵。

2

品格就是力量，在更高的意义上，这种说法比"知识就是力量"更正确。头脑如果没有心灵，智力如果没有操行，聪明如果没有善良，那是阻挡的力量，是只会带来伤害的力量。我们或许会听从这些力量的驱使，或许还会喜欢它们，但有时候，要钦佩它们，就像钦佩扒手的灵巧、钦佩劫匪的马术一样难。

诚实、正直和善良（这些品质并不依赖于任何人的言辞），构成了高贵品格的基本要素，或者，就像我们一位老作家说的，它是"对美德的与生俱来的忠诚"。拥有这些品质的人，结合强大的意志力，他就拥有了不可战胜的力量。他躬行善举的时候是强大的，抵抗恶行的时候是强大的，在困难和不幸中振作起来时，也是强大的。当科隆纳的斯蒂芬落入卑鄙的攻击者之手的时候，他们轻蔑地问他："如今你的堡垒在哪里呢？"他把手放在自己的心上，勇敢地回答："在这里。"正是在灾难中，正直者的品格才放射出最明亮的光彩。当所有别的手段都不奏效的时候，他

---

① 投石党战争（1648—1653），路易十四未成年期间在法国发生的一系列内战，是法国大革命以前对君主制权威最严重的一次挑战。

只能依靠他的正直、他的勇气。

厄斯金勋爵是一个严格遵守独立自主的原则、一丝不苟地坚持真理的人，他所遵循的行为准则，值得每个年轻人铭记在心。他说："我年轻时得到的最早的命令和忠告是：永远做我的良心告诉我必须去做的事情，而把结果交给上帝。我铭记父母的教诲，我信赖这个准则，我将把它带在身边，直到走进坟墓。我至今仍在遵循它，我没有理由抱怨我对它的服从是一种现世的牺牲。相反，我在这个准则中找到了通往成功和财富的道路，我要向我的孩子们指出同样一条路，让他们去追寻。"

每个人都要把拥有优秀的品格作为自己最高的人生目标之一。要努力借助值得尊敬的手段去获得它，这种努力，会为你提供发奋的动力。你的男儿气概会随着品格的提升而不断增长，这种气概又会使得你的动力不断得到稳固，变得更有生气。生活中有一个很高的目标是值得赞赏的，即使我们或许并不能完全实现它。迪斯雷利先生说："不向上看的年轻人就会向下看，不翱翔天际的灵魂多半会匍匐在地。"乔治·赫伯特说得好：

行动自低处着手，计划从高处着眼，
这样你就会举止谦卑、襟怀无边。
不要在精神上沉沦，目标对准苍天，
总会比对准树梢要射得更高更远。

在生活和思想上有更高目标的人，肯定会比压根就没有目标的人做得更好。苏格兰谚语云："猛扯一件金袍，或许只能得到一个袖子。"任何人只要力求最好的结果，不可能最后还待在他起步的地方，尽管到达的地方可能离预定的目标还有差距，但这种积极向上的努力，总是会证明目标本身是有益的。

3

品格也有许多假冒伪劣的货色，但货真价实的东西并不容易看走眼。有些人懂得它的货币价值，而为了欺骗粗心大意的人会谎称它是假的。查特里斯上校对一个以诚实著称的人说："我愿意拿出 1000 英镑换你的美名。""为什么？""因为我能用它挣到 1 万英镑。"这个恶棍回答道。

言行上的诚实正直，是品格的脊梁骨。忠实地坚持诚实，是它最显著的特征。关于罗伯特·皮尔爵士的品格，有一段最好的证词，那是这位伟大的政治家去世几天之后，威灵顿公爵在上议院所发表的。公爵说："诸位想必都感觉到了已故的罗伯特·皮尔爵士高尚而可敬的品格。我和他在公共生活中交往多年。我们俩都在国王陛下的顾问班子里供职，长期以来我有幸分享他的私人友谊。在与他相熟相知的整个过程中，对于他的真诚和公正，我寄予了最大的信任；在他的身上，我看到了一种始终如一的渴望，那就是要促进公共事业的发展。在与他交往过从的整个过程中，我了解到，在任何场合，他都表现出了对真理最强烈的忠诚。在我整个一生中，我从来看不出有丝毫理由怀疑他陈述了任何自己并不坚信的事情。"这位政治家这种高尚的诚实品格，无疑是他大部分影响和力量的奥秘之所在。

既有"行"上的真诚，也有"言"上的真诚，它们是正直品格的基本要素。一个人必须真正做到表里如一，做到目标和行为如一。一位美国绅士写信给格兰维尔·沙普说，由于敬重他的高尚品格，他给自己的一个儿子也取名"格兰维尔"。沙普答复道："我请您务必告诉他，跟他同名的这个家族有一句特别喜爱的格言，那就是：你希望自己看上去是个什么样的人，就要始终竭尽全力真正成为这样一个人。这句格言，当我的父亲告诉我的时候，他老人家就一直谨慎、谦卑地践行着，作为一个平凡而诚实的人，他的真实诚恳，因此成了他的品格的主要特征，无论是在公共生活中，还是在私人生活中。"每个既尊重自己，也看重得到别人尊重的人，都会把这句格言落实到行动上——诚实地去做他决心要做的事情，把最高尚的品格注入到他的工作中去，并为自己的诚实和尽责而感到自豪。有一次，克伦威尔对伯纳德（一个很聪明但多少有点不择手段的律师）说："我听说你近来非常机警，别太相信这个；聪明反被聪明误，但诚实决不会误你。"言行不一的人，得不到任何尊重，他说什么也不会有多少分量；即使是真理，从他们口里说出来的时候也仿佛是诅咒。

纯正的品格，肯定会对人产生作用，无论是在大庭广众之下，还是无人暗室之中。那个受过良好训练的孩子，当有人问他为什么在无人看见的情况下也不去摘几个桃子的时候，他回答道："是的，这儿确实没别人看见，但我自己看见了，而我永远不想看到自己做不诚实的事情。"这就是一个虽然简单却非常恰当的例证，它说明：原则（或良心）在人的品格中占有支配地位，担当着他高贵的保护人；它不仅仅是一种被动的影响，而且是一种积极的力量，在控制着生活。这样的原则，每时每刻都在塑造着人的品格，并随着力量的增长而发挥着越来越大的作用。没有这种支配性的影响力，品格也就没有了保护，从而总是容易在诱惑面前销声匿迹；每一次向诱惑低头，每一次卑劣或不诚实的行为（无论多么轻微），都会导致自我堕落。这样的行为，是成是败，是隐是显，并不重要；重要的是，犯下恶行的人就不再是原来的自己，而成了另一个人；他会被隐秘的不安、内心的自责或者那种我们称之为"良心"的东西所苦苦纠缠，这就是有罪之人在劫难逃的厄运。

4

这里，我们或许可以看到，良好习惯的培养，对品格的巩固和支持能发挥多么大的作用。有人曾说，人就是一大堆习惯；而习惯就是人的第二天性。关于在思想和行动中，重复有着怎样的力量，梅塔斯塔齐奥抱有一种强烈的观点，他说："人类身上的一切，都是习惯，甚至包括美德本身。"巴特勒在他的《宗教类比》(*Analogy*)中让人强烈认识到：要把美德培养成一种习惯，耐心细致的自我训练和对诱惑的坚决抵抗是如何重要，这样，行善最终就会变得比作恶更容易。他说："正如身体的习惯是由外部行为所产生的一样，心理习惯的产生，是来自对内在的实践意图的践行，也就是，将这些意图付诸行动，或者按照它们的要求行事，这种要求，就是顺从、诚实、公正和仁厚的原则。"另外，布鲁厄姆勋爵也强调了磨练和榜样在年轻人身上的重要性，他说："我把人世间所有的事情都寄望于习惯，古往今来的立法者和为人师长者，都把他们的信心主要寄托在习惯上面。习惯，使得每一件事情变得容易，并让困难偏离了它惯常的方向。"

因此，让节制成为一种习惯，放纵就会令你憎恶；让节俭成为一种习惯，不计后果的肆意挥霍就会变得与调整个人生活的每一项行为准则背道而驰。因此，有必要拿出最大的细心和警觉，来防止邪恶习惯的侵蚀，因为品格在它曾经让步的那个关键点上总是最软弱的。很早之前就确立起来的原则，能够变得非常坚固，以至于一个人再也无法撼动。一位俄国作家说得好："习惯就是一条珍珠项链，解开绳结，它就完全是散的。"

无论在什么情况下，习惯一旦形成，就会不知不觉地发挥作用，而且毫不费力。只有当你与习惯对抗的时候，你才发现它已经变得多么强大。做了一遍又一遍的事情，很快就驾轻就熟。习惯，最初看起来似乎并不比蜘蛛网更有力量，但它一旦形成，就像铁链一样把你绑得牢牢的。生活中的小事，一件一件地发生，或许看起来还非常琐碎，就像静静落下的雪花，一片接一片，然而逐渐积聚，正是这些雪片造成了雪崩。

自尊、自助、专注、勤奋、诚实，所有这些都是习惯成自然，而不是来自信念。事实上，这样那样的原则，只不过是我们赋予诸多习惯的不同名称而已；因为原则是口号，而习惯则是事物本身：是叫恩人还是叫暴君，要根据他们是善还是恶。事情就是这样发生的：当我们年岁渐长，我们的自由行动和个性就要部分地取决于习惯，我们的行为就成了天命的一部分，我们被自己编结的链条绑得紧紧的。

的确，培养青少年的良好习惯，其重要性怎么评价都不会过分。在他们身上，这些习惯最容易形成，就像刻在树皮上的文字，它们会随着树龄的增长而越高越大。"教养孩童，使他走当行的道，就是到老他也不偏离。"[1] 起点，就蕴含着终点。生活道路上的第一步，就决定了这趟行程的方向和目的地。万事开头难。科林伍德勋爵说："请记住，在你25岁之前，你必须建立起让你终生受益的品格。"随着年龄的增长，习惯不断得到巩固，品格也开始逐渐形成，要转向任何新路都变得越来越困难。因此，忘却常常比记住更难。那位希腊长笛演奏家，正是以这个理由向世人证明：那些被劣等师父教过的学生应该收双倍的学费。根除老习惯，有时候是一件比拔掉一颗牙齿更痛苦的事情，而且也要困难得多。那些力图改正懒惰、浪费或酗酒习惯的人，绝大多数都徒劳无功。因为在所有的情形下，习惯都把自己缠绕到了生命当中，并到处蔓延，直到它成了生命的主要部分，不可能被连根拔除。因此，正如林奇先生所说的："最明智的习惯，就是注意形成良好习惯的习惯。"

就连快乐本身也能成为习惯。有总是看光明面的习惯，也有专爱看阴暗面的习惯。约翰逊博士曾说，总是看到事情好的一面，这种习惯比岁入1000英镑更有价值。我们如果拥有这样一种意志力，它强大到足以让我们对事物的看法朝向快乐和改进的方向，总比朝向相反的方向要好。以这种方式，快乐思考的习惯就可以萌发生长，像其他习惯一样。在许多情形下，培养这种温和的天性、好脾气、好心情，甚至比在知识和学养上完善自己更重要。

---

[1] 语出《旧约·箴言》22：6。

5

　　就像透过很小的孔眼也能看见阳光一样，小事也能看出一个人的品格。高尚的品格，的确就存在于那些做得很恰当、很值得尊敬的细微行动当中。日常生活，正是我们赖以建造品格大厦的采石场，也是打造习惯的原材料。对品格最明显的测试之一，就是我们待人接物的方式。对待长者、下级和同仁时优雅得体的举止，是快乐的不涸源泉。这样做，使他人感到愉快，因为这显示了你对他们人品的敬重，但更让你自己得到了十倍于此的快乐。在很大程度上，每个人都可以是良好举止的自我教育者，就像在所有别的事情上一样。如果他愿意，他就可以温文尔雅而又亲切和蔼，尽管他身无分文。在社会交往中的温和亲切，就像光线无言的力量一样，它赋予万物以色彩，比喧嚣和武力更强大，也更有收获。它安静平和而又不屈不挠地奋勇向前，就像春天里细小的水仙花，仅仅凭借生命的顽强，破土而出。

　　即使是亲切的一瞥，也能让人如沐春风，身心愉快。赖顿的罗伯逊在一封信中说到，一位女士曾对他讲起："一个贫穷的女孩子，礼拜天从教堂里出来，经过我身边的时候，我朝她慈祥地看了一眼，女孩感激得喜极而泣。这是怎样的一堂课啊！多么廉价就能给人以快乐！我们有多少行善的机会啊！我记得做这事，心中充满忧伤，没有更多的想法。它给一个卑微的生命以片刻的阳光，为一颗卑微的心灵暂时照亮了生活的道路。"[1]

　　赋予生命以色彩的道德和礼仪，是远比法律更为重要的东西，法律只不过是它们的表现形式而已。法律总是在这里那里触及着我们，而礼仪却到处环绕着我们，就像我们呼吸的空气一样，遍布整个社会。良好的礼仪，就是良好的举止，它包括谦恭和友善；而仁爱，则是人类社会

---

[1] 原注：罗伯逊《生平与书信》(*Life and Letters*)。

中各种互助互益、愉快交流的主要基础。蒙太古夫人说："对人彬彬有礼，不用付出任何代价，却能买到任何东西。"所有东西当中，最便宜的就是和蔼亲切，它只需要微不足道的一点麻烦和自我奉献。伯利[①]对伊丽莎白女王说："赢得人心，您就拥有了所有人的心灵和钱包。"我们只要让自己的天性温和地表现出来，无需装模作样，无需大耍花招，在社会交往中良好的幽默感和愉快的举止就会带来不可限量的结果。给生活带来小小变化的一点点谦恭，分别来看，本身似乎没有多大的价值，但它们从重复和积累中获得了自己的重要价值。它们就像零碎的空闲时间，或者每天的四个便士，但在一年或者毕生的过程中，显然产生了重大的结果。

礼貌是行为的装饰品，有一种说话亲切、做事温和的方式，可以极大提高这些装饰的价值。看上去万分不情愿去做的事情，或者硬着头皮屈尊俯就的行为，几乎不会被人们当做一种善意来接受。然而还是有人为自己的粗暴而感到自豪，尽管他们拥有美德和才能，但他们的言行举止却常常让他们成为几乎叫人无法忍受的人。一个人，如果总是伤害你的自尊，洋洋自得地对你说一些不愉快的事情，是很难让你喜欢的，尽管他们或许并没有做什么过分之举。而另有一些人，总是以令人厌恶的方式表现他们的谦恭，却又不放过任何机会让自己显得很了不起。当阿伯内西为了圣巴塞洛缪医院一个外科医生的职位而八方游说的时候，他正好拜访了这样一个人，此人是一位富有的杂货商、那家医院的董事之一。这位大人物在柜台后面看见这位伟大的外科医生走了进来，心想这家伙肯定是来求他投票的，于是立即装出一副派头十足的样子。"先生，我猜想，在您一生中的这个重大时刻，您是希望我投您一票并以此发挥影响吧？"从来就憎恨欺骗的阿伯内西，被这种腔调给激怒了，他答道："不，我不是为这个。我要一个便士的无花果。过来，赶快给我包好，要不我就走人。"

---

① 伯利，威廉·塞西尔（1520—1598）的称号，他是伊丽莎白一世的首席顾问。

6

在一个有机会跟别人洽谈商业事务的人身上，礼仪的培养非常必要，虽说一旦过分也不免显得浮华而愚蠢。对一个已经成功地拥有了显赫地位、生活圈子很大的人而言，温和的态度和良好的教养甚至可以被视为本质要素；因为，如果缺少这些，他凭借自己勤奋、诚实、正直的品格所创造的成果有可能在很大程度上被消解，这种情况并不少见。毋庸置疑，的确有少数人，胸怀宽广到能忍受礼仪上的缺失和性格上的棱角，而仅仅把它看作纯粹的真性情。但整个世界并没有这样的宽容大度，不能不主要依据外在的行为而得出判断、形成喜好。

显示优雅有礼的另一种方式，就是尊重他人的观点。有人曾谈到武断，说这只不过是傲慢发展到了极致而已。的确，可以设想，这种德性最糟糕的形式就是固执己见、傲慢自大。让人们保留各自不同的意见吧，而且，当他们意见相左的时候，要一忍再忍。原则和观点，可以用愉快温和的态度来主张，不要动不动就吹胡子瞪眼睛。有些情况下，如果话说得很冲，造成的伤害也就很不容易愈合。为了佐证这个观点，我在这引用一则很有教益的小寓言，那是福音联盟的一个在威尔士边境巡回布道的传教士讲的。他说："一个薄雾迷蒙的清晨，当我正往山里赶的时候，看见某个东西正在山腰上移动，它的样子看上去是如此奇怪，以至于我认为那是个妖怪。当我走近了一些之后，我发现那是一个人。而当我走到他身边的时候，我发现他是我兄弟。"

内在的温文尔雅，来自诚实的心灵，来自和善的情感，它不属于专门的等级或阶层。在工作台边干活的技工可以拥有它，牧师或贵族也可以。任何方面都显得粗俗或鄙陋，绝不是劳动者的必要条件。在任何大陆国家的任何阶层中所表现出来的那种彬彬有礼和举止优雅，也可以成为我们英国人的——随着文明程度的提高和社会交往的更加普遍，它必定会成为我们的，无需牺牲我们作为人的任何更真实的品质。无论高低贵贱，不管贫富智愚，任何社会等级，任何生活环境，没有人天生就拒绝她最高的恩赐：伟大的心灵。除非拥有伟大的心灵，否则就绝不会有真正的绅士。这种伟大的心灵，既能在农夫的粗布灰裰底下，也能在贵族的花边外套底下表现出来。有一次，罗伯特·彭斯在与一位年轻的爱丁堡贵族一起散步时，遭到这个年轻人的责难，因为他在大街上与一位诚实的农夫打招呼。"你怎么这样荒唐，"彭斯叫了起来，"我可不是向大外套、烟囱帽和皮靴丝袜打招呼，我是向裹在衣服里面的人打招呼。而刚才这个人，先生，他的真正价值，任何时候都比10个你我这样的人分量更重。"有些人外表或许非常朴素，在那些无法窥透外表、发现心灵的人看来，他们或许还很粗俗；但是，高尚的品格总是有它清晰的徽章。

7

威廉·格兰特和查尔斯·格兰特是因弗内斯郡一个农夫的两个儿子，一场突如其来的洪水冲走了他们的一切，甚至包括他们耕种的土地。农夫和他的儿子们四顾茫茫，不知何处去找栖身之所。他们一路向南去找工作，直到他们来到兰开夏郡贝里市的附近地区。在沃默斯利附近的一座山顶上，他们俯瞰着面前这片辽阔浩瀚的土地，艾尔韦尔河蜿蜒曲折地穿流而过。他们对周围地区全然陌生，不知道该转向哪条路。为了决定方向，他们竖起了一根木棍，商定就朝木棍倒下的方向走。决定就这样做出了，他们继续前行，直至抵达并不太远的拉姆斯博瑟姆村。他们在一家印刷厂找到了工作，威廉就在这家厂子里当学徒。

他们以自己的勤奋、节制和绝对诚实，赢得了老板的信任。他们继续艰难前行，一步一个脚印，直到最后两个人自己也成了老板。经过许多年的勤奋刻苦、积极向上和宅心仁厚，他们变得富有、荣耀，受到所有认识他们的人的尊敬。他们的纺织厂和印刷厂提供了大量的就业机会。

他们的经营有方和勤奋刻苦，使得艾尔韦尔河流域充满了活力、欢乐、健康和富裕。他们从自己的巨额财富中，慷慨地拿出了相当一部分，投入到所有值得尊敬的目标上：建立教堂，创办学校，千方百计促进工人阶层的福利——他们自己也是从这一阶层走出来的。后来，他们在沃默斯利附近的那座山顶上，竖起了一座高塔，以纪念早年那次决定他们落脚之处的事件。格兰特兄弟因为他们的仁爱之心和诸多善行而远近闻名，据说，狄更斯先生在描写切利贝尔兄弟的品格时，就曾慧眼独具地以他们兄弟做原型。

在许多类似的趣闻轶事中，有一件或许可以用来证明：品格的力量怎么强调都不过分。曼彻斯特的一位批发商出版了一本极其庸俗下流的小册子，对格兰特兄弟的公司恶语相加，还嘲弄那位当哥哥的是"比利纽扣"。有人把这本小册子的内容告诉了威廉，他的意见是：此人会在有生之年为此而后悔。有人把这话报告给了那位诽谤者，"噢！"他说，"他以为我迟早要欠他的债么，我会多加小心的。"然而，真是无巧不成书，生意场上的人，并非总能预见到谁会成为自己的债权人，结果，这位诽谤者成了破产者。如果没有兄弟俩的签字，他的营业执照手续就不完备，也就不能再做生意了。对他而言，去求两兄弟开恩看来是没有指望的，但在家庭的压力之下，他不得不开口求情。就这样，他出现在了那位"比利纽扣"的面前。他讲了自己的遭遇，并拿出了执照。格兰特说："你不是写过一本攻击我们的小册子么？"这位恳求者料想自己的证书肯定会被扔进炉子里，但格兰特并没有这样做，而是签上了名，完成了必要的手续。格兰特递还了执照，说："我们的规矩是，从不拒绝给一位诚实商人的执照签字，而我们也从未听说过您不是位诚实的商人。"这家伙的眼泪开始在眼眶里打转。"噢，"格兰特继续说道，"您瞧，我曾说您会在有生之年为那本小册子后悔，这话没错吧。我的意思并不是要威胁您，我只不过想说，总有一天您会更了解我们，因而后悔曾经伤害我们。""是的，是的，我的确为此感到后悔。""好了，好了，您现在知道我们是什么样的人了。但接下来您怎么办呢？打算干什么？"这个可怜的家伙声称，当执照到手的时候，会有朋友帮他。"但您怎么离开这里呢？"这家伙尽管每个铜板都给了债主，家里不得不节衣缩食，但还是回答说，他能为执照付钱。"我的好兄弟，这个倒不用。但您的妻子和家人可不能这样受苦，您最好是先从我这里拿10个英镑给您的妻子吧。拿着，拿着，好了，别哭鼻子，一切都会好起来的。打起精神，像个男人样开始工作，您会像我们一样抬起头来的。"这个深受感动的家伙哽咽着努力想表达自己的感激之情，但什么话也说不出来。他双手掩面，像个孩子一样哭着走出了门。

8

真正的绅士，他的性格是按照最好的模子塑造成的。正是"绅士"这个庄严而古老的称谓，在所有的社会舞台上被认可为一种身份、一种权力。一位法国老将军在鲁西荣[①]对他的苏格兰贵族军团说："绅士永远是绅士，他总是在紧急时刻、在危难之中证明自己。"拥有这种品格，本身就是一种尊贵，能够赢得每一个心胸开阔者发自内心的敬意，那些不会向头衔屈膝的人，却会向绅士致敬。他的品质不取决于时尚或派头，而是取决于道德价值；不是取决于个人财产，而是取决于个人品德。《诗篇》的作者简明扼要地把他描述为"行为正直、作事公义、心里说实话的人"[②]。

绅士因为他的自尊自重而显得卓尔不群。他看重自己的品格——对此，别人能了解的，不如自己了解的多；他看重内心良知的认可。而且，

[①] 鲁西荣，法国南部与西班牙和地中海接界的一个历史地区，古伊比利亚人最初在此定居。
[②] 语出《旧约·诗篇》15：2。

正如他尊重自己一样，依据同样的准则，他也尊重别人。在他眼里，人类是神圣的，因此他优雅而自制，温和而宽厚。据说，爱德华·菲茨杰拉德①勋爵在加拿大旅行时，随同的有几个印第安人。看到一个可怜的印第安女人背负着丈夫的行囊一路艰难跋涉，而酋长本人却两手空空，爱德华勋爵大为震惊。他马上取下那个女人的包袱，放到自己的肩上。这就是法国人所谓"politesse de coeur"（法语：内心礼节）一个最好的例证，是真正的绅士与生俱来的彬彬有礼。

真正的绅士，对荣誉非常敏感，他总是小心翼翼地避免卑劣的行为。在言行正直方面，他的标准非常高。他从不拖拖沓沓或支支吾吾，从不闪闪烁烁或躲躲藏藏；而是诚诚正正、坦坦荡荡。他的准则就是正直——按照正确的方式行事。当他说"是"的时候，这就是规则；在恰当的场合下，他也不怕说出那个勇敢的"不"字。绅士不会被收买，只有卑鄙下流、毫无原则的人才会向那些有兴趣收买他们的人出卖自己。当持身正直的乔纳斯·汉威担任供应专员的时候，他拒绝接受供应商的任何礼物，拒绝在履行公职的时候心存偏袒。威灵顿公爵的一生中，也以同样的特点著称。阿萨叶战役结束之后不久，一天早晨，海德拉巴②朝廷的首席大臣来拜访他，想私下地探听他的主人能够从马拉他亲王和尼扎姆③之间的和平协议中得到哪些领土及其他好处。为了获得这个情报，这位大臣向威灵顿将军提出要给他一大笔钱——远远超过10万英镑。威灵顿平静地看了他几秒钟，说："那么，看来您是能够保守秘密的咯？"大臣答道："那当然，肯定能。""那么我也同样能。"将军微笑着说，然后躬身送客。这就是威灵顿将军的伟大荣誉，尽管在印度他始终都很成功，拥有能够大发横财的权力，但他的财富并没有增加一分一毫，回到英国的时候依然是个穷汉。

---

① 爱德华·菲茨杰拉德（1763—1798），爱尔兰贵族、政治家。
② 海德拉巴，印度中南部城市，曾是一个莫卧儿王国和印度一个邦的中心。
③ 尼扎姆，海德拉巴统治者的称号。

威灵顿的一位贵族亲属韦尔兹利侯爵，也同样具有对荣誉的敏感和高尚的节操。有一次，东印度公司的董事们因为征服了迈索尔而提出要送给他10万英镑的礼金，遭到他断然拒绝。他说："对我而言，在此提及自己的独立品格以及我职位的特有尊严，似无必要。除此之外，还有其他更重要的理由让我不得不拒绝这份美意，那对我真的很不合适。除了我的军队，我没有想过别的事情。蚕食那些勇敢士兵的份额我会非常难过。"侯爵拒绝礼金的决心一直坚定不移。

　　查尔斯·纳皮尔爵士在印度服务期间，也表现出了同样高尚的品格和克己的精神。他拒绝了当地亲王们欣然奉送的所有贵重礼物，并诚恳地说："自从到信德邦以来，我确实能弄到3万英镑，但我至今不想弄脏我的手。在两场战役中（米安尼和海德拉巴）中，我一直佩带着我亲爱的父亲留下的宝剑，它没有被玷污。"

9

　　财富和地位，与真正的绅士品格并没有必然的联系。无论是在精神上，还是在日常生活中，穷人也可以是一个真正的绅士。他可以诚实、真挚、正直、优雅、克制、勇敢、自尊和自励，这是真正的绅士所具有的品格。精神上富有的穷人，在任何方面，都要高于精神上贫穷的富人。用圣保罗的话说，前者"一无所有，但无所不有"；而后者尽管应有尽有，其实一无所有。前者希望一切，无所畏惧；而后者无所希望，畏惧一切。只有精神上的穷人，才是真正的穷人。失去了一切的人，只要还保持着勇气、快乐、希望、美德和自尊，他就依然是富有的。因为这样的人，依然像从前一样受到整个世界的信任，他的精神，超越了所有的顾虑，他依然能昂首阔步，是个真正的绅士。

　　有时候，我们可以在最卑微的外表下发现勇敢而优雅的品格。这里有一个古老的例证，也是一个很有说服力的例证。从前，一场突如其来的洪水使阿迪杰河①漫过大堤，维罗纳大桥被大水冲垮，只剩下桥中心的拱顶，拱顶上立着一座房子，屋基眼看着就要垮塌，房子里的人纷纷从窗口向外呼救。在一旁驻足观望的斯波尔维里尼伯爵说："谁要是愿意冒险去搭救这些不幸的人，我给他100个金路易。"在场的一个年轻农民走出人群，拽过一条小船，冲向了汹涌的洪流。他到了桥墩那儿，把一家人救到了小船上，然后奋力划向河岸，让一家人安全地上了岸。"这是您的钱，勇敢的小伙子。"伯爵说。"不，"年轻人回答，"我不卖自己的命，把钱给这可怜的一家子吧，他们才真正需要这个。"这道出了真正的绅士精神，尽管他外表上只不过是个农民。

不久前②，德尔的一帮船夫在多佛海峡营救一艘运煤船船员的英勇行为，也同样感人。一场突如其来的风暴从东北方向刮来，逼得几艘船不得不起锚回港，当时的水位并不高，有一艘运煤船在距离海岸很远的地方搁浅了，狂涛骇浪把这艘船撕了个清楚可见的裂口。在这样的狂风大浪中，那艘船看来没有残存下来的希望。没有什么东西足以吸引岸上的人甘冒生命危险去救船或者救人，因为船上没有任何值得打捞的东西。但是，在这千钧一发的危急时刻，德尔的船夫们丝毫不缺乏勇敢无畏的精神气概。那艘运煤船刚一搁浅，聚集在海滩上的人群当中有一个名叫西蒙·普里查德的人就挺身而出，脱掉自己的外套，高喊："谁愿意跟我一起去救人？"话音刚落，20个人应声而出："我去。""我也去。"但只需要7个人，他们划着一艘平底船，冲向海浪，在岸上人们的欢呼声中，他们一路颠簸，劈风斩浪。在这样的狂风恶浪中，那条小船竟然没有出事，这不能不说是一个奇迹。短短的几分钟后，在勇士们有力双臂的划动下，小船破浪驶近了那艘搁浅的运煤船，"在风口浪尖上扣住了船舷"。从小船离岸算起，不到一刻钟，运煤船上的6个人就在沃尔默海滩安全

---

① 阿迪杰河，意大利东北部河流，发源于阿尔卑斯山，在威尼斯湾汇入亚得里亚海。
② 原注：1866年1月11日。

上岸。像德尔船夫们的这种临危不惧的勇气和无私无畏的英雄主义精神，还没有比这更高贵的实例（尽管他们素来都以勇敢著称）。我很高兴能把这个事例记录在此。

10

特恩布尔先生在他的《奥地利》（*Austria*）一书中，讲述了已故奥地利皇帝弗朗西斯的一则趣闻，生动说明了政府为了赢得人民的支持，在处事方式上多么受益于君主的个人品格。"当霍乱在维也纳肆虐的时候，弗朗西斯皇帝带着一名侍从武官，正在城区的街道和郊区巡视，看见一具尸体被拖向乱坟岗，身边没有一个送葬的人。这个不同寻常的情况引起了他的注意，打听之下才知道，死者是个死于霍乱的穷人，亲人当中没有一个人敢冒险陪伴尸体去坟场，当时人们认为这是非常危险的。'那么，'弗朗西斯说，'我们来给他送葬吧，我可怜的人民决不能有一个人在没人致哀的情况下走向坟墓。'他跟着死者径直去了安葬的地方，脱帽肃立，毕恭毕敬地亲历了葬礼的每个细节。"

关于绅士的品格，这或许是一个很好的例子，但我还可以举出另一个类似的例子，与此不相上下。那是巴黎的两个英国劳工的故事，刊载在几年前的一份早报上。"一天，人们看见一辆去往蒙马特尔公墓的灵车正在克里西大道的陡坡上向上行进，冰冷的尸体躺在白杨木棺材里。没有一个人送葬，甚至连死者生前养的狗都没来（如果他真的养过狗的话）。细雨霏霏，天色阴沉。当灵车经过的时候，路人像往常一样脱帽致礼，仅此而已。终于，灵车经过了两个英国苦工的身旁，他们正在从西班牙赶往巴黎的路上。两个身穿粗布上衣的工人心中油然升起一种正义之感。'可怜的家伙！'其中一个说，'没人给他送葬，咱俩去吧。'于是，两人脱下帽子，光着脑袋跟在一个素昧平生的死者后面，去了蒙马特尔公墓。"

　　绅士最重要的就是诚实。在他看来，诚实就是"生命的顶峰"，是人类生活中的正直之魂。切斯特菲尔德勋爵断言，诚实是一个绅士成功的奥秘。伊比利亚半岛战争期间，凯勒曼将军反对让英国战犯宣誓假释，威灵顿公爵写信给凯勒曼，告诉他，除了勇敢之外，如果说英国指挥官还有一件事情比其他人更值得骄傲的话，那就是他的诚实。他说："当英国指挥官发誓不逃跑的时候，他们肯定不会食言。相信我，信任他们的誓言。一位英国指挥官的誓言，比哨兵的警戒更加可靠。"

　　真正的勇气和温和，是密不可分的。勇敢的人，也是慷慨大度、宽容克制的人，决不斤斤计较，决不残忍苛酷。约翰·富兰克林爵士的好友帕里在谈到他的时候说得好：

　　"他是一个从不在危险面前退缩的人，但也是一个温和得不会拍死一只蚊子的人。"高尚品格的一个显著特点，就是真正的温和仁慈，这也正是值得尊敬的骑士精神。在西班牙埃尔伯顿的骑兵战斗中，一位法国军官表现出了这样的精神，当他举剑砍向费尔顿·哈维爵士的时候，忽然发现对手只有一条胳臂，他立即停住了，在费尔顿爵士面前放下了手里的剑，行了一个正规军礼，策马而去。同样是在伊比利亚半岛战争期间，内伊所表现出来的高贵和仁慈，是又一个很好的例证。查尔斯·纳皮尔在科伦纳身负重伤，不幸被俘；国内的朋友们也不知道他是死是活。英国派出了一位特使，带着一艘护卫舰去打探他的命运。克劳特男爵接受了这个任务，并向内伊元帅通报了他的到来。内伊说："让这位俘虏去见见他的朋友们，告诉他们，他在这儿还不错，受到了很好的对待。"克劳特在那里徘徊犹疑，内伊笑着问："还需要什么吗？""他有一位年迈的寡母，双目失明。""是吗？那就让他本人去告诉老太太，他还活着。"当时，两国交换战俘是不允许的，内伊也知道，如果放了这个年轻人，可能会惹怒拿破仑皇帝。但拿破仑批准了这一慷慨仁慈之举。

11

尽管我们时常听到人们哀叹：骑士精神已经一去不复返，但我们这个时代，依然见证了历史上前所未见的勇敢而仁慈的行为——英雄的克己和男子汉的温柔。最近几年的一系列事件表明，我们的同胞至今仍是一个没有退化的民族。在塞瓦斯托波尔寒冷荒凉的高原，在泥泞而危险的战壕里，他们遭受了长达 12 个月的围攻，所有阶层的人都证明了自己无愧于祖先们遗赠给他们的高贵的品格遗产。但正是在印度那个艰苦考验的时刻，同胞们的品格放射出了最耀眼的光芒。尼尔对坎普尔的进军，以及哈弗洛克对勒克瑙的进军——官兵们都被解救妇女儿童的希望所激励着，在整个骑士历史上都无法找到能够与之媲美的事件。乌特勒姆把攻打勒克瑙的光荣使命交给了哈弗洛克，而自己甘愿听命于他，尽管后者是他的下级军官，这一行为，在品格上堪与西德尼媲美，而且无愧于他所赢得的"印度拜亚尔"的称号。勇敢而仁慈的亨利·劳伦斯的临终遗言是："让我的身边不要有无谓的纷扰，把我和战友们埋葬在一起。"科林·坎贝尔爵士急着要解救勒克瑙之围，连夜带领大队的妇女儿童从勒克瑙向坎普尔进发，突破了敌军的强大进攻，终于到达了坎普尔——他领着他们小心地越过了危险重重的大桥，一路上不停地叮嘱他们相关的安全事项，直到把他们安全护送上了去阿拉哈巴德的大路，然后又以迅雷不及掩耳之势，突袭了加利尔分遣队。这些事情，无不让我们为自己的同胞感到自豪，并使我们确信：最好、最纯洁的骑士光辉并没有熄灭，而是依然生机饱满地活在我们当中。

即使是普通士兵，在烈火烽烟的考验中，也证明了自己是一个真正的绅士。在阿格拉，有那么多可怜的士兵在与敌军交战中被烧伤、被击伤，他们被抬回了要塞，受到女士们温柔体贴的护理，这些粗鲁而勇猛的伙计们，却表现得像孩子一样温顺。在女士们照料他们的几个礼拜里，没人说过一句刺耳的话。当一切结束、重伤不治者不幸去世而幸存的伤

弗劳伦斯·南丁格尔（1820—1910），英国护士，护理学科的创始人。

病员能够表达自己的感激之情的时候,他们邀请了那些曾经悉心照料他们的人以及阿格拉的首领们,去游玩美丽的泰姬陵花园。在鲜花和音乐中,这些粗犷的老兵们,全都伤痕累累、肢体残缺,他们站起身来,感谢那些在自己疼痛悲伤的时刻为他们穿衣喂饭,管理他们一切需求的温柔的女同胞们。在斯库台的医院里,许多伤病员也一样向那些悉心护理他们的、仁慈的英国女士表示祝福。对这些受尽病痛折磨的可怜人来说,在他们彻夜难眠的时候,没有比降临在他们枕边的弗劳伦斯·南丁格尔的身影更好的祝福了。

1852年2月27日,"伯肯黑德"号在非洲海面上的失事,提供了普通人身上的骑士精神在19世纪发挥作用的又一个著名例证,这在任何时代都值得为之自豪。当时这艘船正沿着非洲海岸航行,船上有472位男士和166名妇女儿童。男人们属于当时在好望角服役的几个军团,主要由一些刚刚入伍的新兵组成。凌晨两点,所有人都酣然入睡,船猛烈地撞上了一块暗礁,船底被刺穿了。人们立刻感觉到:船很快就会下沉。鼓声大作,召唤士兵们上甲板,男人们也集合了起来,仿佛是接受检阅一样。命令下达了,就是要设法保全妇女和儿童。那些无助的妇女和孩子们被带到了甲板上,大多衣冠不整,被默默地扶上了救生艇,当他们全都离开了船侧的时候,船长有欠考虑地喊道:"所有会游泳的人全都跳到海里去,游向救生艇。"但第91苏格兰高地联队的赖特上校说:"不行,如果这样做的话,那些装满妇女儿童的救生艇肯定会沉。"就这样,那些勇士们纹丝不动地站在那儿。救生艇已经用完了,他们没有生还的希望,但没有人感到恐惧,在这个面临严峻考验的时刻,没有人退缩。后来有幸生还的赖特上校说:"他们没有一句抱怨,没有一声哭喊,直到大船最终沉入大海。"船沉下去了,这支英雄的队列也魂归大海,在葬身波涛的那一瞬,他们鸣枪致礼。荣誉和敬意属于高尚而勇敢的人,这样的人,其榜样将一直活在人们的记忆里,永垂不朽。

12

　　有许多的考验可以用来检验一个绅士的品格,但有一种考验他们必须能经受得住,那就是,如何对那些身份低于自己的人行使权力。亦即:男人如何对待女人和孩子,军官如何对待士兵,老板如何对待雇员,老师如何对待学生,以及各行各业的人如何对待比自己弱小的人。在诸如此类的情形下,是否能审慎、克制和仁慈地行使自己的权力,的确可以被视为对绅士品格的严峻考验。

　　有一天,当拉莫特①挤过一群人的时候,不小心踩着了一个年轻人的脚,年轻人不由分说地打了他一个耳光。"噢,先生,"拉莫特说,"如果您知道我是个盲人,准会为您的所作所为而后悔的。"欺侮无力还击者的人,是势利小人,不可能是绅士。对弱者和无助者横行霸道的人,是懦夫,而不是真正的男子汉。有人说,暴虐专横的人,在骨子里只不过是个奴隶而已。在一个正直的人那里,力量和力量感,总是赋予他的品格以高贵,他会非常小心地运用自己的力量。因为:

　　拥有巨人般的力量当然很好,

　　但像巨人那样滥用力量就是专横残暴。②

　　温文尔雅的确是绅士品格最好的检验。一个真正绅士的全部行为中,总是渗透着对他人感受的尊重(无论是对下级和依赖自己的人,还是对同辈,都一样),以及对他人自尊的敬重。他宁愿自己忍受一点小小的伤害,也不愿因为对他人行为的不宽容而铸成大错。对那些在生活中比自己处于劣势的人,他会容忍他们的软弱、过失和错误。他甚至会对禽兽仁慈。他不会夸耀自己的财富、力量和才能。他不会因为成功而志得意满,也不会因为失败而垂头丧气。他不会把自己的观点强加于人,但在

---

① 安托万·乌达尔·德·拉莫特(1672—1731),法国作家,1710 年被选为法兰西学院院士,不久之后双目失明。
② 语出莎士比亚的戏剧《一报还一报》(*Measure for Measure*)第二幕第二场。

必要的时候也会坦率地说出自己的想法。他不会摆出一副施恩于人的样子给别人以帮助。沃尔特·司各特爵士在谈到洛锡安勋爵时说："他是一个乐于助人的人，这在如今已经十分难能可贵了。"

查塔姆勋爵说，绅士的主要特征，就在于他在日常生活小事中总是先人后己。为了说明高贵品格中"体贴周全"这个主要精神，我们可以引用英勇的拉尔夫·阿伯克龙比①爵士的一则轶事。据说，当时拉尔夫爵士在阿布奇战役中身负重伤、命在旦夕，被人用担架抬着向弗德罗恩特进发。为了缓解他的疼痛，有人给他拿来了一条毛毯枕在他的头下，这让他感到舒适多了。他问这是什么，得到的回答是："只不过是一个士兵的毛毯。"拉尔夫爵士支撑起身子，问："谁的毛毯？""只不过是一个普通士兵。""我想知道他的名字。""42团的邓肯·罗伊，拉尔夫爵士。""务必在今天晚上就把毛毯还给邓肯·罗伊。"即使是为了缓解自己的临终痛苦，将军也不愿占用一个普通士兵的毛毯，哪怕只有一夜。西德尼在临终的时候也发生过类似的事情，在祖特芬的战场上，他亲手把一只水杯还给了一个普通士兵。

性格古怪的老富勒在描述杰出的海军将领弗朗西斯·德雷克时，以寥寥数语概括了真正的绅士和行动者的品格："生活朴素，行为正义，言辞真诚。对下属慈爱，最憎恨懒惰。在任何事情（尤其是重大事情）上，从不依赖别人的关照，无论这种关照有多么可靠、多么巧妙。始终蔑视危险，不辞劳苦。在需要勇气、技巧和勤奋的地方，他总是习惯于冲在最前，无论紧随其后的那个人是谁。"

---

① 拉尔夫·阿伯克龙比（1734—1801），拿破仑战争时期功勋卓著的英国将军。

人名译名索引

A

Abercromby, Ralph　拉尔夫·阿伯克龙比
Abernethy, John　约翰·阿伯内西
Addison　阿狄森
Adrian　阿德里安
Agur　亚古珥
Ainsworth　爱因斯沃斯
Akenside　阿肯塞德
Albermarle　阿尔伯马尔
Aldegonde, Marnix de St.　马尼克斯·德·圣阿尔德贡
Alfieri, Vittorio　维托里奥·阿尔菲耶里
Alfred　阿尔弗雷德
Allen　艾伦
Anaxagoras　阿纳克萨哥拉
ADollonius　阿波罗尼奥斯
Arkwright, Richard　理查德·阿克莱特
Armstrong, William　威廉·阿姆斯特朗
Arne, Thomas Augustine　托马斯·奥古斯丁·阿恩
Arnauld　阿尔诺
Arnold, Thomas　托马斯·阿诺德
Ashton　阿什顿
Ashworth　阿什沃斯
Audubon, John James　约翰·詹姆斯·奥特朋
Augereau　奥热罗
Aylesford　艾尔斯福德

B

Babbage, Charles　查尔斯·巴比奇
Bach, John Sebastian　约翰·塞巴斯蒂安·巴赫
Baffin　巴芬
Baily　贝利
Banks, Thomas　托马斯·班克斯
Barclay, David　戴维·巴克利
Barrow, Isaac　艾萨克·巴罗
Bayard　拜亚尔
Baxter, Richard　理查德·巴克斯特
Beaumont, Gustave de　古斯塔夫·德·博蒙特
Beccaria　贝卡里亚
Beddoes　贝多斯
Beethoven, Ludwig van　路德维希·冯·贝多芬
Bell, Charles　查尔斯·贝尔
Bessieres　贝西埃

Bewick, Thomas 托马斯·比维克
Bickersteth, Henry 亨利·比克斯特
Bird, Edward 爱德华·伯德
Birley 伯利
Blackner 布莱克内
Blackstone, William 威廉·布莱克斯通
Blake, William 威廉·布莱克
Bloomfield 布卢姆菲尔德
Bobadilla 博巴迪拉
Boccaccio 卜伽丘
Bolingbroke 博林布鲁克
Bottgher, Johann Friedrich 约翰·弗里德里希·伯特格
Boulton, Matthew 马修·博尔顿
Boyle, Robert 罗伯特·波义耳
Brantome 布朗托姆
Brindley 布林德利
Bright, John 约翰·布赖特
Bristol 布里斯托尔
Britton, John 约翰·布里顿
Brodie, Benjamin 本杰明·布罗迪
Brotherton, Joseph 约瑟夫·布拉泽顿
Brougham 布鲁厄姆
Brown, John 约翰·布朗
Brown, Samuel 塞缪尔·布朗
Brunel, Isambert Marc 马克·伊桑伯特·布鲁内尔
Buccleuch 巴克勒奇
Buffon, Georges Louis Leclerc de 乔治斯·路易斯·勒克莱尔·德·布丰
Bugeaud 巴吉奥德
Bunyan 班扬
Burke, Edmund 爱德蒙·伯克
Burns, Robert 罗伯特·彭斯
Burritt, Elihu 伊莱休·伯里特
Butler, Joseph 约瑟夫·巴特勒
Buxton, Thomas Fowell 托马斯·福韦尔·巴克斯顿

C

Cairns 凯恩斯
Callcott, Augustus 奥古斯塔斯·考尔科特
Callot, Jacques 雅克·卡洛
Cambaceres 康巴塞雷斯
Camden 卡姆登
Campbell, Colin 科林·坎贝尔
Canning, George 乔治·坎宁
Canova, Antonio 安东尼奥·卡诺瓦
Capel, William 威廉·卡佩尔
Caravaggio 卡拉瓦乔
Cardigan 卡迪根
Carey, William 威廉·凯里
Carissimi, Giacomo 吉亚柯莫·卡里西米
Cavedone 卡沃当
Cavendish 凯文迪什
Cawley 考利
Cecil, Richard 理查德·塞西尔
Cecil, William 威廉·塞西尔
Cellini, Benvenuto 贝温尤托·切利尼
Celsus 塞尔苏
Chalmers, Thomas 托马斯·查默斯
Chambers, William 威廉·钱伯斯
Changarnier 康嘉尼尔
Channing, William Ellery 威廉·埃勒里·钱宁

Chantrey, Francis　弗朗西斯·钱德雷
Charteris　查特里斯
Chatham　查塔姆
Chatterton, Thomas　托玛斯·查特顿
Chelmsford　切尔姆斯福德
Cherubini　凯鲁比尼
Chesterfield　切斯特菲尔德
Cicero　西塞罗
Clarendon　克拉伦登
Clarke, Adam　亚当·克拉克
Clarkson, Thomas　托马斯·克拉克森
Clay, Henry　亨利·克莱
Clive, Robert　罗伯特·克莱夫
Clyde　克莱德
Cobbett, William　威廉·柯贝特
Cobden, Richard　理查德·科布登
Cockburn　科伯恩
Coeur, Jacques　雅克·科尔
Coleridge, Samuel Taylor　萨缪尔·泰勒·柯勒律治
Collingwood, Cuthbert　卡斯伯特·科林伍德
Columella　科卢米拉
Condorcet　孔多塞
Constable, Archibald　阿奇博尔德·康斯特布尔
Constant, Benjamin　邦雅曼·贡斯当
Cook, James　詹姆斯·库克
Correggio　科勒乔
Copernicus, Nicolaus　尼古拉斯·哥白尼
Copley, John　约翰·科普利
Coram, Thomas　托马斯·柯兰
Cornwallis, Thomas　托马斯·康沃利斯

Cortona, Pietro di　皮耶托·迪·科托纳
Cotot　科托特
Cotton　科顿
Cowper, William　威廉·库柏
Cox, David　戴维·科克斯
Crance, Dubois　迪布瓦·克兰斯
Cranworth　克兰沃思
Craven, William　威廉·克雷文
Croesus　克洛索斯
Cromwell, Henry　亨利·克伦威尔
Cromwell, Oliver　奥利弗·克伦威尔
Cunningham, Allan　艾伦·坎宁安
Curran, John Philpot　约翰·菲尔波特·柯伦
Cuvier, Georges　乔治·居维叶

D

D'Alembert　达朗贝尔
D'Avenant　达维南特
D'Erlon　狄亚朗
Daguerre　达盖尔
Daguesseau, Henri Francis　亨利·弗朗索瓦·达古西奥
Dalhousie　达尔豪西
Dalton, John　约翰·道尔顿
Dalzell　达尔泽尔
Dargan, William　威廉·达根
Davy, Humphry　汉弗莱·戴维
De Salvandy　德·萨尔梵迪
Deering　迪林
Delambre　德朗布尔
Democritus　德谟克利特
Denman　登曼

Derby　德比
Dick, Robert　罗伯特·迪克
Dickens, Charles　查尔斯·狄更斯
Disraeli, Benjamin　本杰明·迪斯雷利
Dodsley　德兹利
Domenichino　多米尼基诺
Douglas, James　詹姆斯·道格拉斯
Drake, Francis　弗朗西斯·德雷克
Drew, Samuel　塞缪尔·德鲁
Dudley, Robert　罗伯特·达德利
Dunning　邓宁
Dupin　杜宾
Duquesnoi　迪奎斯诺伊
Durand　杜兰德

E

Edgeworth, Maria　玛丽亚·埃奇沃斯
Edwards, Thomas　托马斯·爱德华兹
Eldon　艾尔敦
Ellenborough　埃伦伯勒
Ellesmere　埃尔斯米尔
Erskine　厄斯金
Etty, William　威廉·埃蒂

F

Faraday, Michael　迈克尔·法拉第
Faucher, Leon　利昂·福谢
Feltham, Owen　欧文·费尔瑟姆
Ferguson, Patrick　帕特里克·弗格森
Fielden　菲尔登
Fitzgerald, Edward　爱德华·菲茨杰拉德
Flaxman, John　约翰·弗拉克斯曼
Fleetwood　弗利特伍德

Foley, Richard　理查德·福利
Foster, John　约翰·福斯特
Fourcroy, Antoine　安托万·福克瓦
Fourier, Joseph　约瑟夫·傅立叶
Fox, Charles James　查尔斯·詹姆斯·福克斯
Fox, William Johnson　威廉·约翰逊·福克斯
Francis I　弗朗西斯一世
Franklin, Benjamin　本杰明·富兰克林
Franklin, John　约翰·富兰克林
Frost　弗罗斯特
Fuller, Andrew　安德鲁·富勒
Fuller, Thomas　托马斯·富勒
Furstenburg, Furst von　福斯特·冯·福斯腾堡

G

Gmnsborough, Thomas　托马斯·根兹伯罗
Galileo　伽利略
Galvani, Luigi　路易吉·加尔瓦尼
Gama, Vasco da　瓦斯克·达·伽马
Geefs　吉夫斯
Gesner, Conrad　康拉德·格斯纳
Giardini, Felice de　菲利斯·德·贾迪尼
Gibbon, Edward　爱德华·吉本
Gibson, John　约翰·吉布森
Gifford　吉福德
Gilpin　吉尔平
Giotto　乔托
Giusti　尤斯蒂
Gladstone, William Ewart　威廉·尤尔特·格

莱斯顿

Goldsmith, Oliver 奥利弗·戈德史密斯

Good, Mason 梅森·古德

Graham, James 詹姆斯·格雷厄姆

Grant, Charles 查尔斯·格兰特

Grant, Ulysses Simpson 尤利西斯·辛普森·格兰特

GranL William 威廉·格兰特

Gray, Thomas 托马斯·格雷

Gregoire 格雷戈尔

Gregory 格雷戈里

Greville, William 威廉·格雪维尔

Grote, George 乔治·格罗特

Guerin, Pierre Narcisse 皮埃尔·纳西斯·盖兰

Guidi, Tommaso 托马索·吉迪（即马萨乔）

Guildford 吉尔福德

Guise, François de Lorraine 弗朗索瓦·德·洛林·吉斯

Gurney, Priscilla 普里西拉·格尼

Gützlaff, Karl Friedrich August 郭实腊

H

Hale, Matthew 马修·黑尔

Hall, Marshall 马歇尔·霍尔

Hall, Robert 罗伯特·霍尔

Haller 哈勒

Hanbury 汉伯里

Handel, George Frederick 乔治·弗雷德里克·韩德尔

Hanway, Jonas 乔纳斯·汉威

Hamilton, William 威廉·汉密尔顿

Hardinge 哈丁格

Hardwicke 哈德威克

Hargreaves 哈格雷夫

Harris 哈里斯

Harrison 哈里森

Harvey, Felton 费尔顿·哈维

Harvey, William 威廉·哈维

Hastings, Warren 沃伦·黑斯廷斯

Hautefeuille 奥特弗伊

Hauy 奥伊

Havelock, Henry 亨利·哈弗洛克

Hawkswood, John 约翰·霍克斯伍德

Haworth, James 詹姆斯·霍沃思

Haydn, Franz Joseph 弗朗兹·约瑟夫·海顿

Haydon, Benjamin Robert 本杰明·罗伯特·海斯腾堡

Hazlitt, William 威廉·哈兹利特

Heathcoat, John 约翰·希思科特

Heilmann, Joshua 约书亚·海尔曼

Helps, Arthur 亚瑟·赫普斯

Helvetius 爱尔维修

Henson 汉森

Herbert, George 乔治·赫伯特

Hercules 赫拉克勒斯

Hero 希罗

Herschel, William 威廉·赫歇耳

Hervey 赫维

Hewet, William 威廉·休伊特

Heywood 海伍德

Highs, Thomas 托马斯·海斯

Hill, Aaron 亚伦·希尔

Hill, Rowland 罗兰·希尔

Hobson 霍布森
Hoche 奥什
Hodson 霍德森
Hogarth, William 威廉·贺加斯
Holcroft 霍尔克罗夫特
Holkar 霍尔卡
Holmes 霍姆斯
Hope, Thomas 托马斯·霍普
Horace 贺拉斯
Homer, Francis 弗朗西斯·霍纳
Howard, John 约翰·霍华德
Humbert 亨伯特
Hume, Joseph 约瑟夫·休谟
Hunsdon, William 威廉·亨斯顿
Hunter, John 约翰·亨特
Huntingdon 亨廷顿
Huss, John 约翰·胡斯
Hyperates 海珀瑞提斯

I

Inglis 英格利斯
Irving, Washington 华盛顿·欧文

J

Jackson, Thomas Jonathan 托马斯·乔纳森·杰克逊
Jackson, William 威廉·杰克逊
Jacquard, Joseph Marie 约瑟夫·玛丽·雅卡尔
Jenner, Edward 爱德华·詹纳
Jerrold, Douglas William 道格拉斯·威廉·杰罗尔德
Jervis, John 约翰·杰维斯

Johnson, Andrew 安德鲁·约翰逊
Johnson, Samuel 塞缪尔·约翰逊
Jones, Inigo 伊尼戈·琼斯
Jonson, Ben 本·琼森
Jussieu 朱西厄
Juvenal 尤维纳利斯

K

Keats, John 约翰·济慈
Kemp, George 乔治·肯普
Kenyon 凯恩
Kepler, Johannes 约翰尼斯·开普勒
Kergorlay 科格雷
Kleber 克莱贝尔

L

La Motte, Antoine Houdar de 安托万·乌达尔·德·拉莫特
Lagrange, Joseph Louis 约瑟夫·路易斯·拉格朗日
Lamartine 拉马丁
Lambert 兰伯特
Lamennais 拉梅奈
Lancaster, Joseph 约瑟夫·兰开斯特
Langdale 兰代尔
Lannes 拉纳
Lansdowne 兰斯多恩
Laplace, Pierre Simon de 皮埃尔·西蒙·德·拉普拉斯
Latimer 拉蒂默
Lawrence, Henry 亨利·劳伦斯
Lawrence, John Laird 约翰·莱尔德·劳伦斯

Lawrence, Thomas　托马斯·劳伦斯
Layard, Austen Henry　奥斯汀·亨利·莱亚德
Ledyard, John　约翰·莱迪亚德
Lee, Samuel　塞缪尔·李
Lee, William　威廉·李
Lefevre　勒菲弗
Lely, Peter　彼得·莱利
Leonards　伦纳兹
Leyden, John　约翰·莱顿
Lindsay, William Schaw　威廉·肖·林赛
Livy　李维
Locke, John　约翰·洛克
Lockhart, John Gibson　约翰·吉布森·洛克哈特
Lorraine, Claude　克劳德·洛林
Loyola, Ignatius of　依纳爵'罗耀拉
Linnaeus, Carolus　卡罗卢斯·林奈
Livingstone, David　戴维·利文斯通
Lyndhurst　林德赫斯特
Lytton, Bulwer　布尔沃·利顿

M

Macaulay, Thomas Babington　托马斯·巴宾顿·麦考利
Maclise　麦克莱斯
Madame de Genlis　让利斯夫人
Maistre, Joseph de　约瑟夫·德·梅斯特尔
Malesherbes　梅尔歇布
Malthus, Daniel　丹尼尔·马尔萨斯
Mansfield　曼斯菲尔德
Marshman　马什曼

Martin, John　约翰·马丁
Martyn, Henry　亨利·马丁
Marville, Vigneul de　维格纽尔·德·马赫维勒
Massena　马塞纳
Mather, Cotton　科顿·马瑟
Maurel, Jules　朱尔斯·梅里尔
Medici, Lorenzo de　洛伦佐·德·梅第奇
Melancthon　墨兰顿
Melbourne　梅尔本
Mendelssohn, Jakob Ludwig Felix　雅可布·路德维希·费利克斯·门德尔松
Metastasio, Pietro　皮埃特罗·梅塔斯塔齐奥
Metcalfe　梅特卡夫
Meyerbeer, Giacomo　贾科莫·梅耶贝尔
Mill, John Smart　约翰·斯图尔特·穆勒
Miller, Hugh　休·米勒
Milton, John　约翰·弥尔顿
Mirabeau　米拉博
Moffatt　莫法特
Moluc, Muley　穆雷·摩卢卡
Montague　蒙太古
Montaigne　蒙田
Montalembert　蒙塔朗贝尔
Montesquieu, Charles　查尔斯·孟德斯鸠
Montfort, Simonde　西蒙·德·蒙特福特
Montgomery　蒙哥马利
Montmorency, Anne de　安妮·德·蒙莫朗西
Moore, John　约翰·摩尔
More, Thomas　托马斯·莫尔
Moreau　莫罗

Moro, Raffaello del　拉菲罗·德尔·莫罗
Morrison, Robert　马礼逊
Moscheles, Ignaz　伊格纳兹·莫舍勒斯
Mozart, Wolfgang Amadeus　沃尔夫冈·阿马戴乌斯·莫扎特
Mulgrave　穆尔格拉维
Mulready, William　威廉·马尔雷迪
Murat　缪拉
Murchison, Roderick　罗德里克·默奇森
Murray, Alexander　亚历山大·默里

N

Napier, Charles James　查尔斯·詹姆斯·纳皮尔
Neill　尼尔
Nelson, Horatio　霍拉肖·纳尔逊
Nepos, Cornelius　科涅利乌斯·涅波斯
Newcomen, Thomas　托马斯·纽科门
Newton, Isaac　艾萨克·牛顿
Ney　内伊
Nicholson, John　约翰·尼科尔森
Nicoll, Robert　罗伯特·尼科尔
Niebuhr, Barthold George　巴托尔德·乔治·尼布尔
Nightingale, Florence　弗劳伦斯·南丁格尔
Normanby　诺曼比
Northcote, James　詹姆斯·诺斯科特

O

Opie, John　约翰·奥佩
Osborne, Edward　爱德华·奥斯本
Osterwald　奥斯特沃尔德

Outram　乌特勒姆
Ovid　奥维德
Owen, Richard　理查德·欧文

P

Paine, Thomas　托马斯·潘恩
Palmerston　帕默斯顿
Pare, Ambrose　安布罗斯·珀尔
Paton, Joseph Noel　约瑟夫·诺埃尔·佩顿
Paul, Dean　迪安·保罗
Paul, Lewis　刘易斯·保罗
Palissy, Bernard　伯纳德·帕利西
Peel, Robert　罗伯特·皮尔
Perrier, François　弗郎索瓦·佩里耶
Pestalozzi, Johann Heinrich　约翰·亨利希·佩斯特拉齐
Petty, William　威廉·配第
Phipps, William　威廉·菲普斯
Pichegru　佩奇格鲁
Plastow, Abraham　亚伯拉罕·普拉斯托
Playfair　普莱菲尔
Plutarch　普卢塔克
Pollock　波洛克
Pope, Alexander　亚历山大·蒲柏
Posso, Chevalier del　谢瓦利埃·德尔·珀索
Potter　波特
Pounds, John　约翰·庞兹
Poussin, Nicholas　尼古拉斯·普珊
Priestley, Joseph　约瑟夫·普里斯特利
Pritchard, Simon　西蒙·普里查德
Pugin, Augustus Welby Northmore　奥古斯

塔斯·韦尔比·诺思莫尔·普金
Pythagoras 毕达哥拉斯

R

Raimbach, Abraham 亚伯拉罕·瑞姆巴奇
Ramus, Pierre 彼得吕斯·拉米斯
Ravaillac 拉瓦雅克
Rawlinson, Henry Creswieke 亨利·克雷斯维克·罗林森
Redpath 雷德帕斯
Reynolds, Joshua 约书亚·雷诺兹
Ricardo, David 大卫·李嘉图
Richards, Justice 贾斯蒂斯·理查兹
Richardson, Samuel 塞缪尔·理查森
Richelieu 黎塞留
Richter 里克特
Rittenhouse, David 戴维·里顿豪斯
Robbia, Luca Della 卢卡·德拉·罗比亚
Robert, Leopold 利奥波德·罗伯特
Roberts 罗伯茨
Robertson, Frederick William 弗雷德里克·威廉·罗伯逊
Robinson 罗宾逊
Rogers, Samuel 塞缪尔·罗杰斯
Romilly, Samuel 塞缪尔·罗米利
Romney 罗姆尼
Randon 兰顿
Rosa, Salvator 萨尔瓦托·罗萨
Ross, George 乔治·罗斯
Rosse 罗瑟
Rosslyn 罗斯林
Roubiliac 鲁比里阿克

Rowe, Nicholas 尼古拉斯·罗
Roy, Duncan 邓肯·罗伊
Rush 拉什
Russell, John 约翰·罗素

S

Sadleir 萨德莱尔
Sallust 萨卢斯特
Savary, Thomas 托马斯·塞维利
Scarlatti, Alessandro 亚历山德罗·斯卡拉蒂
Scheele, Karl Wilhelm 卡尔·威廉·谢勒
Scheffer, Ary 阿莱·谢佛尔
Schimmelpernninck 希梅尔彭宁克
Schwartz 施瓦茨
Scott, John 约翰·斯科特
Scott, Thomas 托马斯·斯科特
Scott, Walter 沃尔特·司各特
Sextus 塞克斯图
Shaftesbury 沙夫茨伯里
Sharp, Granville 格兰维尔·沙普
Sharpies, James 詹姆斯·沙普尔斯
Shelburne 谢尔本
Sheridan 谢里顿
Shovel, Cloudesley 克劳德斯利·夏沃尔
Simson 西姆森
Sinclair, John 约翰·辛克莱
Skanderbeg 斯坎德培
Smeaton 斯米顿
Smeaton, John 约翰·斯密顿
Smith, Adam 亚当·斯密
Smith, Pye 派伊·史密斯
Smith, Sydney 西德尼·史密斯

Smith, William 威廉·史密斯
Smithson, Hugh 休·史密森
Solon 梭伦
Somers 萨默斯
Somemet, James 詹姆斯·萨默塞特
Soult 苏尔特
Southey, Robert 罗伯特·骚塞
Spelman, Henry 亨利·斯佩尔曼
Spinola 斯皮诺拉
Spinoza, Baruch 布鲁克·斯宾诺莎
St. Cyr 圣西尔
Stanfield 斯坦菲尔德
Stephenson, George 乔治·斯蒂芬森
Stofells 斯托菲尔
Stone, Edmund 爱德蒙·斯通
Stothard, Thomas 托马斯·斯托萨哈德
Stow, John 约翰·斯托
Stowell 斯托厄尔
Sterling, John 约翰·斯特林
Strong, Jonathan 乔纳森·斯特朗
Strutt, Jedediah 杰迪代亚·斯特拉特
Smart, James 詹姆斯·斯图尔特
Sturgeon 斯特琼恩
Suchet 絮歇
Sugden, Edward 爱德华·萨格登
Suwarrow 苏瓦罗
Swift, Dean 迪安·斯威夫特
Sydenham, Thomas 托马斯·西德纳姆

T

Tacitus 塔西佗
Talbot 塔尔波特
Tannahill 塔纳希尔

Tassi, Agostino 阿戈斯迪诺·塔西
Taylor, Henry 亨利·泰勒
Taylor, Jeremy 杰里米·泰勒
Teissier 泰西埃
Telford 特尔福德
Tennant 坦南特
Tennyson, Alfred 阿尔弗雷德·丁尼生
Tenterden 泰特顿
Terence 泰伦斯
Thales 赛勒斯
Thierry, Augustin 奥古斯汀·梯叶里
Thomson 汤姆森
Tborburn, Robert 罗伯特·索伯恩
Thurlow 瑟罗
Tintoretto 丁托列托
Toequeville, Alexis de 亚历克西·德·托克维尔
Townsend, Joseph 约瑟夫·唐森
Tooke, Home 霍恩·图克
Torrecelli 托里切利
Tremenheere 特里曼赫尔
Trench, Richard Chenevix 理查德·切尼维克斯·特伦奇
Trevithick, Richard 理查德·特拉维斯克
Truro 特鲁罗
Tschirnhaus, Walter von 沃尔特·冯·契恩豪斯
Turnbull 特恩布尔
Turner, Joseph Mallord William 约瑟夫·马洛德·威廉·透纳

V

Vansittart 范恩塔特

Varro 瓦罗
Vaucanson, Jacques de 雅克·德·沃康松
Vauquelin, Louis Nicholas 路易·尼古拉·沃克兰
Vere, Horace 霍勒斯·维尔
Victor 维克多
Virgil 维吉尔

W

Walker, Adam 亚当·沃克
Walmoden 沃尔摩登
Watt, James 詹姆斯·瓦特
Wedgwood, Josiah 约西亚·韦奇伍德
Wellesley, Arthur 亚瑟·韦尔兹利（即威灵顿公爵）
West, Benjamin 本杰明·韦斯特
White, Kirke 克尔克·怀特
Wilberforce, William 威廉·威尔伯福斯
Williams, John 约翰·威廉斯
Williams, Roger 罗杰·威廉斯
Wellington 威灵顿
Wilkie, David 戴维·威尔基
Wilson. Richard 理查德·威尔逊
Wollaston, William Hyde 威廉·海德·渥拉斯顿
Wollatt 沃拉特
Wolsey 沃尔西
Worcester 伍斯特
Wordsworth, William 威廉·华兹华斯
Wren, Christopher 克里斯托弗·雷恩
Wright, Thomas 托马斯·莱特

X

Xavier, Francis 弗朗西斯·沙勿略

Y

Yates, William 威廉·耶茨
Young, Arthur 亚瑟·杨
Young, Thomas 托马斯·杨

Z

Zingaro 辛加罗
Ziska, Johann 约翰·杰士卡
Zucarelli 祖卡勒里